“十三五”江苏省高等学校重点教材（编号：2020-2-14）

土壤环境与污染修复

严金龙　全桂香　崔立强　主编

中国科学技术出版社
·北　京·

图书在版编目（CIP）数据

土壤环境与污染修复 / 严金龙，全桂香，崔立强主编 . -- 北京：中国科学技术出版社，2021.12

ISBN 978-7-5046-9271-9

Ⅰ. ①土… Ⅱ. ①严… ②全… ③崔… Ⅲ. ①土壤环境 ②土壤污染－修复 Ⅳ. ① X21 ② X53

中国版本图书馆 CIP 数据核字（2021）第 209496 号

策划编辑	王晓义
责任编辑	浮双双
封面设计	孙雪骊
正文设计	中文天地
责任校对	吕传新　邓雪梅　张晓莉
责任印制	徐　飞

出　　版	中国科学技术出版社
发　　行	中国科学技术出版社有限公司发行部
地　　址	北京市海淀区中关村南大街 16 号
邮　　编	100081
发行电话	010-62173865
传　　真	010-62173081
网　　址	http://www.cspbooks.com.cn

开　　本	720mm × 1000mm　1/16
字　　数	311 千字
印　　张	18
版　　次	2021 年 12 月第 1 版
印　　次	2021 年 12 月第 1 次印刷
印　　刷	北京荣泰印刷有限公司
书　　号	ISBN 978-7-5046-9271-9 / X · 145
定　　价	59.00 元

前　言

土壤环境与污染修复是高等院校环境类专业的基础课程之一。本教材的编写目的是在《土壤污染防治行动计划》的号召下，响应《中华人民共和国土壤污染防治法》的颁布，适应地方高校应用型高层次人才培养需求，跟踪最新科学研究成果，反映学科新知识、新进展，培养学生较为全面的土壤环境质量、土壤修复技术等方面的知识、素质和能力。

本教材结合我国的土壤资源与环境主题，对接国家《土壤污染防治行动计划》法规和生态文明建设理念，构建完整的土壤环境调查、评价和修复技术体系，系统介绍土壤的自然属性、成因理论、土壤的环境功能、土壤的环境意义和有关化学过程等知识，深入讨论土壤环境污染研究领域的前沿问题、有关机理以及土壤污染监测、评价和修复技术，为读者提供了丰富的理论知识和应用实践经验。全书共分 7 章：绪论、土壤物理学、土壤化学、土壤生物学、土壤环境污染、土壤环境调查与修复管理体系以及土壤污染修复，各章结尾附有思考题。各章节后的“拓展学习”板块为英文，提供学生课后阅读，在掌握课程知识的同时提升专业英语能力。附录《国务院关于印发土壤污染防治行动计划的通知》为学生的学习提供方便。

参加本教材编写工作的有严金龙、全桂香、崔立强，全书由严金龙通读定稿。

在本教材编写过程中，参考了国内外出版发行的一些教材、著作以及网络资源，还引用了其中某些数据和图表，在此向有关作者表示衷心感谢。

由于编者水平有限，缺点和错误在所难免，恳请批评指正。

目录
Contents

第一章

绪论

第一节 土壤资源与可持续发展

一、土壤资源

（一）土壤资源概念

自然资源是自然界中能为人们所利用的一切物质和条件的统称，而资源科学是研究人与自然界中能转化为生产、生存资料来源的物质、能源之间关系的一门科学，主要涉及自然资源的数量、质量、时空变化、发展及其合理开发、利用、保护和管理的方法与途径。

那么，土壤资源的含义是什么？土壤资源在整个自然资源中所占的位置以及与其他自然资源之间的关系如何？这是我们在研究中国土壤资源之前必须要弄清楚的概念。

一般认为，土壤是地球表层具有生机的疏松层，可由单个土体和土样测出的性质来确定。所以，土壤资源是具有农、林、牧业等生物性产品生产能力的各种土壤类型的总称，包括土壤的类型、组合、性质特征、生产力与利用方向，即把土壤视作有生长生物能力的可更新自然资源时，才能将作为历史自然体的土壤称为土壤资源。土壤资源是人类生活和生产最基本、最广泛、最重要的自然资源，属于地球上陆地生态系统的重要组成部分。土壤生产力的高低，除了与其自然属性有关，很大程度上取决于人类生产科学技术水平。不同种类和性质的土壤，对农、林、牧业具有不同的适宜性，人类生产技术是合理利用和调控土壤适宜性的有效手段，即挖掘和提高土壤生产潜力的问题。土壤资源具有可更新性和可培育性，人类可以利用它的发展变化规律，应用先进的技术，促进土壤肥力不断提高，以生产更多的农产品，满足人类生活的需要。若采取不恰当的培育措施，土壤肥力和生产力会随之下降，甚至衰竭。土壤资源的空间存在形式具有地域分异规律，这种地域分异规律在时间上具有季节性变化的周期性，所以土壤性质及其生产特征也随季节的变化而发生周期性变化。土壤资源的合理利用与保护是发展农业和保持良性生态循环的基础和前提。

土壤资源研究，是将土壤作为一种资源，对其品质及其生产力进行分析、对比、评价，并统计其面积，即从土壤特性上去探讨和阐明各种土壤质量和数量，并提出合理利用和改良措施，这必然要涉及调节和培育土壤肥力、提高土壤生产力的各种生产条件。土地是地表某一地段包括全部自然因素在内的综合体，甚至还包括过去和现代人类活动对自然环境的作用，它是地球表面的一个区域。土地特性包括这个区域上部、下部生物圈的所有较稳定的或可进行周期测定的性质，所以土地资源具有广泛含义，它将自然界对人类生产活动，特别是对农业生产活动有关的一切自然资源或自然生产条件都包括在内，如地形、地质、气候、水文地质、水文、土壤、植被等；也包括人类在生产过程中改造自然已经取得的成就，如梯田、坪田、沟渠、堤坝、道路等。

（二）土壤资源特点

1. 整体性

各种资源在生物圈中相互依存、相互制约，构成完整的资源生态系统，虽然为了进行研究或是从利用的角度出发，我们经常用土壤资源甚至是土壤资源中的一个部分作为研究的对象。实际上，土壤资源经常是与其周围的生物和非生物环境，或是其他种类资源间构成相互联系、相互制约的系统。例如，我们砍伐森林，不仅直接改变林木和植物的状况，同时必然要引起土壤和地表径流的变化，加剧土壤侵蚀，对野生动物甚至局部气候也会产生一定的影响。另外，一个地区的资源生态系统绝不是孤立的，一个系统的变化又不可避免地要涉及别的系统。例如，黄土高原的水土流失不仅使当地农业生产长期处于低产落后状态，而且造成黄淮海平原的洪、涝、盐、碱等灾害。

2. 有限性

物质、空间和运动等都是无限的，但在具体的空间和时间范围内，就人类与资源的关系而言，又是有限的。地球上现有耕地 $1.4 \times 10^9 hm^2$，其余可开垦为农用土地的约 $1.8 \times 10^9 hm^2$。在这些土壤资源中，仅 11% 的土壤对于农业没有严重的限制因子。许多良田被建筑和工程所占用；由于不合理的耕作、放牧和采伐，水土流失已越来越严重；同样因不合理的耕作、洪涝、盐碱等造成土壤退化、沙漠化也在不断加剧；由工业以及农业中大量施用化学物质而引起的土壤污染也在加重。估计近 20 年内世界 1/3 的耕地将会消失或者转变为其他用途用地。

3. 地域性

土壤资源的地域性特点很强。土壤资源的分布，既受地带性因素的影响，又受非地带性因子的制约。各地的土壤资源都具有特别性，因此土壤资源的研究、开发、利用必须掌握因地制宜的原则，重视区域土壤资源的综合研究。

4. 动态性

土壤资源从某种意义上说，是一种再生性资源。土壤圈中的物质循环和能量流动，与资源生态系统的其他成分间形成复杂的结构，维持相对稳定的动态平衡。土壤中营养元素的循环、转化与土壤对植物生长的供应能力、过程等，都会随着所处生态系统的变化而改变。

5. 层次性

土壤资源包括的范围很广，从某种土壤的化学、物理或矿物等成分到土种，从土种、土类直到土壤图，都可以成为利用和研究的对象。在空间范围上，它可以是一个局部地段，也可以是一个地区、一个国家甚至洲和全球。因此在进行土壤资源研究时，必须首先明确其所处的水平和等级，然后决定采用相应的信息。

6. 多用性

土壤资源具有多种功能和多种用途。对于农业部门来说，土壤是供作物、树木、牧草生长的介质；对于工业部门而言，土壤既是制造砖、瓦、陶瓷的原材料，又是道路、建筑物等的基础；对于环保部门来讲，土壤又是污染物的最后归宿地，土壤的自净作用对消除污染有着十分重要的效益；对于食品、医药部门而言，土壤是微生物的富集区，是新菌种的来源。

7. 国际性

一般来说，自然资源的开发、利用、保护和管理属于国家主权，应由各个国家自己解决。但由于人类对自然的影响越来越大，一个国家或一个地区对自然资源开发利用所造成的后果往往会超出一个国家的国界范围而影响到世界其他地区，因此国际合作研究和协议增多，土壤资源也是如此。联合国粮农组织（Food and Agriculture Organization of the United Nations，FAO）与教科文组织（United Nations Educational，Scientific and Cultural Organization，UNESCO）通过对世界陆地生态圈、世界土壤资源图等研究及世界土壤宪章，规定了土壤资源开发、保护与改善环境的国际政策。

【联合国粮农组织】Food and Agriculture Organization of the United Nations，FAO。1945 年 10 月 16 日正式成立，是联合国系统内最早的常设专门机构，是各成员国间讨论粮食和农业问题的国际组织。其宗旨是提高人民的营养水平和生活标准，改进农产品的生产和分配，改善农村和农民的经济状况，促进世界经济的发展并保证人类免于饥饿。组织总部在意大利罗马，现共有 194 个成员国、1 个成员组织（欧洲联盟）和 2 个准成员（法罗群岛、托克劳群岛）。

【联合国教育、科学及文化组织】United Nations Educational，Scientific and Cultural Organization，UNESCO。1945 年 11 月 16 日正式成立，总部设在法国首都巴黎，现有 195 个成员，是联合国在国际教育、科学和文化领域成员最多的专门机构。该组织旨在通过教育、科学和文化促进各国合作，对世界和平和安全做出贡献，其主要机构包括大会、执行局和秘书处。

（三）我国土壤资源特点

1. 人均数量偏少

截至 2015 年年底，全国共有农用地 $6.45 \times 10^8 hm^2$，其中耕地 $1.35 \times 10^8 hm^2$、园地 $1.43 \times 10^7 hm^2$、林地 $2.53 \times 10^8 hm^2$、牧草地 $2.19 \times 10^8 hm^2$；

建设用地 $3.86 \times 10^7 hm^2$，含城镇村及工矿用地 $3.14 \times 10^7 hm^2$（图 1–1）。2015 年，全国因建设占用、灾毁、生态退耕、农业结构调整等原因减少耕地面积 $3.02 \times 10^5 hm^2$，通过土地整治、农业结构调整等增加耕地面积 $2.42 \times 10^5 hm^2$（图 1–2）。

全国土地利用数据预报结果显示，截至 2016 年年底，全国耕地面积为 $1.35 \times 10^8 hm^2$，2015 年全国因建设占用、灾毁、生态退耕、农业结构调整等原因减少耕地面积 $3.37 \times 10^5 hm^2$，通过土地整治、农业结构调整等增加耕地面积 $2.93 \times 10^5 hm^2$，年内净减少耕地面积 $4.35 \times 10^4 hm^2$；全国建设用地总面积为 $3.91 \times 10^7 hm^2$，新增建设用地 $5.20 \times 10^5 hm^2$。

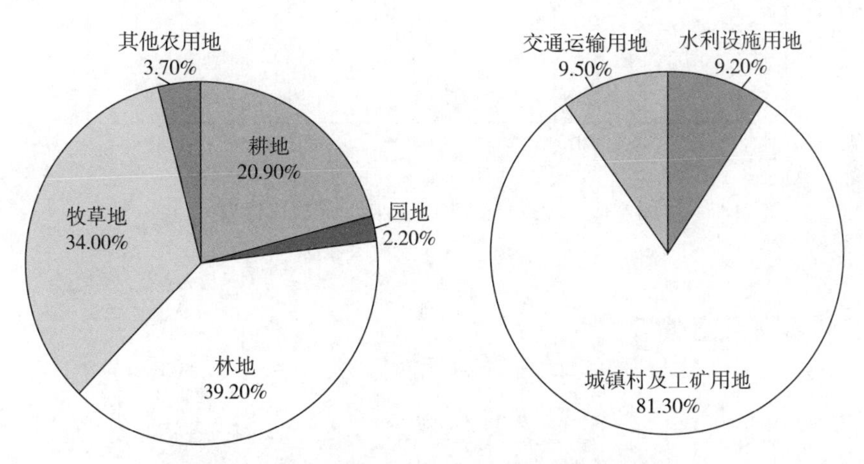

图 1–1 2015 年全国农用地和建设用地利用情况

（2016 中国国土资源公报）

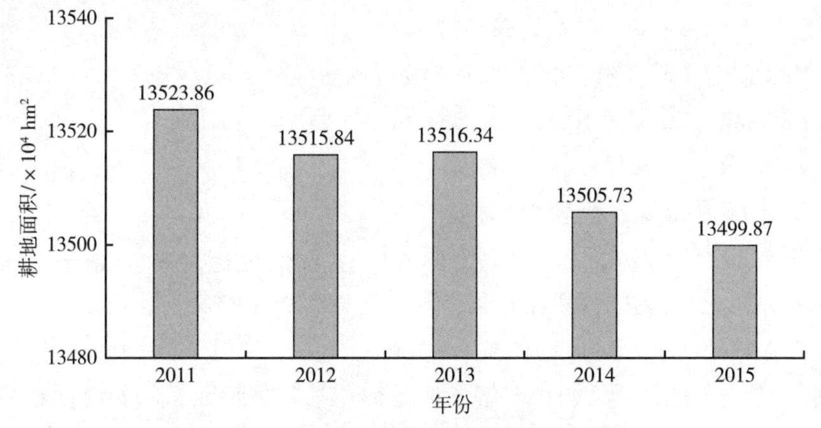

图 1–2 2011—2015 年全国耕地面积变化情况

（2016 中国国土资源公报）

2016 年，全年开展并验收土地整治项目 13406 个，建设总规模为 $3.34\times10^6hm^2$，新增耕地 $1.76\times10^5hm^2$，总投资 618.75 亿元（图 1–3）。

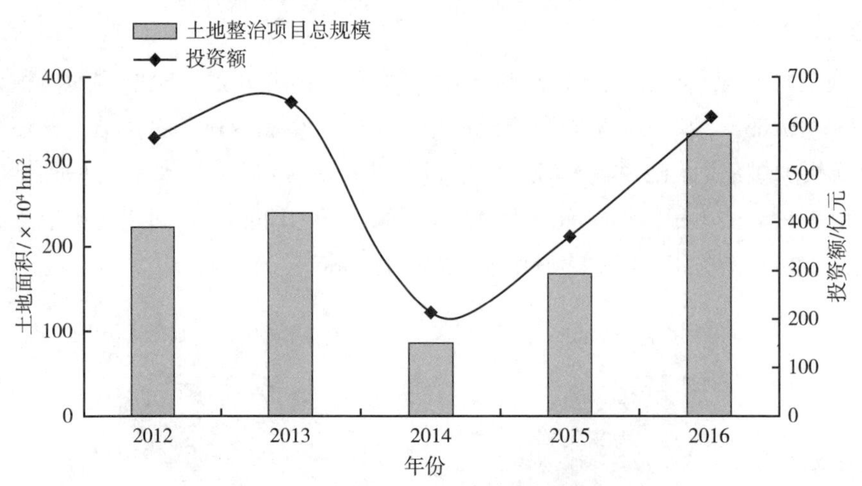

图 1–3　2012—2016 年全国土地整治情况

（2016 中国国土资源公报）

2. 整体质量偏低

2015 年，全国耕地平均质量等别为 9.96 等。其中，优等地面积为 $3.97\times10^6hm^2$，占全国耕地评定总面积的 2.9%；高等地面积为 $3.58\times10^7hm^2$，占全国耕地评定总面积的 26.5%；中等地面积为 $7.14\times10^7hm^2$，占全国耕地评定总面积的 52.8%；低等地面积为 $2.39\times10^7hm^2$，占全国耕地评定总面积的 17.7%（图 1–4）。

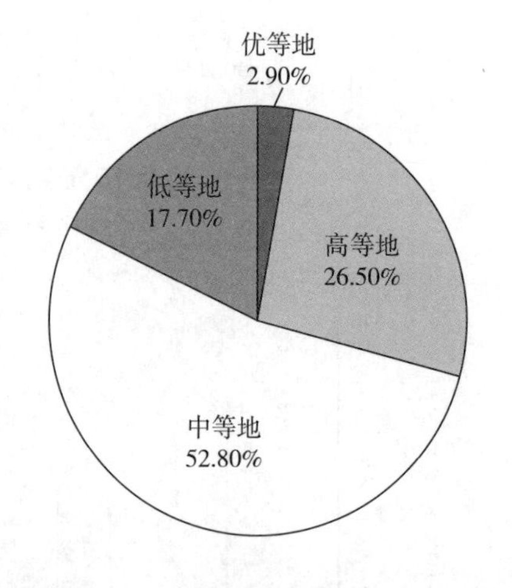

图 1–4　2015 年全国耕地质量等别面积所占比例情况

（2016 中国国土资源公报）

3. 土壤退化现象仍较严重

不仅现有已退化面积较大，而且水土流失，土壤沙化、酸化和盐渍化等现象大多在继续扩展，在土壤养分失调方面，氮和磷的缺乏已初步缓解，但是钾和某些微量元素的缺乏面积仍在扩大。我国水土流失面积 $3.67\times10^6km^2$（水利部的数据为 $3.56\times10^6km^2$），平均年增 10000 km^2，即使是水利部的数据，我国的水土流失面积中，中度以上侵蚀面积也占到 50% 以上。我国沙漠化面积 2.67×10^8 km^2，其发展速度惊人，20 世纪 50—70 年代年增 1500 km^2，80 年代年增 2100 km^2，90 年代年增 2460 km^2，90 年代末至今，年增 3460 km^2。土壤酸化主要由酸雨造成，我国酸雨面积已占国土面积的 40% 以上，比 80 年代增加了一倍多，近年多数地区发现土壤 pH 下降，南方酸性土地区已经形成危害。我国重金属污染面积至少 2.0×10^7 hm^2，农药污染面积 $1.3\times10^7\sim1.6\times10^7$ hm^2，其中耕地部分占比较高。根据河北、山西、内蒙古、浙江、福建完成的 5 个县（旗）的耕地地力调查试点材料，2002 年与 20 世纪 80 年代初全国第二次土壤普查时在相同地块取样测定结果的比较表明，土壤养分不平衡，20 多年来大量施用氮磷肥料，土壤氮素和磷素都有较大增长，而钾素则大幅度减少。

二、可持续发展

民以食为天，食以土为根。耕地为人类提供了赖以生存的根本保障，保护耕地人人有责，要站在战略高度看待这一问题，它不仅是关乎农业可持续发展的问题，而且是关乎人类更好地健康发展的问题。目前全球人口不断增长，土地质量逐步恶化，气候逐渐变暖，而改善和提高全球粮食安全和营养的目标尚不能令人满意，为此，2016 年，联合国粮农组织发布了《可持续土壤管理自愿准则》。中国联合各个国家和组织，共同推动耕地质量保护与建设，是一件功在当代、利在千秋的大事。

2018 年 5 月 24 日，由联合国粮农组织、全球土壤伙伴关系及北京市农业局、北京市土肥工作站共同举办的土壤健康与可持续发展国际研讨会在北京召开。会议以土壤健康与可持续发展“一带一路”土壤战略为主题，旨在回顾土壤可持续管理的实践应用现状及需要充分解决的缺陷和障碍，关注新兴技术、管理制度、方法、机制与政策，研讨确定“一带一路”沿线国家及世界不同地区土壤可持续管理实践策略，进而推动土壤可持续管理，倡导建立土壤保护法制、体制和机制，通过实施《可持续土壤管理自愿准则》，为专家提供一个公共平台，为共同推动全球耕地建设保护、生态文明建设及农业可持续发展做出贡献。

（一）培育健康土壤，实现农业可持续发展

培育健康土壤，实现农业可持续发展，根本在于转变发展理念，重在培育绿色生产方式，开展国际合作十分重要。保护耕地质量，培育健康土壤，是实现乡村振兴的一项基础性工作。在思路上，要强化“两个理念”健全“两个机制”；在目标上，要努力实现“两提一改”；在路径上，要突出“四字要领”。

（二）《“一带一路”健康土壤宣言》

《“一带一路”健康土壤宣言》认为，我们应该注重以下 4 点：

（1）加强理念融合。树立“健康土壤带来健康生活”“健康土壤为了下一代”等土壤健康保护意识，推动绿色农业可持续发展。

（2）促进区域融合。土壤健康保护无国界，地球村每个角落、每个村民都要同命运、共携手、重协作，积极构筑人类命运共同体。

（3）深化学术融合。加强不同国家学术思想的碰撞与智慧结晶的分享，推动土壤学科与社会、法律、经济和文化等学科互相融合与协作。

（4）推动行动融合。应更多地致力于土壤健康及可持续发展的技术、政策与机制探索与实践，每个国家、每个组织、每个地球人都应该贡献自己的智慧与价值。

（三）土壤所承载的功能

土壤与人类的生存和发展有着密切联系，在解决全球现实问题，尤其是粮食安全、水安全、气候变化、生物多样性等方面，土壤居于中心地位。联合国可持续发展目标的 17 项目标中全方位涉及土壤生态系统的就有 16 项服务，其中与土壤直接相关的有 8 项，间接相关的有 5 项。土壤生态系统目标的全面发挥将深入推进可持续发展目标的实现（图 1–5）。

1. 土壤支撑粮食安全

农业是人类生存的基础，而土壤是农业的基础。土壤生态系统的支持、调节和供给服务是粮食安全的根基。全球 70 亿人口每天消耗的资源中，80% 以上的热量、75% 的蛋白质和植物纤维都直接来自土壤。绿色植物生长发育有五大基本要素，即日光（光能）、热量（热能）、空气（氧气及二氧化碳）、水分和养分，其中所需的水分和养分主要通过根系从土壤中获取；而其生长

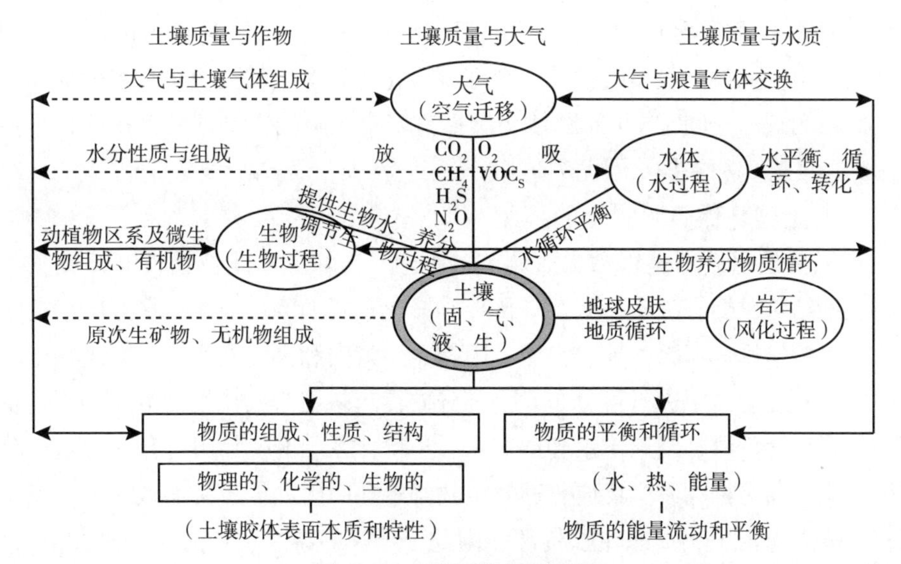

图 1–5 土壤环境的重要性

必需的 16 种营养元素中，除碳以二氧化碳形式主要吸收自空气外，其他 15 种（氢、氧、氮、磷、钾、钙、镁、硫、铁、锰、铜、锌、硼、钼、氯）主要摄取自土壤。土壤不仅是陆地植物的营养库，还是植物生根发芽的介质。植物通过根系在土壤中伸展和穿插，获得土壤的机械支撑作用，以保证地上部稳定立于地表。

同时，土壤中生存着种类繁多、数量巨大的微生物，可帮助植物获得养分，抵御病害，增强对干旱、洪水、高盐、重金属污染、有机污染、高温及低温等逆境的胁迫。据估计，土壤中的根瘤菌豆科植物共生体每年从大气中固定的氮元素高达 1.3×10^8 t，在农业生产中发挥着重要作用。2012 年 12 月出版的美国微生物学会讨论会报告《微生物如何帮助养活人类》提出了一个宏伟可行的目标，即在 20 年内微生物使粮食增产 20%，并将化肥和农药使用量各降低 20%。

目前，一方面，全球人口快速增加对粮食需求量日益增长；另一方面，人为活动的强烈干预造成土壤严重退化，优质耕地的粮食供给能力不断降低。《世界土壤资源状况报告》显示全球土壤面临侵蚀、封闭、污染、酸化、盐碱化、压实和养分失衡等诸多突出问题，严重制约粮食供给能力。例如，据统计，全球土壤年均侵蚀速率为 12 ~ 15 t/hm^2，造成作物产量每年相应下降约 0.3%。以全球 1.53×10^9 hm^2 的耕地进行估算，2015—2050 年，作物产量将累计降低10.25%，这相当于35年损失了约1.5×10^8 hm^2能生产粮食的耕地。又如，经粗略估计，全球城市化每天造成的土壤永久封闭面积为250~300 km^2。土壤退化问题使土壤粮食安全保障能力受到巨大挑战，可持续利用、管理和保护土壤尤为迫切。

2. 土壤是保障水安全的枢纽

土壤是水循环过程和水质调节的枢纽。土壤具有生物活性和多孔多相的三维结构，拥有吸附、储存、传导和净化水资源的功能。土壤对降雨的吸附和入渗作用，可降低地表径流，阻控水土流失和洪水发生。入渗进入土壤中的水分在土体中进行再分布，一部分储存起来用于维持生物生长，而过量的水则继续下渗补给地下水和地表水。土壤体系中的生物组分和非生物组分可与流经的污染物发生反应，通过生物降解和吸附固定机制消减农药、重金属、磷素等污染物而净化水资源。因此，土壤的特性和功能对于水在土壤、生物、大气、地下水和地表水间的良性循环具有重要意义。

据统计，全球淡水总量为3.5×10^7 km^3，占全球总水量的2.5%。淡水总量中冰川和冰盖占68.7%，地下水占30.1%，而人类易于利用的地表及其他淡水仅占1.2%。在地表及其他淡水中，地下冰和永久冻土占69.0%，湖泊占20.9%，土壤水占3.8%（16500 km^3），沼泽和湿地占2.6%，河流水占0.49%。从数据可知，土壤会对地下水、湖泊、河流、湿地等与水相关的生态系统服务产生重要影响，人类易于利用的淡水资源在很大程度上会受到土壤的影响和调控。

另外，土壤作为重要的"海绵体"，在海绵城市建设方面也发挥着重要作用。城市化过程中，应尽量减少不透水下垫面面积，保持足够的水系、草地、林地等的面积，使城市土壤保持海绵体的功能，增加城市排水能力，缓解内涝压力。

3. 土壤固碳减缓气候变化

土壤是陆地碳循环的中枢。全球土壤（1 m深度以内）碳库储量约为2.5×10^{12} t，其中，有机碳库1.55×10^{12} t，无机碳库9.50×10^{11} t。土壤碳库储量是大气碳库（7.60×10^{11} t）的3.3倍、植物碳库（5.60×10^{11} t）的4.5倍。不同环境条件下，土壤有机碳库可从干旱气候条件下的30 t/hm^2增加至寒冷区有机土壤的800 t/hm^2。土壤有机碳库代表了土壤碳收支的一种动态平衡，任何短期人为活动干扰造成的土壤有机碳周转速率的小幅变化，都将引起大气二氧化碳浓度的大幅波动。

人口增加和经济发展对全球土壤资源形成了前所未有的压力。19 世纪人类进入工业社会之前，陆地生态系统以平均每年 4.0×10^{7} t 碳的速度向大气排放 3.2×10^{11} t 碳，这 7800 年间的排放量仅是工业社会时期（1800—2000 年）200 年间的 2 倍。在 1850—1998 年，因化石燃料燃烧向大气排放了 2.7×10^{11} t 碳，约是陆地生态系统排放量（1.36×10^{11} t）的 2 倍。而在陆地 1.36×10^{7} t 碳的排放量中，有 7.80×10^{10} t 来自土壤，其中，因土壤退化和侵蚀占 1/3，有机碳矿化占 2/3。因此，如何更好地保护、综合管理和利用土壤对于降低土壤碳排放、缓解气候变化十分必要。

土壤具有巨大的固碳潜力，研究表明全球土壤每年可固定碳 4.0×10^{8} ~ 1.2×10^{9} t。充分发挥土壤固碳潜力，在土壤碳库达到饱和之前的一定时期内，可部分或全部抵消化石燃料燃烧向大气中释放的二氧化碳，也为人类找到化石燃料的替代能源放宽了期限。在第 21 届联合国气候变化大会上，法国提出了应对气候变化的“千分之四全球土壤增碳计划”，即每年使农业表层土壤（30 ~ 40 cm 深）有机碳库增加 0.4%，这将使当前大气二氧化碳浓度停止升高变成可能。因此，以培肥地力、阻控退化、增加作物产量和降低碳排放为前提，探寻合适的土壤碳投入途径、水肥综合管理措施、轮作休耕和保护性耕作制度等，可望在粮食安全和气候变化方面达到双赢。

4. 土壤保护生物多样性

土壤是地球上生物多样性极为丰富的栖息地，是人类尚未完全认识的巨大基因库。一把肥沃的花园土壤或有机土壤里面生存的生物数量比地球上自古至今生存的人类还多，包括 1×10^{12} 个细菌、10000 个原生动物、10000 个线虫和长达 25 km 的真菌菌丝，还有数不清的其他种类物质。尽管全球土壤细菌多样性是巨大的，但新近研究发现，仅有 2% 的细菌为优势物种，即约 500 个物种，几乎占细菌全部物种数量的 50%。这项研究将全球土壤细菌的巨大生物多样性缩小至“想要”的清单，为土壤生物学研究从生物多样性探究走向生物功能挖掘提出了新的研究思路。

2016 年全球土壤生物多样性行动计划完成的《全球土壤生物多样性地图集》对全球土壤生物多样性、时空分布、功能和生态服务、面临的威胁、人为干预等给出了全面系统的介绍，同时也对人类如何可持续利用和管理土壤提出了更高的要求。土壤生物在发挥调节植物生长、促进土壤形成、转化养分、净化污染物、调节气候变化、维持生态系统平衡等功能时，需要特定的土壤生境。因此，实现土壤的可持续利用，必须考虑土壤生物多样性维持和功能发挥所需的必要条件。

5. 土壤资源精准管理助力国家战略和可持续发展目标的实现

我国现阶段多种重大战略和举措，如精准脱贫、生态文明建设、乡村振兴、农业可持续发展、土壤污染防治等，既是自身发展的内在要求，也是对联合国《2030年可持续发展议程》的积极响应，而土壤资源精准管理是国家战略顺利实施的关键环节。

全球范围内，人类过度或不恰当的利用已经导致大约33%的土壤处于退化状态，但人们却似乎并未像对待金融危机、雾霾或其他社会问题那样严肃地对待土壤退化问题。人类活动正在以惊人的速度重塑全球地貌，在极短的时间内已造成可与地质作用相比拟的影响。我们对待土壤资源的态度深刻影响着人类的生存与发展。

第二节　土壤环境质量评价与风险评估

土壤圈是大气圈、水圈、生物圈、岩石圈相互作用的产物，是覆盖于地球陆地表面和浅水域底部的土壤所构成的一种连续体或覆盖层，犹如地球的地膜，通过它与其他圈层之间进行物质能量交换（图1-6）。土壤圈是与人类关系最密切的一种环境要素，平均厚度为5 m，面积约为1.3×10^8 km^2，相当于陆地总面积减去高山、冰川和地面水所占有的面积。土壤物质来源于这些圈层，以固态、液态和气态3种状态存在着，固体部分包括有机物（来源于生物圈）和无机矿物（来源于岩石圈），液体部分即土壤溶液（水圈的组成部分），气体既包括大气中的气体，还包括土壤生物化学反应释放出的气体（最终进入大气圈）。

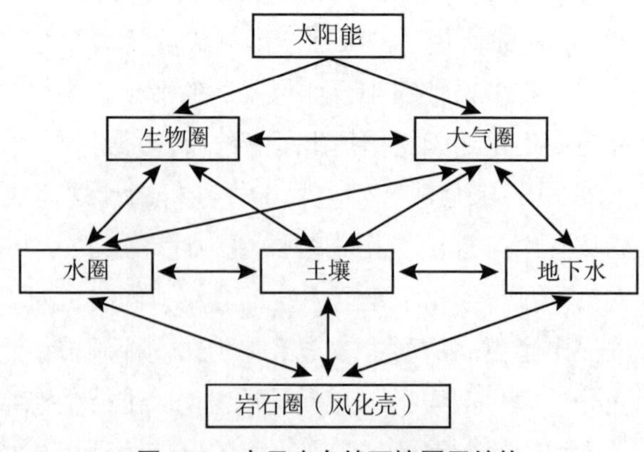

图1-6　大尺度自然环境圈层结构

土壤是各种污染物最终的“宿营地”，世界上90%的污染物最终滞留在土壤内。专家表示，“多体检比治病好”，监测可以了解土壤污染的程度，为环境管理提供科学的依据。同时，土壤污染的防治技术也需要不断提高。为全面、系统、准确掌握我国土壤污染的真实“家底”，有效防治土壤污染，确保人们身体健康，国家环境保护总局和国土资源部 2006 年 7 月 18 日联合启动了经费预算达 10 亿元的全国首次土壤污染状况调查，调查重点区域是长三角、珠三角、环渤海湾地区、东北老工业基地、成渝地区、渭河平原以及主要矿产资源型城市。

一、土壤环境质量评价

（一）土壤环境质量评价概念

土壤环境质量评价是指在研究土壤环境质量变化规律的基础上，按一定的原则、标准和方法，对土壤污染程度进行评定，或是对土壤适宜人类健康程度进行评定。土壤环境质量评价主要分为两类：土壤环境质量现状评价和土壤环境影响评价。

（二）土壤环境质量评价原则

（1）整体性原则。不仅要分别对各环境要素进行预测，尤其应注重分析其综合效应，才能正确估计对环境的全面影响。

（2）相关性原则。通过研究不同层次各子系统间的联系性质、方式及联系的程度，判别环境影响的传递性，逐层逐级传递的方式、速度和强度。

（3）主导性原则。必须抓住建设项目与区域经济发展中引起的主要土壤环境问题。

（4）动态性原则。土壤环境影响是一个不断变化的动态过程。不同建设阶段的环境影响的叠加性和累积性、影响的短期性与长期性、影响的可逆性与不可逆性等都是不断变化的。

（5）随机性原则。建设项目与投产过程中可能产生随机事件，可能会造成出乎意料的环境后果，需视具体情况增加新的评价内容，如土壤环境风险评价等。

（三）土壤环境质量评价程序

我国的土壤环境质量评价程序，一般按图 1–7 所示程序进行。通常的步骤：调查区信息数据整理；统计单元划分；数据的统计处理；根据土壤环境质量评价标准进行评价；对评价结果进行汇总与集成。土壤环境质量评价涉及评价因子、评价标准和评价模式。评价因子数量与项目类型取决于监测的目的和现实的经济和技术条件。评价标准常采用国家土壤环境质量标准、区域土壤背景值或部门（专业）土壤质量标准。评价模式常用指数法或与其有关的评价方法。

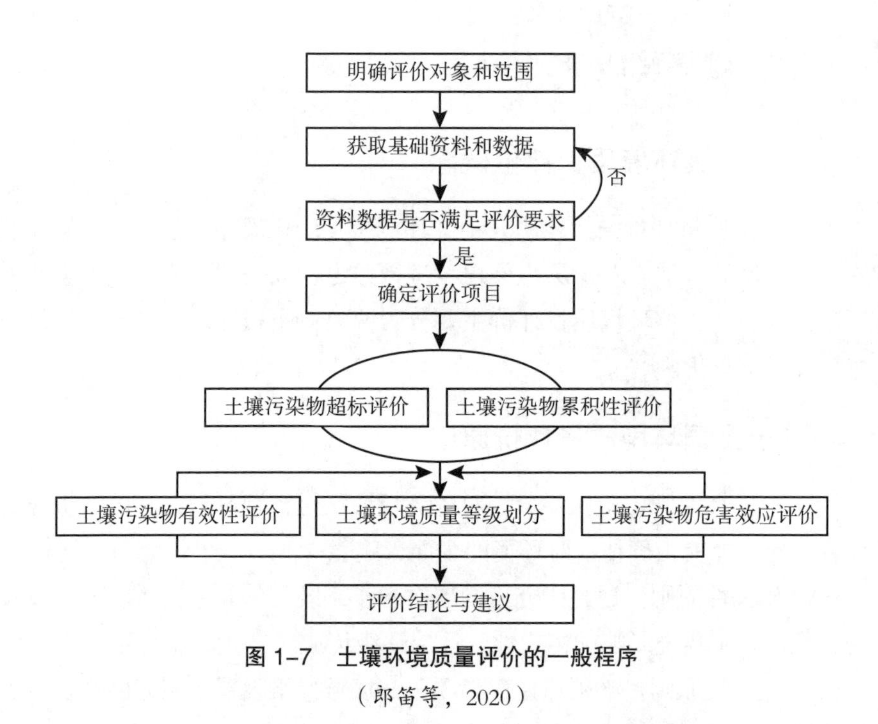

图 1-7　土壤环境质量评价的一般程序

（郎笛等，2020）

（四）土壤环境质量评价等级划分和工作内容

1. 评价等级划分标准

（1）项目占地面积、地形条件和土壤类型，可能会被破坏的植被种类、面积以及对当地生态系统影响的程度。

（2）侵入土壤的污染物的主要种类、数量，对土壤和植物的毒性及其在土壤中降解的难易程度，以及受影响的土壤面积。

（3）土壤能容纳侵入的各种污染物的能力，以及现有的环境容量。

（4）项目所在地的土壤环境功能区划要求。

2. 评价内容

（1）收集资料。主要包括工程分析的成果以及与土壤侵蚀和污染有关的地表水、地下水、大气和生物等专题评价的资料。

（2）调查、监测项目所在地区土壤环境资料。

（3）调查、监测评价区内现有土壤污染源排污情况。

（4）描述土壤环境现状。

（5）根据污染物的种类、数量、方式、区域环境特点、土壤理化特性、净化能力以及污染物在土壤环境中迁移、转化和累积规律，分析污染物累积趋势，预测土壤环境质量的变化和发展。

（6）运用土壤侵蚀和沉积模型预测项目可能造成的侵蚀和沉积。

（7）评价拟建项目对土壤环境影响的重大性，并提出消除和减轻负面影响的对策以及监测措施。

（8）难以调查和监测的，可用类比法或盆栽、小区乃至田间试验。

3. 评价范围

（1）可能破坏原有的植被和地貌范围。

（2）可能受项目排放的废水污染的区域。

（3）项目排放到大气中的气态和颗粒态有毒污染物由于干或湿沉降作用而受较重污染的区域。

（4）项目排放的固体废物，特别是危险性废物堆放和填埋场周围的土地。

（五）土壤环境质量标准

为贯彻《中华人民共和国环境保护法》，保护土壤环境质量，管控土壤污染风险，现行《土壤环境质量农用地土壤污染风险管控标准（试行）》（GB 15618—2018）、《土壤环境质量建设用地土壤污染风险管控标准（试行）》（GB 36600—2018）等两项标准为国家环境质量标准，由生态环境部与国家市场监督管理总局联合发布。之前的《土壤环境质量标准》（GB 15618—1995）已废止。

二、土壤环境风险评估

随着我国工业化和城镇化进程不断加快，人们社会活动产生了大量污染物并渗入土壤，一些长期累积的环境问题开始暴露，如北京市宋家庄地铁站施工人员中毒事件、湖北省武汉市三江地产“毒地”事件、甘肃省酒泉市瓜州县部分儿童血铅超标事件等。我国已经进入环境事件频发期，环境管理逐渐从污染物排放浓度控制、总量控制向环境风险防控与预警的过渡阶段。早在2011年时，《国家环境保护“十二五”规划》已经将防范环境风险列为“十二五”期间国家环境保护的主要任务之一。我国土壤环境污染严重，应深入研究对污染土壤可能引发的风险进行评价与预测的方法与技术，探寻经济合理、有效的综合防治措施。建立我国土壤环境风险评估与预警体系，应从源头上进行主动管理，促进我国环境向风险管理战略转变。

（一）土壤环境安全与风险预警

土壤环境安全是整个环境安全的一个关键组成部分，土壤环境安全是保障整个生态环境安全的重要物质基础。土壤环境安全预警，是对土壤环境质量和土壤生态系统逆化演替、退化、恶化以及土壤污染暴露对人体健康的危害的及时报警。它同其他环境安全预警一样，具有先觉性、预见性的超前功能，具有对演化趋势、方向、速度、后果的警觉作用。目前，我国土壤环境风险和预警研究尚不成熟，主要集中在土壤环境各单指标的预测预警或土壤环境质量方面的预测预警，不能全面反映土壤环境安全的变化，因此，我国急需建立一套全面的、准确的、及时的土壤环境安全风险预警体系，服务并指导于国土资源管理、农业生产布局和土壤修复治理等工作。

目前，我国土壤环境安全风险预警体系及方法尚未成熟和规范，相对于水环境、大气环境等类型的预测研究，土壤环境安全预警的理论与实践研究过程仍然处于起步阶段。由于土壤环境与水、大气环境预测研究有许多相似之处，因此，开展土壤环境安全预警可以借鉴其预警方法。预警方法主要指预警指标体系方法，分为单项因子预警指标体系法和多项因子预警指标体系法。单项因子预警指标体系法是运用预警指标体系中的单项预警指标从某一方面来评价警情，并依据评价结果发布警戒信息，从而实现预警，它只是相对一特定层次或针对特定预警目的；多项因子预警指标体系法则是运用所有预警指标体系中的指标多方面来综合评价警情，并依据综合评价结果发布警戒信息，从而实现预警。

（二）国内外土壤环境风险评估与预警制度现状

美国环保署于2000年发布了生态土壤筛选值，按照美国环保署的定义，所谓生态土壤筛选值就是保护那些与土壤接触或以生活在土壤中及土壤之上的生物为食的生物受体的土壤污染物浓度值。美国许多州同时制定了相应的土壤质量指导值。英国环境署与环境、食品与农村事务部于2002年撤销了污染土地再开发委员会颁布的土壤临界浓度值，代之以考虑不同土地利用方式下人体健康风险而制定的土壤质量指导值。为不同土地利用类型的土壤环境风险评估和预警措施提供了科学依据。加拿大环境部部长理事会在考虑保护生态物种安全和人体健康风险的基础上，分别制定了保护生态的土壤质量指导值和保护人体健康的土壤质量指导值，取两者中的最低值作为最终的综合性土壤质量指导值。荷兰环境部应用基于风险的方法建立了标准土壤中污染物的目标值、干预值及部分污染物造成土壤严重污染的指示值，土壤污染物干预值制定要求其能保护与土壤相关的50%的物种和50%的生物过程。因此，荷兰土壤环境标准中的干预值可用于污染土壤生态风险评估。我国土壤中污染物评价标准主要有5种，即《土壤环境质量农用地土壤污染风险管控标准（试行）》（GB 15618—2018）、《土壤环境质量建设用地土壤污染风险管控标准（试行）》（GB 36600—2018）、《工业企业土壤环境质量风险评价基准》（HJ/T-25—1999）、《展览会用地土壤环境质量评价标准（暂行）》（HJ 350—2007）、《场地土壤环境风险评价筛选值》（DB11/T811—2011）。上述标准主要按照土壤用地功能和保护目标（如水田、旱田等）和土壤主要性质（如pH），分类分级地规定了土壤中污染物含量的最高允许浓度值。目前，该系列土壤污染物评价标准得到广泛应用，可有效指导我国进行土壤环境风险评估和预测预警。

【美国环保署】 U.S. Environmental Protection Agency，EPA或USEPA由美国前总统尼克松提议设立，在获国会批准后于1970年12月2日成立并开始运行，是美国联邦政府的一个独立行政机构，主要负责维护自然环境和保护人类健康不受环境危害影响。环保局局长由美国总统直接指认，直接向美国白宫负责。EPA不在内阁之列，但与内阁各部门同级，EPA现有全职雇员大约18000名，所辖机构包括华盛顿总局、10个区域分局和超过17个研究实验所。

（三）国内外土壤环境风险评估现状

国外环保工作起步较早，美国环保局于20世纪80年代先后完成了法律、风险评估指南和技术导则的制定，形成了一系列土壤环境风险评估的方法、技术性文件。欧洲委员会（EC）制定了《风险评估的技术导则文档》。荷兰公共健康与环境研究所（RIVM）建立了一系列的生态毒理学评价方法和模型以及基于生态毒理学评价的有害风险浓度。

通过借鉴国外土壤环境风险评估方面好的经验，我国已逐步丰富和充实了土壤环境风险评估工作，并取得了一定进展。目前我国生态风险评估已经得到普遍关注，相关研究工作也在不断地深入拓展。近年来，我国编制和发布了一系列土壤环境评估方法、评估基准、具体评估工作等文件。如原国家环保总局制定了《工业企业土壤环境质量风险评价基准》（HJ/T 25—1999），对工业企业生产生活造成的土壤污染危害进行风险评估，保证工业企业厂区及周边土壤和地下水质量；2011 年，环境保护部印发《国家环境保护“十二五”科技发展规划》，将防范环境风险作为四大战略任务；2014 年环境保护部发布《污染场地风险评估技术导则》，规定了开展污染场地人体健康风险评估的原则、内容、程序、方法和技术要求等。

鉴于我国土壤环境质量总体不容乐观的现状，需加强对长江三角洲、珠江三角洲、东北老工业基地等重点区域开展土壤污染防治工作，同时进行土壤环境风险评估与预警，从而进行有效的风险管理，控制重点区域土壤环境污染，通过典型示范带动作用，促进全国的土壤环境管理工作，支撑我国土壤环境管理从总量控制向风险管理的转变。此外，需进一步加强我国土壤环境风险评估与预警管理研究，在土壤环境风险源识别、环境效应评估以及风险表征和预测预警等研究基础上，建立区域土壤环境风险评估和预警技术体系，完善土壤环境风险管理和预警的程序与方法，完善相关标准规范，研究基于物联网技术的土壤环境基础数据传输、基于云计算联机运行的土壤环境质量预警模型系统、基于地理信息系统的土壤环境风险预警空间可视化研究，建设土壤环境管理科学决策支持系统，实现业务化运行的土壤环境监控预警平台。

第三节　土壤污染与修复技术

一、土壤污染

（一）土壤污染概念

土壤是指陆地表面具有肥力、能够生长植物的疏松表层，其厚度一般在2m左右。土壤不仅为植物生长提供机械支撑能力，还能为植物生长发育提供所需要的水、肥、气、热等肥力要素。由于人口急剧增长，工业迅猛发展，固体废物不断向土壤表面堆放和倾倒，有害废水不断向土壤中渗透，大气中的有害气体及飘尘也不断随雨水降落在土壤中，导致了土壤污染。凡是妨碍土壤正常功能，降低作物产量和质量，还通过粮食、蔬菜，水果等间接影响人体健康的物质，都称为土壤污染物。

人为活动产生的污染物进入土壤并积累到一定程度，引起土壤质量恶化，进而造成农作物中某些指标超过国家标准的现象，称为土壤污染。污染物进入土壤的途径是多样的，废气中含有的污染物质，特别是颗粒物，在重力作用下沉降到地面进入土壤，废水中携带大量污染物进入土壤，固体废物中的污染物直接进入土壤或其渗出液进入土壤；农药、化肥的大量使用，造成土壤有机质含量下降、土壤板结，也是土壤污染的来源之一。土壤污染除了导致土壤质量下降、农作物产量和品质下降，更为严重的是土壤对污染物具有富集作用，一些毒性大的污染物，如汞、镉等富集到作物果实中，人或牲畜食用后会发生中毒现象。如我国辽宁省沈阳市张士灌区由于长期引用工业废水灌溉，导致土壤和稻米中重金属镉含量超标，人和牲畜不能食用，耕地不能再种植粮食，只能改作他用。

由于具有生理毒性的物质或过量的植物营养元素进入土壤而导致土壤性质恶化和植物生理功能失调的现象也是土壤被污染的情形之一。土壤处于陆地生态系统中的无机界和生物界的中心，不仅在本系统内进行着能量和物质的循环，而且与水域、大气和生物之间也在不断进行物质交换，一旦发生污染，三者之间就会有污染物质的相互传递。作物从土壤中吸收和积累的污染物常通过食物链传递给人，从而影响人体健康。

（二）土壤污染类型及来源

1. 污染物类型

根据污染物质的性质不同，土壤污染物可分为无机污染物和有机污染物两类。无机污染物主要有汞、铬、铅、铜、锌等重金属，以及砷、硒等非金属；有机污染物主要有酚、有机农药、油类、苯并芘类和洗涤剂类等。以上这些化学污染物主要是由污水、废气、固体废物、农药和化肥带进土壤并积累起来的。

2. 污染物来源

（1）污水排放。生活污水和工业废水中含有氮、磷、钾等许多植物所需要的养分，所以合理地使用污水灌溉农田，一般有增产效果。但污水中还含有重金属、酚、氰化物等多种有毒有害物质，如果污水没有经过必要的处理而直接用于农田灌溉，会将污水中的有毒有害物质带至农田，继而污染土壤。例如冶炼、电镀、燃料、汞化物等的工业废水能引起镉、汞、铬、铜等重金属污染；石油化工、肥料、农药等的工业废水会引起酚、三氯乙醛、农药等有机物的污染。

（2）废气。大气中的有害气体主要是工业中排出的有毒废气，其污染面大，会对土壤造成严重污染。工业废气的污染大致分为两类：气体污染，如二氧化硫、氟化物、臭氧、氮氧化物、碳氢化合物等；气溶胶污染，如粉尘、烟尘等固体粒子及烟雾、雾气等，它们通过沉降或降水进入土壤，造成污染。例如，有色金属冶炼厂排出的废气中含有铬、铅、铜、镉等重金属，对附近的土壤造成污染；生产磷肥、氟化物的工厂会对附近的土壤造成粉尘污染和氟污染。

（3）化肥。施用化肥是农业增产的重要措施，但不合理的使用，也会引起土壤污染。长期大量使用氮肥，会破坏土壤结构，造成土壤板结、生物学性质恶化，影响农作物的产量和质量。过量地使用硝态氮肥，会使饲料作物含有过多的硝酸盐，妨碍牲畜体内氧的输送，使其患病，严重的会导致死亡。

（4）农药。农药能防治病、虫、草害，如果使用得当，可保证作物的增产，但它是一类危害性很大的土壤污染物，施用不当，会引起土壤污染。喷施于作物体上的农药（粉剂、水剂、乳液等），除部分被植物吸收或逸入大气外，约有一半散落于农田，这一部分农药与直接施用于田间的农药（如拌种消毒剂、地下害虫熏蒸剂和杀虫剂等）构成农田土壤中农药的基本来源。农作物从土壤中吸收农药，在根、茎、叶、果实和种子中积累，通过食物、饲料危害人体和牲畜的健康。此外，农药在杀虫、防病的同时，也使有益于农业的微生物、昆虫、鸟类遭到伤害，破坏了生态系统，使农作物遭受间接损失。

（5）固体污染。工业废物和城市垃圾是土壤的固体污染物来源。例如，各种农用塑料薄膜作为大棚、地膜覆盖物被广泛使用，如果管理、回收不善，大量残膜碎片散落田间，会造成农田“白色污染”。这样的固体污染物既不易蒸发、挥发，也不易被土壤微生物分解，是一种长期滞留土壤的污染物。

（三）我国土壤污染现状

现在，我国土壤污染已从以往的隐性存在转变为显性存在。就城市污染而言，根据有效调查数据显示，长江以南的城市重金属污染程度不断加剧，尤其是汞、铅以及镉所带来的污染最为严重。关于土地污染问题，根据国土资源的地质环境部门调查数据显示，中度污染耕地已然超过了 $3.33\times10^6 hm^2$。由此可见，当前我国土壤污染问题已经十分严重，必须重视土壤污染的防治。值得注意的是，土壤一旦被污染，不仅需要长时间恢复，还需要较好的修复技术，且部分土壤污染具有不可逆转性。

相关统计显示，当前我国土壤污染情况较为严重的耕地已经占据全国耕地面积的 20%，尤其是部分经济较为发达的地区其耕地重度污染情况非常严重，部分地区重度污染耕地面积达到该地区范围内耕地面积的 10%，轻度污染的则达到该地区范围内耕地面积的 70%，对该地区的土壤质量造成非常严重的破坏。同时伴随当前我国经济发展态势以及行业发展规模，我国土壤污染的类型相较以往也变得更多，表现出无机污染、有机污染、生物复合污染的后续发展态势。此外，我国土壤污染的途径进一步扩大，土壤污染的原因相较以往更加复杂且控制难度更高。

土壤污染对“米袋子”“菜篮子”“水缸子”是巨大威胁。2014 年 4 月，环境保护部和国土资源部联合发布的《全国土壤污染调查公报》显示，全国土壤点位总超标率为 16.1%。从污染分布情况看，南方土壤污染重于北方，长江三角洲、珠江三角洲、东北老工业基地等部分区域土壤污染问题较为突出，西南、中南地区土壤重金属超标范围较大。

按照土地利用类型，我国土地主要分为耕地、林地、草地、建筑用地、工业用地及未利用地。除去建筑用地与工业用地，其他类型土地土壤污染超标率依次为 19.4%、10.0%、10.4%、11.4%。从污染物来看，耕地土壤总污染面积为 $2.6 \times 10^7 hm^2$，污染物主要为重金属污染物和农药污染物，林地与耕地污染物相似，草地与未利用地基本是重金属污染物。

（四）我国土壤污染特点

我国土壤污染退化具有多源、复合、量大、面广、持久、毒害的现代环境污染特征，正从常量污染物转向微量持久性毒害污染物，尤其是在经济快速发展的地区。我国土壤污染退化的总体现状已从局部蔓延到区域，从城市城郊延伸到乡村，从单一污染扩展到复合污染，从有毒有害污染发展至有毒有害污染与 N、P 营养污染的交叉，形成点源与面源污染共存，生活污染、农业污染和工业污染叠加，各种新旧污染与二次污染相互复合或混合的态势。

污染物质的种类主要有重金属、硝酸盐、农药及持久性有机污染物、放射性核素、病原菌 / 病毒及异型生物质等。按污染物性质，可分为无机污染、有机污染及生物污染等三大类型。根据环境中污染物的存在状态，可分为单一污染、复合污染及混合污染等。依污染物来源，可分为农业物资（如化肥、农药、农膜等）污染型、工企三废（废水、废渣、废气）污染型及城市生活废物（如污水、固废、烟 / 尾气等）污染型。按污染场地又可分为农田、矿区、工业区、老城区及填埋区等污染退化。

二、土壤污染修复技术

（一）土壤污染修复技术类型

从我国污染土壤修复技术的研究情况来看主要可以分为以下 6 个方面，且不同的修复技术都有各自的优势和不足。

1. 工程修复技术

工程修复技术主要有客土法、客土法以及深耕翻土法。客土法主要是指用别处移过来的健康的土壤覆盖在受污染的土壤上，以此来防止植物根系遭受污染。该方式主要适用于土壤污染程度低的地方。换土法是指用健康的土直接替换被污染的土壤。该方式在使用的过程中需要注意对换走的污染土壤跟踪监测，确保污染土壤得到合理安置。深耕翻土法，主要是把土壤表层和深层进行翻动使其相互混合，用这样的方式降低土壤中的污染含量，主要用于土层较深但是污染不严重的土壤，在实际操作中需要进行适当施肥，保证土壤养分。

2. 热处理修复技术

热处理修复技术主要对污染土壤进行加热处理，利用热度将土壤中含有的重金属挥发掉，进而达到修复的目的。该技术的使用能够有效去除土壤中半挥发性、沸点比较低的污染物。在当前实践中，该技术是污染土壤修复常用的手段，主要有高温处理和低温处理两种方式，但是因为很多金属的热解析温度较高，因此该技术对污染土壤的修复成本较高。另外，如果在处理的过程中没有合理地处理好挥发出来的重金属，很容易造成二次污染。

3. 淋洗修复技术

淋洗修复技术是一项比较成熟的修复技术。指在被重金属污染的土壤中加入一些化学淋洗液，利用机械对土壤进行搅拌将土壤中多种形态的重金属进行去除，该方式不会破坏土壤的结构也不会造成二次污染。该技术在使用中要合理选择淋洗溶液，像酸碱溶液、络合剂等都是较为常用的。淋洗修复技术是多种土壤修复技术中使用较为广泛的。

4. 植物修复技术

植物修复技术主要是指在污染土壤中种植一些能够吸附特定污染物的植物对土壤进行修复。该技术的使用成本低、实施的过程易于操作，因此被广泛应用。如铅超富集植物有羽叶鬼针草、香根草等；锌超富集植物有芸薹、芜菁等；镉超富集植物有鱼腥草、龙葵等。该技术是一种绿色修复方式，由于植物生长缓慢的特点，使得对污染土壤的修复周期长，效果也不是特别理想。针对影响其修复效果的各个因素进行深入研究，创新、改良和强化修复效果成为未来植物修复技术的主要发展。

5. 微生物修复技术

微生物修复技术主要是利用特定的微生物群，将土壤中含有的重金属特性加以改变，影响污染物在土壤环境中的转化，以此来降低污染物活性的过程，该方式主要分为微生物富集、吸附和转化 3 个方面，是替代传统修复技术的新型修复技术。该技术在使用的过程中成本低、效果高、不容易造成再次污染。但是对微生物修复的机理研究尚未完全成熟，因此该技术还没有实现规模化。

6. **联合修复技术**

该技术是把几个单相技术一起同时运用，使其发挥出各自的优势，以此来实现对土壤的修复技术，包含了生物联合、物理化学联合、基因工程联合修复，该技术的使用突破了单项技术的局限性，修复的效果也得到有效提升，在当前受到极大推广。

（二）土壤污染修复技术的发展趋势

生物联合技术因其成本低等特点，是当前应用比较广泛的技术。但是因为单项修复技术存在一定的局限性，使得联合技术中仍旧存在很多问题，技术推广方面就受到一定的制约。在对已有的联合修复技术研究中发现，多项技术联合存在一些问题，如何解决这些问题成为未来研究的重点，同时也是研究发展的突破重点。在植物参与的联合修复中，重点内容在于对植物的选择，探寻出生存能力强、去污染效果好、生物量大的植物；微生物参与的联合修复的重点在于，要根据其厌氧和好氧的特点，研究分析微生物与环境机制等。

拓展阅读

【Soil】The biologically active, porous medium that has developed in the uppermost layer of Earth’s crust. Soil is one of the principal substrata of life on Earth, serving as a reservoir of water and nutrients, as a medium for the filtration and breakdown of injurious wastes, and as a participant in the cycling of carbon and other elements through the global ecosystem. It has evolved through weathering processes driven by biological, climatic, geologic, and topographic influences.

Since the rise of agriculture and forestry in the 8th millennium BCE, there has also arisen by necessity a practical awareness of soils and their management. In the 18th and 19th centuries the Industrial Revolution brought increasing pressure on soil to produce raw materials demanded by commerce, while the development of quantitative science offered new opportunities for improved soil management. The study of soil as a separate scientific discipline began about the same time with systematic investigations of substances that enhance plant growth. This initial inquiry has expanded to an understanding of soils as complex, dynamic, biogeochemical systems that are vital to the life cycles of terrestrial vegetation and soil-inhabiting organisms and by extension to the human race as well.

【Soil profile】Soils differ widely in their properties because of geologic and climatic variation over distance and time. Even a simple property, such as the soil thickness, can range from a few centimetres to many metres, depending on the intensity and duration of weathering, episodes of soil deposition and erosion, and the patterns of landscape evolution. Nevertheless, in spite of this variability, soils have a unique structural characteristic that distinguishes them from mere earth materials and serves as a basis for their classification: a vertical sequence of layers produced by the combined actions of percolating waters and living organisms.

These layers are called horizons, and the full vertical sequence of horizons constitutes the soil profile (see the figure). Soil horizons are defined by features that reflect soil-forming processes. For instance, the uppermost soil layer (not including surface litter) is termed the A horizon. This is a weathered layer that contains an accumulation of humus (decomposed, dark-coloured, carbon-rich matter) and microbial biomass that is mixed with small-grained minerals to form aggregate structures.

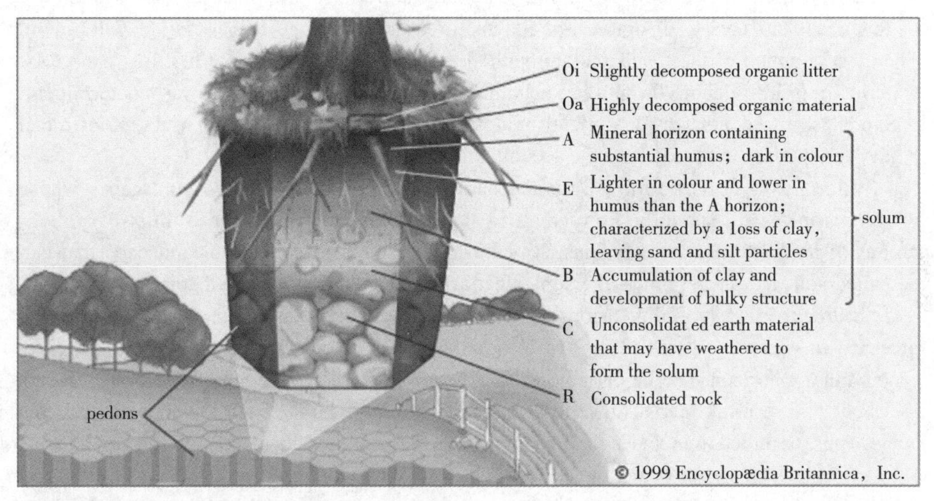

Soil profile: The soil profile, showing the major layers from the O horizon (organic material) to the R horizon (consolidated rock). A pedon is the smallest unit of land surface that can be used to study the characteristic soil profile of a landscape.

Image: Encyclopædia Britannica, Inc.

Below A lies the B horizon. In mature soils this layer is characterized by an accumulation of clay (small particles less than 0.002 mm [0.00008 inch]in diameter) that has either been deposited out of percolating waters or precipitated by chemical processes involving dissolved products of weathering. Clay endows B horizons with an array of diverse structural features (blocks, columns, and prisms) formed from small clay particles that can be linked together in various configurations as the horizon evolves.

Below the A and B horizons is the C horizon, a zone of little or no humus accumulation or soil structure development. The C horizon often is composed of unconsolidated parent material from which the A and B horizons have formed. It lacks the characteristic features of the A and B horizons and may be either relatively unweathered or deeply weathered. At some depth below the A, B, and C horizons lies consolidated rock, which makes up the R horizon.

These simple letter designations are supplemented in two ways (see the table of soil horizon letter designations) . First, two additional horizons are defined. Litter and decomposed organic matter (for example, plant and animal remains) that typically lie exposed on the land surface above the A horizon are given the designation O horizon, whereas the layer immediately below an A horizon that has been extensively leached (that is, slowly washed of certain contents by the

action of percolating water) is given the separate designation E horizon, or zone of eluviation (from Latin ex, "out," and lavere, "to wash") . The development of E horizons is favoured by high rainfall and sandy parent material, two factors that help to ensure extensive water percolation. The solid particles lost through leaching are deposited in the B horizon, which then can be regarded as a zone of illuviation (from Latin il, "in and lavere") .

The combined A, E, B horizon sequence is called the solum (Latin: "floor") . The solum is the true seat of soil-forming processes and is the principal habitat for soil organisms. (Transitional layers, having intermediate properties, are designated with the two letters of the adjacent horizons.)

The second enhancement to soil horizon nomenclature (also shown in the table) is the use of lowercase suffixes to designate special features that are important to soil development. The most common of these suffixes are applied to B horizons: g to denote mottling caused by waterlogging, h to denote the illuvial accumulation of humus, k to denote carbonate mineral precipitates, o to denote residual metal oxides, s to denote the illuvial accumulation of metal oxides and humus, and t to denote the accumulation of clay.

【Pedons and polypedons】Soils are natural elements of weathered landscapes whose properties may vary spatially. For scientific study, however, it is useful to think of soils as unions of modules known as pedons. A pedon is the smallest element of landscape that can be called soil. Its depth limit is the somewhat arbitrary boundary between soil and "not soil" (e.g., bedrock) . Its lateral dimensions must be large enough to permit a study of any horizons present—in general, an area from 1 to 10 square metres (10 to 100 square feet), taking into account that a horizon may be variable in thickness or even discontinuous. Wherever horizons are cyclic and recur at intervals of 2 to 7 metres (7 to 23 feet), the pedon includes one-half the cycle. Thus, each pedon includes the range of horizon variability that occurs within small areas. Wherever the cycle is less than 2 metres, or wherever all horizons are continuous and of uniform thickness, the pedon has an area of 1 square metre.

Soils are encountered on the landscape as groups of similar pedons, called polypedons, that contain sufficient area to qualify as a taxonomic unit. Polypedons are bounded from below by "not soil" and laterally by pedons of dissimilar characteristics.

思考题

1. 土壤作为资源对人类社会的作用与意义具体体现在哪些方面？
2. 土壤环境的环境功能及意义有哪些？
3. 我国土壤资源有什么样的特点?
4. 我国土壤污染现状以及污染修复技术的发展趋势及其制约因素是什么?
5. 简述土壤评价的原则及其基本程序。

参考文献

[1] 张旭辉，邵前前，丁元君，等. 从《世界土壤资源状况报告》解读全球土壤学社会责任和发展特点及对中国土壤学研究的启示[J]. 地球科学进展，2016,

31（10）：1012-1020.
[2] 张甘霖，史学正，龚子同．中国土壤地理学发展的回顾与展望[J]．土壤学报，2008，5：792-801.
[3] 李桂林，陈杰，孙志英，等．城市化过程对土壤资源影响研究进展[J]．中国生态农业学报，2008，1：234-240.
[4] 杨承栋．论合理保护开发利用中国森林土壤资源[J]．世界林业研究，2011，24（1）：19-27.
[5] 赵其国．珍惜和保护土壤资源：我们义不容辞的责任[J]．科技导报，2016，34（20）：66-73.
[6] 赵其国，骆永明，滕应．中国土壤保护宏观战略思考[J]．土壤学报，2009，46（6）：1140-1145.
[7] 赵其国，骆永明．论我国土壤保护宏观战略[J]．中国科学院院刊，2015，30（4）：452-458.
[8] 张红振，骆永明，夏家淇，等．基于风险的土壤环境质量标准国际比较与启示[J]．环境科学，2011，32（3）：795-802.
[9] 李志博，骆永明，宋静，等．土壤环境质量指导值与标准研究Ⅱ·污染土壤的健康风险评估[J]．土壤学报，2006，1：142-151.
[10] 李敏，李琴，赵丽娜，等．我国土壤环境保护标准体系优化研究与建议[J]．环境科学研究，2016，29（12）：1799-1810.
[11] 王国庆，骆永明，宋静，等．土壤环境质量指导值与标准研究Ⅳ．保护人体健康的土壤苯并[a]芘的临界浓度[J]．土壤学报，2007，4：603-611.
[12] 章海波，骆永明，李志博，等．土壤环境质量指导值与标准研究Ⅲ．污染土壤的生态风险评估[J]．土壤学报，2007，2：338-349.
[13] 罗丽．论土壤环境的保护、改善与风险防控[J]．北京理工大学学报（社会科学版），2015，17（6）：124-128.
[14] 邱荟圆，李博，祖艳群．土壤环境基准的研究和展望[J]．中国农学通报，2020，36（18）：67-72.
[15] 郎笛，王宇琴，张芷梦，等．云南省农用地土壤生态环境基准与质量标准建立的思考及建议[J]．生态毒理学报，2020，4：1-14.
[16] 韦东普，马义兵．“农田系统重金属迁移转化和安全阈值研究”项目正式启动[J]．中国生态农业学报，2016，24（11）：1577-1578.
[17] 黄晟，沈华光，张会，等．江苏某重金属污染地块土壤污染调查与风险评估[J]．环境与发展，2020，32（6）：72-73.

第二章

土壤物理学

第一节　土壤基质（母质）和质地

一、土壤基质（母质）

（一）土壤母质概念

土壤母质（parent material）是风化壳（weathering crust）的表层，是指原生基岩（original bed rock）经过风化、搬运、堆积等过程于地表形成的一层疏松、最年轻的地质矿物质层，它是形成土壤的物质基础，是土壤的前身。母质有别于岩石，其颗粒小，单位体积或单位质量的表面积（即比表面积）增大，颗粒间多孔隙，疏松，有一定的透水性、通气性及吸附性能。

（二）土壤母质类型（按成因分）

1. 残积物

残积物是指未经外力搬运迁移而残留于原地的淋失风化物的杂乱堆积体。分布于山地与丘陵顶部较高的部位，没有明显的层次性，其颗粒大小极不均匀。其特点是层次薄、质地疏松、通气性好。母质的矿物组成和化学成分性质深受基岩的影响。

2. 坡积物

坡积物是在重力和雨水冲刷的影响下，将山坡上部的风化产物移动到坡脚或谷地堆积而成。其特点是搬运距离不远，分选性差，层次不明显，大小石块夹杂，粗、细粒混存，通气、透水性良好。同时因承受上部来的养分、水分以及较细土粒的影响，所以水分和养分也比较丰富。这种母质形成的土壤肥力一般较高。但坡积物的性质仍因山坡上部岩石种类和所处气候条件的不同而有很大差异。

3. 洪积物

洪积物是由于山区临时性的洪水暴发，洪水挟带岩石碎屑、砂粒等沿山坡下泻至山前平缓地带沉积而成。沿山麓成带状分布，其外形是以山谷出口为尖端向四处分散的扇状锥，分选性差。在山谷出口处沉积的主要是碎石、巨砾和粗砂粒等，沉积厚度深，层次不明显；在冲积扇边缘沉积的物质较细，多为细砂、粉砂或黏粒，厚度渐减，层次也较明显。因此，由冲积扇顶部向扇缘推移，形成的土壤由粗变细，肥力逐渐提高。

4. 河流冲积物

河流冲积物是指岩石的风化产物受河流经常性流水侵蚀、搬运，在流速减缓时沉积于河谷地区而形成的沉积物。因所处地势不同，沉积物的性质也不同。在河谷地区一般多为砾石和砂粒，分选性差；而在开阔的平原河谷，沉积物的物质较细，主要为粉砂、细砂、黏粒。此类沉积物分布范围大、面积广，在江河的中、下游一带都有这类沉积物分布，如东北平原、华北平原、长江中下游平原、珠江三角洲。

其特点：成层性。由于季节性雨量的差异，各时期的河水流量和流速不同，搬运和沉积的物质颗粒大小也不同，从而造成上下部具有明显的成层分选性。成带性。因流速不同，在河流上下游及离河远近处质地有区域变化。上游粗，下游细；近河粗，离河远则细。成分复杂。由于河流冲积物分布广，物质来源于上游各地，故矿物质种类多，植物养分较丰富，下游宽广的冲积平原多形成肥沃的土壤。

5. 湖积物

湖积物是由湖水泛滥沉积而成的沉积物，分布在大湖的周围。由于湖水泛滥水流较缓，所以沉积物质地较细，但仍有分选性，常呈现不同质地层次。此种母质不仅水分足、养分多，有机质含量也高，往往形成肥沃的土壤。如我国洞庭湖、鄱阳湖、太湖的周围均为此种沉积物。

6. 海积物

海积物为海边的海相沉积物。由于海岸上升或江河入海的回流淤积物露出水面形成。在我国东南沿海地区有较大面积分布。各地海积物质地粗细不一，全为砂粒的沙滩，其养分含量较低；全为黏土的沉积物，其养分含量较高。但均含有较多的盐分。

7. 风积物

风积物是经风搬运而堆积的物质。一般可分为沙质沉积物和黄土两大类。沙质沉积物：为风力将砂粒搬运，在前进途中遇障碍物或风速减低时堆积，而这种母质的特点是质地粗，砂性大，水分和养分缺乏，形成的土壤肥力很低。黄土：我国黄土高原的黄土多为风成的。主要分布在黄河中下游的甘肃、宁夏、内蒙古、陕西、山西、河南、河北、新疆、青海，东北三省亦有少量分布。该母质颗粒组成以粉砂粒为主，大小均一，疏松多孔，呈灰黄或棕黄色，厚度由几米至 200 m 以上。所发育的土壤因水土流失严重，大多属低产土壤。

8. 黄土状沉积物

黄土状沉积物为第四纪时期黄土经冰水、洪水作用再移运的沉积物。在我国东北、华北及华中地区分布广泛。另在更新世时期，黄土经流水侵蚀，搬运至下游广泛沉积为质地黏重的红黄色或灰黄色土状沉积物，称下蜀系黄土状沉积物或下蜀系黄土，两者均为次生黄土。

9. 冰碛物

冰碛物是由冰川夹带的物质搬运沉积而成。其特点是无成层性和分选性，岩石碎块与大小颗粒混存。冰碛物也可能是由于冰川融化的流水运积作用而形成的冰水沉积物。如我国长江以南分布面积较广的第四纪红色黏土，就属冰水沉积物。其特点是母质层深厚，质地黏细，呈棕红色，酸性强，养分较缺乏，是南方红壤重要母质类型之一。

（三）母质影响土壤养分

1. 土壤母质岩石类型

母质是岩石经过外力作用后形成的风化物，也是土壤的初始状态，是土壤形成的基础和植物养分元素的最初来源。因此，母质岩石的类型与土壤养分有关系密切。主要的土壤母质岩石类型有以下 3 类：

（1）岩浆岩。花岗岩形成的土壤富钾而缺磷；玄武岩形成的土壤缺钾而富磷。

（2）沉积岩。地壳表面的岩石经风化、搬运、沉积等作用后，在一定条件下胶结硬化所形成的岩石。其约占地表总面积的75%。有明显的层理构造；

矿物成分复杂并呈碎屑状组织；有时含有化石。

（3）变质岩。沉积岩、岩浆岩经过高温高压或受岩浆侵入的影响，其矿物组成、结构、构造以致化学成分发生剧烈改变后形成的。一般具有片理及片麻构造；矿物质地致密，坚硬；不易风化。例如，片麻岩、石英岩、板岩、片岩、千枚岩、大理岩等。砂岩形成的土壤盐基养分较贫乏；页岩形成的土壤盐基养分较丰富。

2. 土壤矿物

土壤矿物是指土壤母质岩石经风化过程后残留的或新产生的固态物质，也是土壤主要组成部分和营养成分的主要来源，占土壤质量的 90%～97%，占土壤容积的 38%～65%。

矿物依其成因可分为原生矿物、次生矿物、变质矿物三大类。

（1）原生矿物。原生矿物也称内生矿物，是指由地下深处呈熔融状态的岩浆沿着地壳裂缝上升过程中冷却、凝固结晶而成的矿物，如长石、石英、云母等。岩石风化过程中，结构和化学组成没有发生改变，只发生机械破碎作用而残留于土壤中的矿物。常见原生矿物：石英（SiO_2）、长石、正长石（$KAlSi_3O_8$）、钠长石（$NaAlSi_3O_8$）、斜长石（$CaAl_2Si_2O_8$）、云母、辉石、角闪石、橄榄石、黄铁矿等。

（2）次生矿物。次生矿物也称外生矿物，系原生矿物在风化、沉积过程中逐步改变其结构、性质、成分而生成的新矿物。种类主要有高岭石类、蒙脱石类、水化云母类等，均属于硅铝酸盐类矿物。共同特征为颗粒细小、胶体性质、离子吸收性、可塑性、胀缩性、黏着性、黏结性。硅铝酸盐类黏土矿物的基本结构为硅氧四面体、铝氧八面体。

（3）变质矿物。经过变质作用形成的，是原有的矿物重新处于高温高压的条件下，发生形态、性质和成分的变化而形成的新矿物。

地壳中矿物的种类很多，目前已经发现的有 3300 多种，但与土壤矿物质组成密切相关的矿物叫成土矿物，这种矿物不过数十种。

母质影响土壤发育情况和形态特征。成土过程进行得越久，母质与土壤的性质差别就越大。但母质的某些性质却仍会顽强地保留在土壤中。例如，分布在我国华南的砖红壤是我国境内风化强度最深、成土时间最长的一类土壤，但母质对砖红壤的性质影响仍存在。

（四）母质与地形的关系

地形对母质起着重新分配的作用，不同的地形部位常分布有不同的母质：山地上部或台地上主要是残积母质；坡地和山麓地带的母质多为坡积物；在山前平原的冲积扇地区，成土母质多为洪积物；河流阶地、泛滥地和冲积平原、湖泊周围、滨海附近地区，相应的母质为冲积物、湖积物和海积物。

（五）土壤年龄

土壤年龄是指土壤发生发育时间长短，通常把土壤年龄分为绝对年龄和相对年龄。绝对年龄：指该土壤在当地新鲜风化层或新母质上开始发育时算起，迄今所经历的时间，通常用年表示；相对年龄：指土壤的发育阶段或土壤的发育程度。

土壤剖面发育明显，土壤厚度大，发育度高，相对年龄大；反之相对年龄小。通常说的土壤年龄是指土壤的发育程度，而不是年数，即通常所谓的相对年龄。

二、土壤质地

（一）粒径对矿物质土粒的矿物组成与化学组成的影响

土壤中的各种固体颗粒简称土粒。土粒又可分单粒（原生颗粒）和复粒（次生颗粒）。前者主要是岩石矿物质土粒；后者是各种单粒在物理化学和生物化学作用下复合而成的黏团、有机矿质复合体和微团聚体。单粒的粒径对矿质土粒的矿物组成与化学组成有重要影响。粒径粗的矿质土粒主要由原生矿物组成，其中以石英含量最多，此外还有长石、云母等原生硅酸盐矿物，以及少量赤铁矿、针铁矿、磷灰石等；粒径细的则基本上由次生矿物组成，如高岭石、水云母、蒙脱石等，以及铁、铝氧化物的水合物，而原生矿物很少，在化学组成上，矿质土粒越粗，SiO_2含量越高。随着颗粒由粗到细，SiO_2含量降低，而铝、铁、钙、镁、钾、磷等含量越增高。所以矿质土粒粗细不同，所含植物所需的营养元素也是有差别的。

（二）矿物质土粒的大小分级——粒级分类

1. 粒级概念

土壤矿质颗粒大小参差不齐，大的直径在数毫米以上，小的尚不足1 nm，大小相差达百倍。通常根据矿质土粒（单粒）粒径大小及其性质上的变化，将其划分为若干组，称为土壤粒级（粒组）。同一粒级矿质土粒在成分和性质上基本一致，不同粒级矿质土粒之间则有较明显的差别。

2. 粒级的分类标准

粒级分类的标准常有以下 3 种：

（1）国际制。国际制矿质土粒分级标准（表 2-1）是由瑞典土壤学家爱特伯（Atterberg）提出的，其特点是十进位制，分级少而便于记忆，但分级界限的人为性太强。

表 2-1　国际制矿质土粒分级标准

粒级名称		粒径 /mm
石砾		＞ 2.0
砂粒	粗砂粒	2.0 ~ 0.20
	细砂粒	0.20 ~ 0.02
粉砂粒		0.020 ~ 0.002
黏粒		＜ 0.002

（2）卡庆斯基制。卡庆斯基制（表 2-2）是由苏联土壤科学家卡庆斯基提出的，在卡庆斯基制中，将＞ 1 mm 的划为石砾，＜ 1 mm 的划为细土部分，其中 1 ~ 0.05 mm 的粒级称为砂粒，0.050 ~ 0.001 mm 的粒级称为黏粒，＜ 0.001 mm 的粒级称为黏粒，在上述粒级中又细分为粗、中、细三级（黏粒级分为粗黏粒、细黏粒和胶粒）。在＞ 1 mm 的石砾部分中，将 1 ~ 3 mm 的石砾称为小圆砾，作为细土粒向石块过渡的部分。

表 2-2　卡庆斯基制矿质土粒分级标准（1957 年）

粒级名称		粒径 /mm
石块		＞ 3
砾石		3 ~ 1
砂粒	粗砂粒	1 ~ 0.5
	中砂粒	0.5 ~ 0.25
	细砂粒	0.25 ~ 0.05

续表

粒级名称		粒径 /mm
粉砂粒	粗粉砂	0.05 ~ 0.01
	中粉砂	0.01 ~ 0.005
	细粉砂	0.005 ~ 0.001
粗黏粒		0.001 ~ 0.0005
细黏粒		0.0005 ~ 0.0001
胶粒		＜ 0.0001

在工作中广泛使用的是卡庆斯基简易分级，即将 1 ~ 0.01 mm 的粒级划分为物理性砂粒，小于 0.01 mm 粒级则划分为物理性黏粒，与我国民间所称的“沙”和“泥”的概念颇为相近。

（3）中国制。中国制是在卡庆斯基粒级制的基础上修订而来，在《中国土壤》（第二版，1987）正式公布（表 2–3）。它把黏粒的上限移至公认的 2μm，而把黏粒级分为粗（0.002 ~ 0.001 mm）和细＜ 0.01 mm 两个粒级，后者即是卡庆斯基制的黏粒级。

表 2–3　中国制矿质土粒分级标准（1987 年）

粒级名称		粒径 /mm
石块		＞ 10
石砾	粗砾	10 ~ 3
	细砾	3 ~ 1
砂粒	粗砂粒	1 ~ 0.25
	细砂粒	0.25 ~ 0.05
粉粒	粗粉粒	0.05 ~ 0.01
	细粉粒	0.01 ~ 0.005
黏粒	粗黏粒	0.005 ~ 0.001
	细黏粒	＜ 0.001

注：黄昌勇，《土壤学》，2000.

（三）矿物质土粒的机械组成（颗粒组成）和质地分类

1. 机械组成和土壤质地的概念

土壤中各粒级矿物质土粒所占的质量分数称为矿物质土粒的机械组成，

也称颗粒组成。土壤质地是根据机械组成划分的土壤类型。土壤质地的类型和特点主要继承了成土母质的类型和特点，又受人类耕作、施肥、灌溉、平整土地的影响。一般分为砂土、壤土和黏土 3 大类。土壤质地是土壤的一种十分稳定的自然属性，反映母质来源及成土过程某些特征，对肥力有很大影响，因而在制定土壤利用规划、确定施肥用量与种类、进行土壤改良和管理时必须重视其质地特点。

2. 土壤质地分类制

质地分类制与粒级分类制一样，各国的标准也不统一。常用的有国际制、卡庆斯基制和中国制等三种土壤质地分类制。

（1）国际制。国际制土壤质地分类 1930 年与其粒级制一起，在第二届国际土壤学大会上通过（图 2–1）。根据土壤中砂粒、粉粒和黏粒 3 种粒级质量分数的百分率将土壤划分为砂土、壤土、黏壤土和黏土等共 4 类 12 个质地级别，可从三角图上查质地名称。其要点为：以黏粒质量分数为主要标准＜ 15% 者为砂土质地组和壤土质地组；15% ~ 25% 者为黏壤组；＞ 25% 为黏土组。当土壤含粉粒＞ 45% 时，在各组质地的名称前均冠以“粉质”字样；当土壤砂粒质量分数在 55% ~ 85% 时，则冠以“砂质”字样，当砂粒质量分数＞ 85% 时，则为壤砂土或砂土。

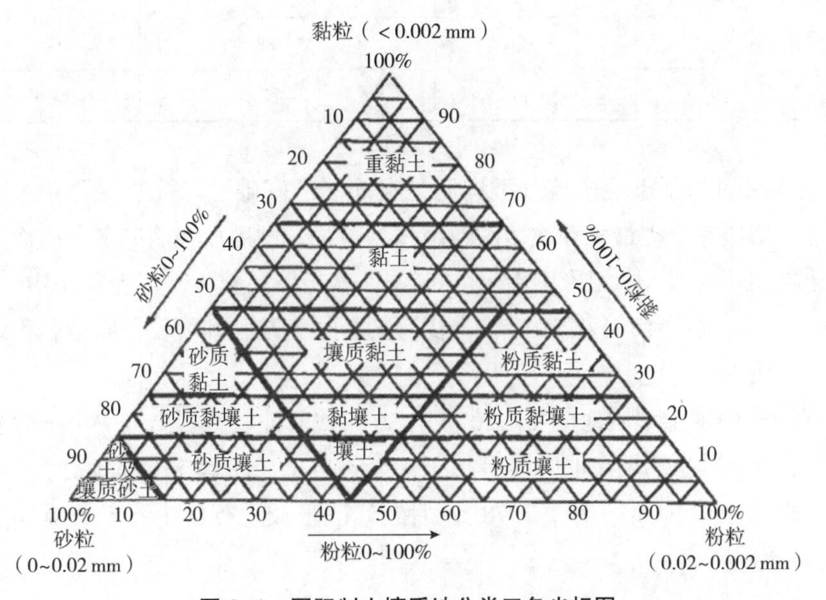

图 2–1　国际制土壤质地分类三角坐标图

（the International Union of Soil Sciences，1928）

（2）卡庆斯基制。卡庆斯基制土壤质地分类有简制和详制两种，其中简制应用较广泛。卡庆斯基制土壤质地分类简制是根据物理性砂粒与物理性黏粒的相对质量分数并按不同土壤类型——灰化土、草原土、红黄壤、碱化土和碱土，将土壤划分为砂土类、壤土类、黏土类等共 3 类 9 级（表 2–4）。

表 2–4　卡庆斯基制土壤质地分类（简制，1958 年）

质地名称		不同土壤类型的＜ 0.01 mm 物理性黏粒质量分数 /%		
		灰化土	草原土 红黄壤	碱化土 碱土
砂土	松砂土	0 ~ 5	0 ~ 5	0 ~ 5
	紧砂土	5 ~ 10	5 ~ 10	5 ~ 10
壤土	砂壤土	10 ~ 20	10 ~ 20	10 ~ 20
	轻壤土	20 ~ 30	20 ~ 30	15 ~ 20
	中壤土	30 ~ 40	30 ~ 45	20 ~ 30
	重壤土	40 ~ 50	45 ~ 60	30 ~ 40
粒土	轻黏土	50 ~ 65	60 ~ 75	40 ~ 50
	中粒土	65 ~ 80	75 ~ 85	50 ~ 65
	重粒土	＞ 80	＞ 85	＞ 65

卡庆斯基制土壤质地分类详制是在简制的基础上，按照主要粒级而细分的，把质量分类最多和次多的粒级作为冠词，顺序放在简制名称前面，用于土壤层次分类与大比例尺制图。例如，某土壤黏粒 45%，粉粒（中、细）25%，粗粉粒 20%，砂粒 10%，占优势的粒径为黏粒和粉粒，质地名称定名为黏粉质中的黏土。

（3）中国土壤质地分类。20 世纪 30 年代时熊毅曾提出过一个土壤质地分类，20 世纪 70 年代邓时琴等拟了一个试行的“中国土壤质地分类”，载入《中国土壤》（第一版，1978），后经修改形成现行的中国土壤质地分类（表 2–5）。

表 2–5　中国土壤质地分类

质地组成	质地名称	颗粒组成 /%		
		砂粒 （10 ~ 0.05 mm）	粗粉粒 （0.05 ~ 0.01 mm）	细黏粒 （< 0.001 mm）
砂土	极重砂土	> 80		
	重砂土	70 ~ 80		< 30
	中砂土	60 ~ 70		
	轻砂土	50 ~ 60		
壤土	砂粉土	≥ 20	≥ 40	
	粉土	< 20		< 30
	砂壤土	≥ 20	< 40	
	壤土	< 20		
黏土	轻黏土		30 ~ 35	
	中黏土		35 ~ 40	
	重黏土		40 ~ 60	
	极重黏土		> 60	

不同土壤质地分类系统中土壤质地名称并不十分一致。砂土、砂壤土、轻壤土、中壤土、重壤土、黏质壤土、黏土等。但可以把其归纳为三大质地组别，即砂土、壤土和黏土。

简易土壤质地测定法。砂土：能见到或感觉到单个砂粒。干时抓在手中，稍松开后即散落；湿时可捏成团，但一碰即散。砂壤土：干时手握成团，但极易散落；润时握成团后，用手小心拿不会散开。壤土：干时手握成团，用手小心拿不会散开；润时手握成团后，一般性触动不致散开。粉壤土：干时成块，但易弄碎；湿时成团或为塑性胶泥。湿时以拇指与食指撮捻不成条，呈断裂状。黏壤土：湿土可用拇指与食指撮捻成条，但往往受不住自身重量。黏土：干时常为坚硬的土块，润时极可塑。通常有黏着性，手指间撮捻成长的可塑土条。

3. 不同质地土壤的肥力特点和利用改良

（1）砂质土。砂质土含砂粒多，黏粒少，粒间多为大孔隙，土壤通透性良好，透水排水快，但缺乏毛管孔隙，土壤持水量小，蓄水保水抗旱能力差。由于砂质土主要矿物为石英，缺乏养分元素和胶体，土壤保蓄养分能力低，养分易流失，因而表现为养分贫乏，保肥耐肥性差，施肥时肥效来得快且猛，但不持久。砂质土水少气多，土温变幅大，昼夜温差大，早春土温上升快，称热性土。土表的高温不仅直接灼伤植物，也造成干热的近地层小气候，加剧土壤和植物的失水。砂质土疏松，结持力小，易耕作，但耕作质量差。

施肥时应多施未腐熟的有机肥，化肥施用则宜少量多次，并注意解决“发小不发老”，后期脱肥早衰、结实率低、籽粒轻等问题。在作物种植上宜选种耐瘠、耐旱、生长期短、早熟的作物，以及块根、块茎和蔬菜类作物。

（2）黏质土。黏质土含砂粒少，黏粒多，毛管孔隙特别发达，大孔隙少，土壤透水透气性差，排水不良，不耐涝，土壤持水量大，但水分损失快，保水抗旱能力差，有“晴三天张大嘴，雨三天淌黄水”的说法。因此，在雨水多的季节要注意沟道通畅以排出积水，夏季伏旱注意用及时灌溉和采用抗旱保墒的耕作法。

这类土壤含矿质养分较丰富，但通气性差，有机质分解缓慢，腐殖质累积较多；土壤保肥能力强，养分不易淋失，肥效慢，稳而持久，“发老不发小”；此类土壤宜施用腐熟的有机肥，化肥一次用量可比砂质土多，苗期注意施用速效肥促早发。黏质土土温变幅小，早春土温上升缓慢，有冷性土壤之称。土壤涨缩性强，干时田面大开裂、深裂，易扯伤根系。适宜种植粮食作物以及果、桑、茶等多年生的深根植物。

壤质土由于所含砂粒、黏粒比较适宜，它兼有砂土类和黏土类土壤肥力的特点，既有砂质土的良好通透性和耕性，发小苗等优点，又有黏土对水分、养分的保蓄性，肥效稳而长等优点，适种范围广，是农业生产较为理想的土壤质地。

4. 土壤质地层次性（质地剖面）

除了土壤表层质地粗细有差别，在同一土壤的上下层之间的质地也可能有很大的不同。有的土壤的质地层次表现为上黏下砂，也有的表现为上砂下黏或砂黏相间。产生质地层次性的原因，主要有两个方面：一是自然条件；二是人为耕作所造成。

（1）自然条件所产生的层次性：最常见的是冲积性母质上发育的土壤质地层次性。由于不同时期的水流速率和母质来源不等，所以各个时期沉积物的粗细不一样。所谓“紧出砂，慢出淤，不紧不慢出两合（即壤土）”。此外，在土壤形成过程中，则于黏粒随渗漏水下移或下层化学分解使黏粒增多，也会使土体各层具有不同的质地。

（2）耕作的作用。经常不断地耕作，犁的重压使土壤形成犁底层，不仅使这层土壤变得紧实，而且土壤质地也发生分化，对水稻土的作用尤为突出。耕地土壤上的串灌也可使表层中细土粒大量流失，造成上砂下黏的土层。

质地层次对土壤肥力的影响，侧重在质地层次排列方式和层次厚度上，特别是土体 1 m 内的层次特点。一个良好的质地层次，应该利于协调供应作物整个生长过程中水、肥、气、热的需要，一般来讲，上砂下黏比上黏下砂好。

5. 土壤改良方法

良好的土壤质地应是砂黏适中，有利于形成良好的土壤结构，具有适宜的通气透水性，保水保肥，土温稳定，适种植物广。而砂质土和黏质土，往往不同程度地制约了植物的正常生长，必须对其进行改良。

常用的土壤改良方法有以下 4 种。

（1）客土法。对过砂或过黏的土壤，可分别采用“泥掺砂”或“砂掺泥”的办法来调整土壤的黏砂比例，以达到改良质地，改善耕作，提高肥力的目的。这种搬运别地土壤（客土）的方法称为客土法。一般使黏砂比例以 3 : 7 或 4 : 6 为好，可在整块地进行，也可在播种行或播种穴中客土。

（2）耕翻法。也称翻淤压砂法或翻砂压淤法，是指对于砂土层下不深处有黏土层或黏土层下不深处有砂土层（隔砂地）者，可采用深翻，使之砂黏掺和，以达到合适的砂黏比例，改善土壤物理性质，从而提高土壤肥力。

（3）引洪慢淤法。对于沿江沿河的砂质土壤，可以采用引洪慢淤法改良。即通过有目的地把洪水有控制地引入农田，使细粒沉积于砂质土壤中，就可以达到改良质地和增厚土层的目的。在实施过程中，要注意边灌边排，尽可能做到留泥不留水。为了让引入的洪水中少带砂粒，要注意提高进水口，截阻砂粒的进入。

（4）增施有机肥。通过增施有机肥，可以提高土壤中有机质含量，改良土壤结构，从而消除过黏或过砂土壤所产生的不良物理性质。因为土壤有机质的黏结力比砂粒强，而比黏粒弱，增加有机质含量，对砂质土壤来说，要使土粒比较容易黏结成小土块，从而改变了它原先松散无结构的不良状况；对黏质土壤来说，可使黏结的大土块碎裂成大小适中的土团。此外，能过种植绿肥也可以增加土壤有机质，创造良好的土壤结构。

第二节　土壤空间变异性

一、土壤空间变异性的发展

最早是由英国土壤学家 Milne 在 20 世纪 30 年代首先提出的土壤系统性空间变异，土壤属性在一定范围内会通过一个或多个过程来影响周边土壤中一些要素的物理化学性质，并产生一定的联系。土壤属性空间变异性指的是在同一时间不同点上的土壤性质存在着明显的差异性。即使在土壤质地相同的区域内，土壤属性在各个空间位置上的量值也并不相等。空间变异是土壤本身就存在的一种自然特性，无论观测的尺度是大尺度还是小尺度，土壤属性的空间变异性都是存在的。

国内研究土壤属性空间变异的起步较晚，20 世纪 80 年代起，一些科研工作者才开始应用地统计学方法从事这方面的研究，到 90 年代中后期在土壤养分的空间变异上做了大量的研究，一般都是采用 GIS 软件提供的 Kriging 插值工具来实现地理分布图的制作。应用 GIS 提供的空间分析功能和地统计学中的内插方法，可以编绘出各种专题地图，这对土壤研究是十分重要的。应用 GIS 能够将系统变量的属性数据和地理数据相结合，使大区域范围内进行统计学分析变得较为方便。在 GIS 的支持下，运用地统计学方法研究了苏南典型地区原锡山市（现无锡市锡山区）土壤全锌和有效锌的空间分布特征，并分析了土壤全锌和有效锌含量与土壤颗粒组成之间的关系。应用地统计学和 GIS 的概率克里格法研究了洞庭湖平原典型区土壤全磷的空间分布。

二、土壤养分空间变异性

土壤在植物生长发育过程中持续不断地向其供应水分、热量、养分及氧气等必备物质，是植物赖以生存的物质基础，也是农林业生产中所必需的基础性生产资料。我国土壤质量总体上处于偏低水平，长期以来，为提高粮食单产，不断增加化肥施用量，而肥料总体利用率仍较低。土壤养分空间变异性是指土壤养分跟着空间位置、地形差异等而发生着变化，它是广泛存在的。

（一）土壤养分空间变异性存在的原因

在土壤质地相同的地域内，表层和内部深处的土壤性质（物理、化学及生物性质）并不完全相同，这种土壤属性在空间上的异质性，称为土壤特性的空间变异性。国内外一些学者在不同尺度、不同营养元素、不同插值方法等众多方面做了一系列的研究。土壤养分在空间尺度上存在系统变异和随机变异。土壤性质的系统变异是由母质、气候、水文、地形、生物、时间、人类活动等的差异引起的；而随机变异是由所需样本、科学检验的误差等引起（邬伦等，2001）。泥土中的母质特征和地理方位是影响土壤各种元素的主要原因，并与天气、气体循环、雨量分布和农业中采取科学方针等的探究发现共同作用从而取得显著效果。

（二）土壤养分空间变异性的影响因素

气候是影响土壤特征空间的一大因素，泥土中的水热性质是在天气不断变化中形成的，从而影响土壤形成过程的趋势和程度，泥土养分空间变异会直接对形成模式以及空间和时间上的均衡产生作用，所以气候的变化会对土壤空间变异产生重要影响。

土壤母质对土壤特征的变异产生较大影响，泥土特征的变异会跟随母质形成差异变化而改变，与母质性质呈正相关关系，因而其作用不容小觑。

地形影响水热条件和成土因素的再分配，不同区域具有不同的性质。经调查：土壤中肥力与有效水也受地形的影响，在平滑度相似的区域，土壤特性趋向相似。在庞大的丘陵地带，土壤的物理性质如颗粒容量和酸碱度值均有很高相关性，在农产品生长的时间里有机质、全氮等因素不会发生明显变化，这是由于泥土具有时间变异性，而速效磷、速效钾等成分会产生变异。时令与时间不同农作物的产量也不同，农产品的产量中时间变化占总变异的67%，而空间变化仅达到10%。大量的时刻变革是因为这种较大的时间变异主要是由大气循环和温度的颠簸引发的。

人类生产活动对土壤特性也有较大的影响。生产中的施肥、农产品种类、浇灌等其他生产解决方式使土壤特性发生变化。

综上所述，在这些因素中母质差异对土壤养分的变异影响最明显，而农业作物大体影响着其发展趋向。

第三节　土壤水分与热量

一、土壤水分

（一）土壤水类型

土壤水是指在 1 个大气压下，在 105℃条件下能从土壤中分离出来的水分。土壤中液态水数量最多，对植物的生长关系最为密切。液态水类型是根据水分受力的不同来划分的，这是水分研究的形态学观点。这一观点在农业、水利、气象等学科和生产中应用广泛。

土壤水分一般分为 4 种类型：吸湿水、膜状水、毛管水和重力水。

1. 吸湿水

从室外取土，放在室内风干若干时间后，表面上看似乎干燥了，但把土壤放在烘箱中烘烤，土壤重量会减轻；再放置到常温常压下，土壤重量又会增加，这表明土壤吸收了空气中的水汽分子。土壤颗粒具有很大表面积，在其表面可牢固地吸附一层或数层水分子，这部分水称为吸湿水，其含量称为土壤吸湿量。当大气相对湿度达到 100% 时，吸湿量达到最大值，称为最大吸湿量或称为吸湿系数。土壤的吸湿性是由土粒表面的分子引力作用引起的，一般来说，土壤中吸湿水的多少，取决于土壤颗粒表面积大小和空气相对湿度。由于这种作用的力非常大，最大可达 10000 个大气压，所以植物不能利用此水，称为紧束缚水。

2. 膜状水

当土壤颗粒吸附空气中的水汽分子达到饱和即达到最大吸湿量后，土壤颗粒剩余的吸附力仍然可以吸附液态水，并形成一层水膜，这种水称为膜状水，膜状水达到最大数量时的土壤含水量称为最大分子持水量。重力不能使膜状水移动，但其自身可从水膜较厚处向水膜较薄处移动，植物可以利用此水。但由于这种水的移动非常缓慢（0.2 ~ 0.4 mm/d），不能及时供给植物生长需要，植物可利用的数量很少。当植物发生永久萎蔫时，往往还有相当多的膜状水。

3. 毛管水

土壤中存在着大量的毛管孔隙，毛管孔隙中的水分就是毛管水。根据地下水与毛管水是否连接，可将毛管水分为毛管悬着水和毛管上升水两种。毛管悬着水是指没有与地下水连通时，保持在土壤毛管孔隙中的水分，其最大值称为田间持水量，通常作为灌溉水量定额的最高指标。毛管上升水是指由于地下水借毛管引力的作用，从下向上移动，并保持在毛管中，其最大值称为毛管持水量。

毛管水可以由毛管力小的方向移向毛管力大的方向，毛管力的大小可用 Laplace 公式计算：

$$P = 2T/r$$

式中　P——毛管力；

T——水的表面张力；

r——毛管半径。

影响毛管上升水的因素：地下水水位和毛管孔隙状况。

毛管水上升高度用下式计算：

$$H = 75/d$$

式中　d——土粒平均直径。

若假设土粒的 d 为 0.001 mm，据公式得出 H 为 75 m，但这个数据无法从实验中得到证实。实际上，一般毛管水的上升高度不超过 3 ~ 4 m，这可能是由于毛管直径太小，当达到一定长度后，很容易被堵塞。

4. 重力水

当土壤含水量达到田间持水量时，如果继续供水，土壤中所有大小孔隙都将充满水，此时的土壤含水量称为土壤饱和含水量，超出田间持水量的水就是重力水。降水或灌溉后，不受土粒和毛管力吸持，而在重力作用下向下移动的水，就是重力水。植物能完全吸收重力水，但由于重力水很快就流失（一般 2d 后就会从土壤中移走），因此利用率很低。

5. 地下水

当土壤中或很深的母质层中具有不透水层时，重力水就会在此层之上的土壤孔隙中聚积起来形成水层，这就是地下水。在干旱条件下，土壤水分蒸发快，如地下水位过高，就会使水溶性盐类向上集中，使土壤含盐量增加到有害程度，即所谓的盐渍化；在湿润地区，如地下水位过高，就会是土壤过湿，植物不能生长，有机残体不能分解，这就是沼泽化。

（二）土壤水分含量的表示方法

1. 土壤绝对含水量

（1）质量百分数。土壤水分质量占烘干土质量的百分率。

（2）体积百分数。土壤容积含水量 = 土壤质量含水量 × 容重

意义：可反映土壤孔隙的充水程度，可计算土壤的固、液、气相的三相比。如土壤含水量（重量）为 20%，容重为 1.2，则土壤容积含水量为 20% × 1.2 = 24.0%。

土壤总孔隙度 = 1–1.2/2.65 = 55%，

空气所占体积 = 55% – 24% = 31%，

固相体积 = 100% – 55% = 45%。

单位面积土壤蓄水量（m^3）= 单位面积（m^2）× 土层深度 /m × 土壤容重 × 土壤质量含水量（%）

【例题】土壤田间持水量为 25%（质量），容重 1.1。测得土壤自然含水量为 10%，现将每亩（1 亩 ≈ 667 m^2）1 m 深的土层内含水量提高到田间持水量水平，问应灌多少水（m^3）?

应灌水量 = 667 × 1 × 1.1 ×（25%–10%）=110 m^3

（3）水层厚度。单位面积上一定土层厚度内含有的水层厚度，可与雨量相比。

水层厚度（mm）= 土层厚度（h）× 土壤容重（d）× 土壤质量含水量（%）× 10

（4）水体积。水层厚度乘以面积。

2. 土壤相对含水量

土壤水分含量占饱和含水量的百分比或占田间持水量的百分比。土壤相对含水量能表现出植物长在土壤中有效水分的含量。

3. 水分常数

土壤含水量根据受土壤各种力的作用达到某种程度的水量，对于同一土壤来说，此时的含水量基本不变，称为土壤水分常数，又称水分特征值，它是一些与植物吸收水分有关系的数值。

（1）吸湿系数（最大吸湿水量）。是在相对湿度接近饱和空气时，土壤吸收水汽分子的最大量与烘干土重的百分率。

（2）凋萎系数。当植物产生永久凋萎时的土壤含水量。此时土壤水主要

是全部的吸湿水和部分膜状水。经验公式为

凋萎系数＝吸湿系数 ×（1.34～1.5）

（3）田间持水量。当土壤被充分饱和后，多余的重力水已经渗漏，渗透水流已降至很低甚至停止时土壤所持的含水量。此时水分类型包括吸湿水、膜状水和全部毛管悬着水。测定方法（野外）：在野外地里灌水后，铺上枯枝落叶防止蒸发，两天后，重力水下渗，这时所测得的土壤含水量就是田间持水量。

（4）全容水量。土壤完全为水所饱和时的含水量，此时土壤水包括吸湿水、膜状水、毛管水和重力水。水分基本充满了土壤孔隙，在自然条件下，水稻土、沼泽土或降水、灌溉量较大时可达到全容水量。

（5）有效含水量。土壤中的水分并不是全部能被植物的根系吸收利用。土壤水的有效性是指土壤水被植物吸收利用的状况。

一般情况下：

最大有效含水量（%）＝田间含水量（%）－凋萎系数（%）

有效含水量（%）＝自然含水量（%）－凋萎系数（%）

能被植物利用的有效水的含量比较复杂，受土壤质地、结构、土壤层位及有机质含量的影响较大。

（三）土壤水分能量的分析

1. 土水势

土壤水和自然界其他物体一样，含有不同数量和形式的能，处于一定的能量状态，能自发地从能量较高的地方向能量较低的地方移动。土水势是表示土壤水能量状态常用的名称。土壤水的“能”包括动能和势能，但由于土壤水在土壤中的移动速度缓慢，所以只考虑它的势能。势能是由力场中的位置决定的。土壤水分由于受各种力的影响，其势能必然会发生变化，表现为水分的自由能降低。如果要把水从土壤中抽出，必然要施以相应的力做功，以克服土壤中对水作用的各种力量。土水势就是土壤水在各种力的作用下势能的变化。由于作用力不同，土水势可以分为以下 3 个分势。

（1）基质分势。由土粒分子吸水和毛管力作用下所降低的势能，是最主要的土水势组成部分。

（2）渗透分势。土壤水中溶质所降低的势能，在一般土壤中忽略不计。

（3）重力分势。在淹水条件下，由于重力作用水向下渗漏时产生。

土水势是上述各分势的代数和。

2. 土壤水吸力

（1）概念。土壤水在承受一定吸力的情况下所处的能态。土壤水吸力在概念上并不是指土壤对水的吸力，但在实际应用中仍用土壤对水的吸力来表示。在数值上相当于土水势的基质分势和渗透分势。

（2）表示单位。用压力作为单位，即大气压或厘米水柱高；由于厘米水柱高数据太大，用起来不方便，这里采用了 pF 值，即用厘米水柱高的对数值来表示。

（3）测定方法。主要应用张力计法。主要原理是将充满水的带有素烧瓷杯（陶土滤杯）的金属管埋入土中，素烧瓷杯有孔径 1.0～1.5 μm 的细孔，瓷杯和管内充满水，水可通过细孔与土壤水接触，当土壤水势小于瓷杯内水势时，水分由细孔进入土壤。金属管上端连接金属表，水分由瓷杯细孔进入土壤后，管内形成负压，当内外水势相等时，真空压力计上的负压读数即代表管外土壤水吸力。

3. 土壤水分特征曲线

（1）概念。土壤含水量和土壤水吸力是一个连续函数，土壤水分特征曲线就是以土壤含水量为横坐标，以土壤水吸力为纵坐标绘制的相关曲线。土壤水吸力或 pF 值越大，土壤水所受的吸力也越大，对植物的有效性就越小，当土壤对水的吸力超过了植物根系对土壤水的吸力时，即 pF 值大于 4.5 时，土壤水分就处于无效状态。土壤含水量越高，土壤水吸力越低，土壤水本身的势能就高，土壤水的可移动性和对植物的有效性就强。

（2）意义。土壤水分特征曲线可说明两个问题：不同质地土壤达到萎蔫系数和田间持水量时，实际的含水量相差很大，但土壤水吸力相似。达到萎蔫系数时，土壤水吸力为 15 atm 或 15 bar，pF 为 4.2；达到田间持水量时，土壤水吸力为 0.3 atm 或 0.3 bar，pF 为 2.8。不同质地土壤含水量相同时，其吸水力相差很大。

（四）土壤水分的管理与调节

1. 土壤水分的测定方法

（1）烘干法（标准法）。即取土样放入烘箱烘干至恒重。此时土壤水分中自由态水以蒸汽形式全部散失掉，再称质量从而获得土壤含水量。

（2）中子仪法。将中子源埋入待测土壤中，中子源不断发射快中子，快中子进入土壤介质与各种原子离子相碰撞，快中子损失能量，从而使其慢化。当快中子与氢原子碰撞时，损失能量最大，更易于慢化，土壤含水量越高，氢原子就越多，从而慢中子云密度就越大。中子仪测定水分就是通过测定慢中子云的密度与水分子间的函数关系来确定土壤中的水分含量。

（3）时域反射仪（time domain reflectometry，TDR）。它是依据电磁波在土壤介质中传播时，其传导常数如速度的衰减取决于土壤的性质，特别是取决于土壤中含水量和电导率。

（4）电阻法。在置于土壤中的两电极之间通电流，测定其电导（电阻）来测量土壤含水量。但是，在同一含水量下，盐分浓度少许的变化就会引起读数很大的差异；电极与土壤接触紧密程度都可能使得这一方法变得很不可靠。为了解决这些问题，电极被放入多孔介质块中埋进土壤，可用石膏、尼龙、玻璃纤维、耐火材料和水泥多孔介质作为载体制成。

除了这些方法，还有张力计、石膏法、压力膜等。

2. 影响土壤水分状况的因素

（1）气候。降水量和蒸发量是两个相互矛盾的重要因素，在一定条件下，难以人为控制。

（2）植被。植被的蒸腾消耗土壤的水分，而植被又可以通过降低地表径流来增加土壤水分。

（3）地形和水文条件。地形地势的高低，影响土壤的水分。在园林绿化生产中，要注意平整土地。对易遭水蚀的地方，要注意修成水平梯田。

（4）土壤的物理性质。土壤质地、土壤结构、土壤松紧度、有机质含量都对土壤水分的入渗、流动、保持、排除及蒸发等产生重要的影响。在一定程度上，决定着土壤的水分状况。与气候因素相比，土壤物理性质是比较容易改变的而且是行之有效的。

（5）人类活动的影响。主要是通过灌溉、排水等措施，调节土壤的水分含量。

3. 土壤水分的调节

（1）合理灌溉和适时排水。提高土壤水与灌溉水的利用率，根据作物生长需水特性考虑灌溉定额及时间，如畦灌、喷灌、滴灌沟灌等。

（2）合理耕作，改良土壤。逐年深耕，逐步加厚熟土层，改善土壤松紧度，增加土壤透水和蓄水能力；适时中耕，雨前中耕有助于土壤蓄水，可切断土壤毛管联系，减少土壤蒸发（减少 50%）；轮作和垄作，轮作有助于改善土壤结构，提高土壤透水蓄水能力，垄作可相对降低地下水位，促进土壤水分蒸发；适时镇压，旱季镇压可减少土壤水分蒸发。

（3）增施有机肥，提高土壤自身的保水控水能力。如磷肥、钾肥可以提高植物抗旱能力。

（4）地面覆盖。有很高的保墒、增温效果；对裸露的地方用小石块、粗沙或草炭、枯枝落叶、作物秸秆覆盖；种植地被植物。

（5）用土壤增温保墒剂。其化学成分是高分子脂肪类经皂化后的产物，黑色。作用是防止地表蒸发，增加地表蒸发，增加地表温度。使用方法是稀释后直接喷洒在土壤表面。国外的“TAB”是一种高效的土壤保湿剂。遇水时，微粒体积可膨胀 30 多倍，能吸收超过自身重 300 ~ 1000 倍的水分，其中绝大部分可供植物吸收。

（五）土壤水分的运动

土壤水的再分布是指停止供水后，入渗过程结束，土壤水在重力、吸力梯度和温度梯度的作用下，继续向下层较干的土壤移动，但没有与地下水接触。

土壤水的运动包括液态水的运动和气态水的运动。液态水的运动分为饱和流运动与不饱和流运动。当不断向土壤供水，使土壤所有孔隙都充满水，水分会由于重力和压力作用，向土壤下层移动或横向运动，称为土壤水的饱和流运动。如果供水不足，只有毛管等小孔隙充满水，土壤水分运动主要依赖水吸力梯度，包括膜状水和毛管水的运动，称为土壤水的非饱和流运动。水的流速很慢，非饱和导水率低于饱和导水率，非饱和导水率 K 是一个变化量，它随土壤水吸力和含水量的变化而变化，是土壤水吸力或土水势的函数。

在土壤中，水汽是由暖处向冷处运动，夏天夜晚下层土温高，水汽由下向上层运动，水汽扩散到表层凝结，出现夜潮现象。土壤中的水汽运动主要有两种形式：

（1）水汽凝结。气态水变为液态水的过程。秋冬季土壤表层温度低，下层土温度高，水汽也由下向上层运动，水汽扩散到表层凝结并结冰，形成含水量较高的冻层，一年中由凝结补充水分 60 ~ 100 mm。

（2）土壤蒸发或土面蒸发。土壤水分以水汽的形态由土壤表面向大气扩散的现象。土面蒸发分为 3 个阶段：一是大气控制阶段，下雨或灌溉停止，蒸发开始阶段，蒸发速度快接近于水面蒸发，水分减少至田间持水量的阶段，失去的水为重力水；二是土壤导水率控制阶段，田间持水量以下蒸发到毛管断裂含水量，地面水分蒸发只能靠毛管作用从下层土壤传导水分到土面而蒸发，蒸发速度不断减小；三是扩散控制阶段，当土壤含水量减少到毛管断裂含水量时，土面蒸发得不到毛管水上升的补充，地表开始形成干土层，水分只能靠干土层下面湿润的土层产生水汽，再通过大孔隙扩散到大气中，蒸发速度显著减小。

盐土的水分蒸发与非盐土相比有其自己的特点。如其水面接近地面，而该地区又比较干旱，由于毛细作用上升到地表的水蒸发后，便留下盐分，日积月累，土壤含盐量逐渐增加，形成盐碱土；如是洼地，且没有排水出路，则洼地水分蒸发后，留下盐分，也形成盐碱地。

（六）土壤水的有效性

土壤有效水是指作物根系能够吸收利用的土壤水分，其含量为土壤含水量与土壤萎蔫系数的差值，最大量是田间持水量与土壤萎蔫系数的差值。

土壤萎蔫系数是指当土壤供水不能补充作物叶片的蒸腾消耗时，叶片发生萎蔫，如果再供水时，叶片萎蔫的现象不能消失，即成为永久萎蔫，此时土壤的水分含量就是土壤萎蔫系数或永久萎蔫点（表 2–6）。

表 2–6　不同质地土壤的萎蔫系数（%）

土壤质地	粗砂壤土	细砂壤土	砂壤土	壤土	黏壤土
萎蔫系数	0.96 ~ 1.11	2.7 ~ 3.6	5.6 ~ 6.9	9.0 ~ 12.4	13.0 ~ 16.6

当根系的吸水能力大于土壤水的吸力时的土壤水是有效水。吸湿水与土壤颗粒之间的吸附力远远大于作物根系的吸水力，所以是无效水；水膜外层的膜状水根系能够吸收，所以部分膜状水是有效水；毛管水也是有效水；重力水由于不在土壤中存留，对作物而言是无效水。

土壤有效含水量的经验判断方法俗称田间验墒，可将土壤墒情分为 5 种类型，即汪水、黑墒、黄墒、潮干土和干土。

二、土壤热量

（一）土壤热量来源及影响因素

土壤热量是土壤中热量交换的过程。土壤表面在吸收净辐射能之后，以传导的形式把热量传入深层，使土壤下层增温；当土壤表面由于辐射冷却、温度下降到比深层的温度低时，热量将由土壤深层输出。

1. 热量来源

土壤热量主要来源有太阳辐射能、生物热、地热。

（1）太阳辐射能。土壤热量的最根本来源。99% 的太阳能为短波辐射。当太阳辐射通过大气层时，一部分热量被大气吸收散射，一部分被云层和地面反射，而土壤只吸收其中一少部分。

地面在不断地以辐射方式进行着热量交换。在某段时间内，地面的辐射收支差值称为辐射差额。当收入大于支出时，辐射差额为正值；反之，为负值；若收支相等，则称为辐射平衡。当收入大于支出时，土壤热量增加，表现为土壤温度升高；当收入小于支出时，土壤热量损失，表现为土壤温度降低。

影响地面辐射平衡的因素：太阳的辐射强度主要取决于气候；晴天比阴天的辐射强度大。相同天气条件下取决于太阳光在地面上的投射角（日照角），投射角又受纬度和坡向坡度等的影响。地面的反射率，太阳入射角、日照高度、地面状况，地面状况又包括颜色、粗糙程度、含水状况、植被及其他覆盖物状况。地面有效辐射，云雾、水汽和风。强烈吸收和反射地面发出的长波辐射，减少有效辐射。

（2）生物热。微生物分解有机质过程是放热过程，释放的热量一部分作为微生物能源，大部分用来提高土温。在保护地栽培和早春育秧过程中，施用有机肥并添加热性物质，如半腐熟的马粪等，可促进植物生长或幼苗早发快长。

（3）地热。地壳传热能力差，地热对土壤温度影响极小，可忽略不计。

2. 影响土壤热状况的因素

（1）环境因素。纬度、海拔高度、坡向和坡度、大气透明度、地面覆盖。

（2）土壤性质。土壤颜色、土壤质地、土壤含水量、土壤结构性、松紧度。

（二）土壤热性质

土壤热性质是土壤物理性质之一，是指影响热量在土壤剖面中的保持、传导和分布状况的土壤性质。土壤热性质包括 3 个物理参数：土壤热容量、土壤导热率和土壤导温率。

1. 土壤热容量

土壤热容量又称土壤比热，即每单位土壤当温度升高 1℃时所需的热量。以土壤重量为单位时称土壤重量热容量（C_p）；以土壤容积为单位时称土壤容积热容量（C_v）。干燥土壤的容积热容量等于土壤重量热容量与土壤容重的乘积。即

$$C_v = C_p \times \text{土壤容重}$$

由于土壤组成分复杂，每种成分的热容量都不一样，不同成分的容重也不一样。影响土壤热容量组分中，土壤水有决定性作用。从土壤三相角度看，液相的土壤水分的热容量最大，气相最小。固相中，腐殖质热容量与其他成分相比有明显优势，其他各组分热容量彼此差异不大，所以土壤热容量大小主要决定于土壤含水量和腐殖质含量。但是有机质含量比较固定，很难在短时期内改善，只有土壤含水量是易变量，因而土壤水是影响热容量的主导因素。农业生产上常通过水分管理来调节土壤温度，例如，低洼易积水地区在早春采取排水措施促使土壤增温，以利种子发芽等。

2. 土壤导热率

单位厚度（1 cm）土层，温差 1℃，每秒经单位断面（1 cm^2）通过的热量卡数，称导热率 λ。土壤各组分的导热率不同：土壤矿物的导热率最大；其次为土壤水；土壤空气的导热率最小。当土壤含水量低时，由于空气导热率很小，因此土壤导热率小，特别是疏松孔隙多的土壤，导热率更小。因此，土壤导热率的调节主要依靠土壤水，如在农业生产中通过灌水增加土壤含水量以防霜冻等。若含水量低但土壤紧实，热量可通过土粒(矿物质)传导，导热率则较大。

增大土壤导热率的意义：导热性好的湿润表土层白天吸收的热量易于传导到下层，使表层温度不易升高；夜间下层温度又向上层传递以补充上层热量的散失，使表层温度下降也不致过低，因而导热性好的湿润土壤昼夜温差较小。

3. 土壤导温率

土壤导温率是表征土壤导温性的物理参数（或导热系数），有时也称温度扩散率或温度扩散系数。土壤导温率是一个状态参数，通过土壤导温率不仅可以了解土壤热性质，还可以模拟土壤热通量。由于土壤类型的不同以及土壤表面覆盖物不同（植被与裸露）引起土壤组成及土壤水分剖面差异，将

使土壤导温率存在较大变异。因此，决定土壤热性质的各个参数只是相对稳定，并不是绝对常数。

土壤导温率表示土壤中温度均匀的速度，它决定土壤增温的程度，并影响温度在土壤中传播的规律，是土壤重要的热特性之一。确定土壤导温率的方法有两种：一种是利用特制的仪器来直接测定；另一种是通过土壤温度的时间变化及垂直分布情况来间接计算。在工农业生产中为了解土壤剖面不同深度在不同时间内土壤温度的变化规律，常需测定土壤导温率。

（三）土壤热扩散率

土壤温度决定于土壤导热率和热容量。在一定的热量供给下，使土壤温度升高的快慢和难易则决定于土壤热扩散率。

土壤热扩散率是指在标准状况下，在土层垂直方向上每厘米距离内，1℃的温度梯度下，每秒流入 1 cm^2 土壤断面面积的热量，使单位体积（cm^3）土壤所发生的温度变化。

就一定土壤来讲，土壤固相物质比较稳定，土壤的热扩散率主要决定于土壤水和空气的比例。干土土温易上升，湿土土温不易上升。

土壤的热扩散率和土壤的热量平衡有密切关系。土壤的热扩散率越快，土壤热量达到平衡的时间的越短。不同的土壤类型具有不同的土壤的热扩散率，导致土壤的热量平衡速率有加大差别。

土壤热量收支平衡可用下式表示（图 2–2）：

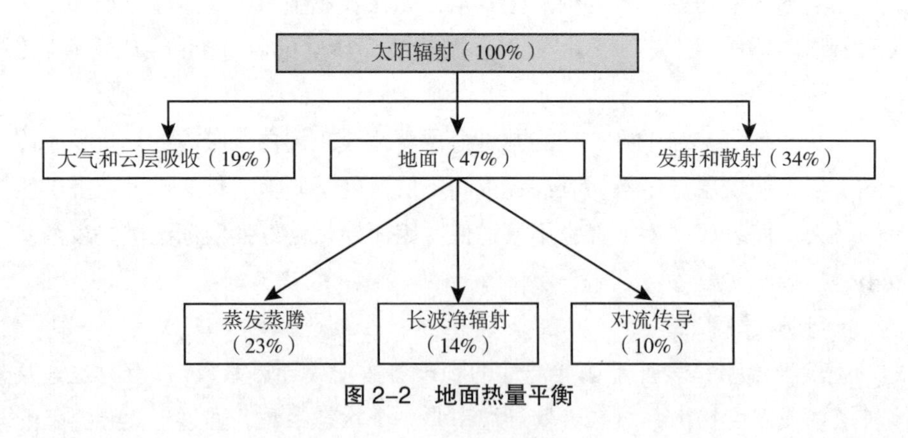

图 2–2　地面热量平衡

$$S = Q + P + L + R$$

式中　S—— 土壤在单位时间内实际获得或失掉的热量；

Q—— 辐射平衡；

L—— 水分蒸发、蒸腾或水汽凝结而造成的热量损失或增加的量；

P—— 土壤与大气层之间的湍流交换量；

R—— 土面与土壤下层之间的热交换量。

（四）土壤温度

1. 土壤温度年变化趋势

升温阶段，一般为 1—7 月，7 月达最高；降温阶段，一般是为 7 月至次年 1 月，1 月达最低。深层土层的最高温和最低温达到的时间落后于表层土壤，称为“时滞”。温度的变幅也随土层深度而缩小，至 5 ~ 20 m 深处，土温年变幅消失。在升温阶段，表土温度高，底土温度低，热量由表土向底土传导；降温阶段则相反。

2. 土壤温度日变化规律

土表温度最高值出现在 13 ~ 14 时，最低温出现在日出之前。土温日变幅表土最大，至 40 ~ 100 cm 深处变化幅度小甚至消失。

3. 影响土壤温度的因素

（1）纬度。纬度影响土壤表面接受太阳辐射的强度。 随纬度由低到高，自南而北土壤表面接受的辐射强度减弱，土壤温度由高到低。

（2）坡向。北半球以南坡接受太阳辐射最多；东南坡、西南坡次之；东坡、西坡、东北坡、西北又依次递减；北坡最低。

（3）坡度。北半球中纬度地区（30° ~ 60°）的南向坡，随着坡度增加，接受太阳辐射增加。

（4）土壤因素。影响土壤温度的土壤因素包括土壤颜色、土壤湿度、地表状态及土壤水汽含量等。地面覆盖后既减少吸热，也减少散热。

（5）海拔。海拔增高，大气稀薄，透明度增加，散热快，土壤吸收热量增多，所以高山地区土壤温度比气温高。由于高山气温低，地面裸露时，地面辐射增强，随着海拔高度增加，土壤温度降低。

4. 土壤温度对作物生长发育和土壤肥力的影响

任何生命活动都需要一定的温度。作物种子和根系只有在一定的温度下才能萌发，土壤温度过高过低，会影响根系对水分和养分的吸收，对作物的生殖生长也有很大的影响。

土壤温度对土壤肥力的影响主要表现在：影响土壤中各种化学反应；影响微生物的活性；影响土壤养分离子的扩散、水分和空气的运动。

5. 土壤温度的调节

农业上常通过调节土壤固、气、液三相的比例，特别是土壤水分和空气的比例，达到调节土壤温度的目的。常用的方法：设置风障和防风林，修造阳畦及大棚，用地膜、作物秸秆、草席等覆盖地面，施土面增温剂，耕作、排灌、改土等。

拓展阅读

【Grain size and porosity】The grain size of soil particles and the aggregate structures they form affect the ability of a soil to transport and retain water, air, and nutrients. Grain size is classified as clay if the particle diameter is less than 0.002 mm (0.0008 inch), as silt if it is between 0.002 mm (0.0008 inch)and 0.05 mm (0.002 inch), or as sand if it is between 0.05 mm (0.002 inch)and 2 mm (0.08 inch). Soil texture refers to the relative proportions of sand, silt, and clay particle sizes, irrespective of chemical or mineralogical composition (see the figure). Sandy soils are called coarse-textured, and clay-rich soils are called fine-textured. Loam is a textural

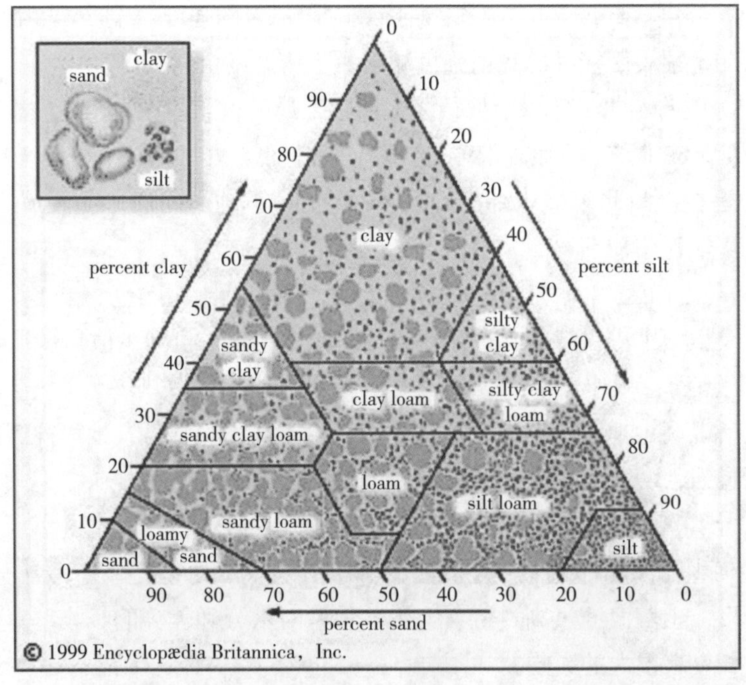

Soil textures as a function of the proportion of sand, silt, and clay particle sizes.
Image: Encyclopædia Britannica, Inc

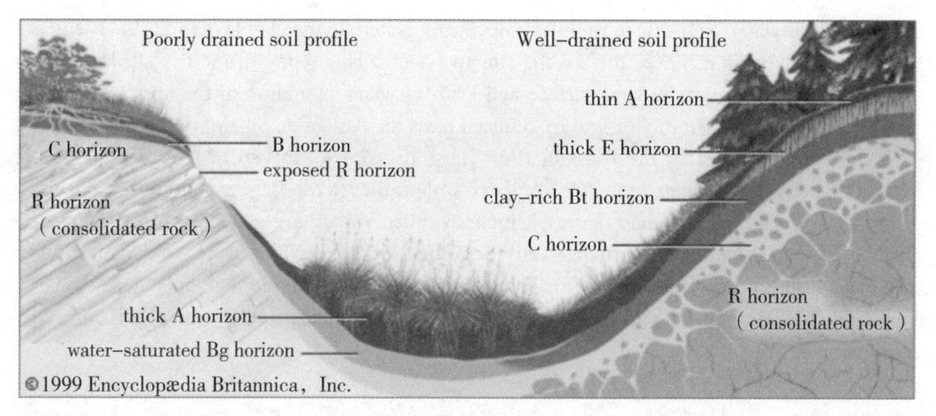

Soil profiles on hillslopes: The thickness and composition of soil horizons vary with position on a hillslope and with water drainage. For example, on the upper slopes of poorly drained profiles, underlying rock may be exposed by surface erosion, and nutrient-rich soils (A horizon)may accumulate at the toeslope. On the other hand, in well-drained profiles under forest cover, the leached layers (E horizon)may be relatively thick and surface erosion minimal.

Image: Encyclopædia Britannica, Inc.

class representing about one-fifth clay, with sand and silt sharing the remainder equally.

Pore radii (space between soil particles)can range from millimetre-scale between sand grains to micrometre-scale between clay grains. Soil particles falling into the three principal size categories may have various mineralogical or chemical compositions, although sand particles often are composed of quartz and feldspars, silt particles often are micaceous, and clay particles often contain layer-type aluminosilicates (the so-called clay minerals). Organic matter and amorphous mineral matter also are important constituents of soil clay particles.

Porosity reflects the capacity of soil to hold air and water, and permeability describes the ease of transport of fluids and their dissolved components. The porosity of a soil horizon increases as its texture becomes finer, whereas the permeability decreases as the average pore size becomes smaller. Small pores not only restrict the passage of matter, but they also bring it into close proximity with chemical binding sites on the particle surface that can slow its movement. Clay and humus affect both soil porosity and permeability by binding soil grains together into aggregates, thereby creating a network of larger pores (macropores)that facilitate the movement of water. Plant roots open pores between soil aggregates, and cycles of wetting and drying create channels that allow water to pass easily. (However, this structure collapses under waterlogging conditions.)The stability of aggregates increases with humus content, especially humus that originates from grass vegetation. For soils that are not disturbed significantly by human activities, however, the pore space and the varieties of macropores are more important determinants of porosity than the soil texture. As a general rule, average pore size decreases from certain agricultural practices and other human uses of soil.

【Water runoff】Aggregates of soil particles whose formation has not been influenced by human intervention are called peds. The peds in the surface horizons of soils develop into clods under the effects of cultivation and the traffic of urbanization. Soils whose A horizon is dense and unstructured increase the fraction of precipitation that will become surface runoff and have a high potential for erosion and flooding. These soils include not only those whose peds have been degraded but also coarse-textured soils with low porosity, particularly those of arid regions.

A well-developed clay horizon (Bt)presents a deep-lying obstacle to the downward percolation of water. Subsurface runoff cannot easily penetrate the clay layer and flows laterally along the horizon as it moves toward the stream system. This type of runoff is slower than its erosive counterpart over the land surface and leads to water saturation of the upper part of the soil profile and the possibility of gravity-induced mass movement on hillslopes (e.g., landslides). It is also responsible for the translocation (migration)of dissolved products of chemical weathering down a hillslope sequence of related soil profiles (a toposequence). Subsurface water flow is also influenced by macropores, which, as noted above, are created through plant root growth and decay, animal burrowing activities, soil shrinkage while drying, or fracturing. In general, subsurface runoff processes are characteristic of soils in humid regions, whereas surface runoff is characteristic of arid regions and, of course, any landscape altered significantly by cultivation or urbanization.

思考题

1. 土壤母质的构成类型有哪些？是怎么形成的？
2. 简述土壤养分空间变异的形成过程及影响因素。
3. 简述土壤水分和热量的类型及管理与调节。

参考文献

[1] 孙向阳．北京西山古土壤母质上发育的土壤之黏粒矿物与表面化学特性[J]．北京林业大学学报，2002，1：35-38.

[2] 曹良超，汤鸣皋．酸雨的生态环境效应与土壤母质[J]．农业环境保护，1994，4：179-181.

[3] 柳云龙，卢升高，韩小非．红壤地区土壤母质发育程度对红壤持水供水特性的影响[J]．上海交通大学学报（农业科学版），2003，4：340-344.

[4] 陈渭南．蒙陕接壤地区土壤母质的风蚀实验研究[J]．水土保持学报，1991，1：33-40.

[5] 朱焱，刘琨，王丽影，等．土壤水氮动态及作物生长耦合 EPIC-Nitrogen2D 模型[J]．农业工程学报，2016，32（21）：141-151.

[6] 王力，卫三平，吴发启．黄土丘陵沟壑区农林草地土壤热量状况及植被生长响应—以燕沟流域为例[J]．生态学报，2009，29（12）：6578-6588.

[7] 脱云飞，费良军，杨路华，等．秸秆覆盖对夏玉米农田土壤水分与热量影响的模拟研究[J]．农业工程学报，2007，6：27-32.

[8] 邓振镛，张强，王强，等．高原地区农作物水热指标与特点的研究进展[J]．冰川冻土，2012，34（1）：177-185.

[9] 佀国涵，赵书军，王瑞，等．连年翻压绿肥对植烟土壤物理及生物性状的影响[J]．植物营养与肥料学报，2014，20（4）：905-912.

[10] 刘俊廷，张建军，孙若修，等．晋西黄土区退耕年限对土壤孔隙度等物理性质的影响[J]．北京林业大学学报，2020，42（1）：94-103.
[11] 刘艳丽，李成亮，高明秀，等．不同土地利用方式对黄河三角洲土壤物理特性的影响[J]．生态学报，2015，35（15）：5183-5190.
[12] 吴俊松，刘建，刘晓菲，等．稻麦秸秆集中沟埋还田对麦田土壤物理性状的影响[J]．生态学报，2016，36（7）：2066-2075.
[13] 吴晓光，刘龙，张宏飞，等．砒砂岩区主要造林树种枯落物持水性能及土壤物理性质[J]．水土保持学报，2020，34（4）：137-144.
[14] 宗巧鱼，艾宁，杨丰茂，等．陕北黄土区枣林土壤物理性质变化研究[J]．中国农学通报，2020，36（6）：48-56.
[15] 林立文，邓羽松，杨钙仁，等．南亚热带不同林分土壤颗粒分形与水分物理特征[J]．生态学杂志，2020，39（4）：1141-1152.
[16] 樊博，林丽，曹广民，等．不同演替状态下高寒草甸土壤物理性质与植物根系的相互关系[J]．生态学报，2020，40（7）：2300-2309.
[17] 王艳廷，冀晓昊，张艳敏，等．自然生草对黄河三角洲梨园土壤物理性状及微生物多样性的影响[J]．生态学报，2015，35（16）：5374-5384.
[18] 王道中，花可可，郭志彬．长期施肥对砂姜黑土作物产量及土壤物理性质的影响[J]．中国农业科学，2015，48（23）：4781-4789.
[19] 祝飞华，王益权，石宗琳，等．轮耕对关中一年两熟区土壤物理性状和冬小麦根系生长的影响[J]．生态学报，2015，35（22）：7454-7463.
[20] 郭月峰，祁伟，姚云峰，等．小流域梯田土壤有机碳与土壤物理性质的关系研究[J]．生态环境学报，2020，29（4）：748-756.
[21] 陈传信，赛力汗·赛，张永强，等．耕作方式对伊犁河谷旱地农田土壤物理性质和小麦产量的影响[J]．中国农学通报，2020，36（8）：17-20.

第三章

土壤化学

第一节　土壤矿物

土壤矿物质是土壤固相的主体物质，构成了土壤的“骨骼”，占土壤固相总质量的90%以上。而土壤矿物质胶体是土壤矿物质中最活跃的组分，其主体是黏粒矿物。土壤黏粒矿物胶体表面在大多数情况下带负电荷，比表面大，能与土壤固、液、气相中的离子、质子、电子和分子相互作用，影响土壤的物理、化学、生物学过程与性质。

一、土壤矿物元素组成

矿物是天然产生于地壳中具有一定化学组成、物理性质和内在结构的物质，是组成岩石的基本单位。矿物的种类很多，有3300种以上。

（一）土壤矿物元素组成特点

表3-1列出了地壳和土壤的平均化学组成，据此可将土壤矿物的元素组成特点归纳如下：

表3-1　地壳和土壤的平均化学组成（质量分数，%）

元素	地壳中	土壤中	元素	地壳中	土壤中
O	47.0	49.0	Mn	0.10	0.085
Si	29.0	33.0	P	0.093	0.08

续表

元素	地壳中	土壤中	元素	地壳中	土壤中
Al	8.05	7.13	S	0.09	0.085
Fe	4.65	3.80	C	0.023	2.00
Ca	2.96	1.37	N	0.01	0.10
Na	2.50	1.67	Cu	0.01	0.002
K	2.50	1.36	Zn	0.005	0.005
Mg	1.37	0.60	Co	0.003	0.008
Ti	0.45	0.40	B	0.003	0.001
H	0.15	—	Mo	0.003	0.0003

注：根据克拉克等（1924）、费尔斯曼（1939）和泰勒（1964）的估计，地壳的化学元素组成与此表稍有不同，但总的趋势是一致的。

土壤矿物主要元素组成O、Si、Al、Fe、Ca、Mg、Ti、K、Na、P、S以及一些微量元素如Mn、Zn、Cu和Mo等。其中，O和Si是地壳中含量最多的两种元素，分别占地壳重量的47.0%和29.0%，Al、Fe次之，四者合计共占地壳质量的88.7%。而其余90多种元素合在一起，也不过占地壳质量的11.3%。所以地壳组成中，含氧化合物占了极大比重，其中又以硅酸盐最多。其次，土壤矿物的化学组成充分反映了成土过程中元素的分散、富集特性和生物积聚作用。一方面，它继承了地壳化学组成的遗传特点；另一方面，有的化学元素如O、Si、C和N等在成土过程中增加了，而有的则显著降低了，如Ca、Mg、K和Na。此外，土壤矿物质中元素的组成还与风化产物的淋溶强度有关。

（二）土壤矿物元素迁移的特点

主要有以下6点：

（1）强移动性。以阴离子形态强移动的元素，包括S、Cl、B和Br。

（2）中移动性。包括以阳离子形态移动的Ca、Na、Mg、Sn和Ra等元素，以及以阴离子形态移动的F等元素。

（3）弱移动性。其中以阳离子形态弱移动的元素有K、Ba、Rb、Li、

Be、Cs 和 Ti 等，此外还包括 Si、P、Sn、As、Ge 和 Sb 等阴离子形态弱移动的元素。

（4）环境依赖性（I）。在氧化环境中可移动，而在还原环境中移动性低的元素。在氧化环境中，随酸性水强烈迁移；而在中性、碱性水中移动性低的元素（主要呈阳离子形态迁移），如 Zn、Ni、Pb、Ca、Hg 和 Ag 等。在酸性或碱性水中都强烈迁移的元素（主要呈阴离子形态迁移），如 V、U、Mo、Se 和 Re 等。

（5）环境依赖性（Ⅱ）。在还原环境中可移动，而在氧化环境中移动性低的元素，如 Fe、Mn 和 Co。

（6）微移动。在多数环境中难移动的元素。形成化合物的微迁移元素，如 Al、Zn、Cr、Y、Ga、Nb、Th、Se、Ta、W、In、Bi 和 Te 等。不形成或几乎不形成化合物的难移动元素（天然金属），如 Os、Pd、Ru、Pt、Au、Rh 和 Ir 等。

各种元素迁移的特点，不仅直接影响土壤矿物的元素组成，而且与土壤质量密切相关。

二、土壤矿物类型

按照矿物的来源，可将土壤矿物分为原生矿物和次生矿物。原生矿物是直接来源于母岩的矿物，其中，岩浆岩是其主要来源；而次生矿物，则是由原生矿物分解、转化而成的。

（一）原生矿物

1. 概念

土壤原生矿物是指那些经过不同程度的物理风化，未改变化学组成和结晶结构的原始成岩矿物，主要分布在土壤的砂粒和粉砂粒中，以硅酸盐和铝硅酸盐占绝对优势。常见的有石英、长石、云母、辉石、角闪石和橄榄石及其他硅酸盐类和非硅酸盐类。表 3-2 中列出了土壤中主要原生矿物组成及其相对稳定性。

表 3-2　土壤中主要的原生矿物组成

原生矿物	分子式	稳定性	常量元素	微量元素
橄榄石	$(Mg、Fe)_2SiO_4$	易风化	Mg、Fe、Si	Ni、Co、Mn、Li、Zn、Cu、Mo
角闪石	$Ca(Mg、Fe)_3Si_4O_{12}$	↓	Mg、Fe、Ca、Al、Si	Ni、Co、Mn、Li、Se、V、Zn、Cu、Ga
辉石	$Ca(Mg、Fe、Al_4)Si_2O_6$		Ca、Mg、Fe、Al、Si	Ni、Mn、Li、Se、V、Zn、Cu、Ga
黑云母	$KH_2(Mg、Fe)_3AlSi_3O_{12}$		K、Mg、Fe、Al、Si	Rb、Ba、Ni、Co、Se、Li、Mn、V、Zn、Cu
斜长石	$CaAl_2Si_2O_8$		Ca、Al、Si	Sr、Cu、Ga、Mo
钠长石	$NaAlSi_3O_8$		Na、Al、Si	Cu、Ga
石榴子石	$(Mg、Fe、Mn)_3Al_2SiO_4$	较稳定	Cu、Mg、Fe、Al、Si	Mn、Cr、Ga
正长石	$KAlSi_3O_8$	↓	K、Al、Si	Ra、Ba、Sr、Cu、Ga
白云母	$KH_2Al_3Si_3O_{12}$		K、Al、Si	F、Rb、Sr、Ga、V、Ba
钛铁矿	Fe_2TiO_3		Fe、Ti	Co、Ni、Cr、V
磁铁矿	Fe_3O_4		Fe	Zn、Co、Ni、Cr、V
电气石			Cu、Mg、Fe、Al、Si	Li、Ga
锆英石	$ZrSiO_4$	极稳定	Si	Zn、Hg
石英	SiO_2		Si	

2. 特点

（1）土壤原生矿物中以硅酸盐和铝硅酸盐占绝对优势。

（2）土壤中原生矿物类型和数量的多少在很大程度上取决于矿物的稳定性。如石英是极稳定的矿物，具有很强的抗风化能力，因而土壤的粗颗粒中，其含量就高。

（3）土壤原生矿物是植物养分的重要来源。原生矿物中含有丰富的 Ca、Mg、K、Na、P、S 等常量元素和多种微量元素，经过风化作用释放供植物和微生物吸收利用。

3. 对土壤肥力的作用

（1）构成土壤的“骨架”；土壤中的原生矿物主要存在于粗粒组分中，粒径为 1～0.01 mm 的砂粒和粉砂粒几乎都是原生矿物。

（2）风化后释放出营养元素。土壤原生矿物也是土壤中各种化学元素的最初来源。另外，由于原生矿物颗粒较粗，比表面积小，所以它们给土壤带来疏松通透的物理性质。

原生矿物的组成和比例很少能反映土壤形成过程特点，但是，它们说明成土母质成因特征。土壤中原生矿物丰富，说明土壤相当年轻。随着土壤年龄增长，原生矿物含量和种类逐渐减少。不同种类的原生矿物，由于其构造特点及元素组成不同，抗风化的能力及提供养分的能力也不同。

（二）次生矿物

1. 概念

土壤中的次生矿物是在岩石的风化和成土过程中，由原生矿物经化学分解、破坏（包括水合、氧化和碳酸化等作用）重新合成的新生矿物。

土体中次生矿物的种类繁多，包括次生层状硅酸盐类、晶质和非晶质的含水氧化物类及少量残存的简单盐类（如碳酸盐、重碳酸盐、硫酸盐和氯化物等）。其中，层状硅酸盐类和含水氧化物类是构成土壤颗粒的主要成分，因而土壤学上将此两类矿物称为次生黏粒矿物（对土壤而言简称黏粒矿物；对矿物而言称黏土矿物），它是土壤矿物中最活跃的组分。

2. 特点

（1）通过电子显微镜对其外部形态进行观察可以清楚地看出，次生矿物可呈板状、小球状及短栅状等各种形状。

（2）从其内部的构造及成分来看，它们大都为层状硅酸盐，故有时也称为次生层状硅酸盐矿物。

（3）次生矿物颗粒较细，主要存在于土壤黏粒组分中，是黏粒主要成分，故也称为次生黏粒矿物或黏粒矿物、黏土矿物。常见次生矿物包括高岭石、蒙脱石、伊利石、绿泥石，以及针铁矿、三水铝石、水铝英石等。

3. 意义

（1）可以帮助人们了解各种土壤在发生学上的地位，在土壤分类学中，次生矿物成为鉴别土类的主要依据。

（2）有助于了解土壤一系列理化性状（吸湿性、可塑性、胀缩性、离子吸附性），判断土壤肥力特征。

（三）土壤矿物的硅铝铁率

1. 概念

（1）硅铝率，又称 S_a 值：土壤黏粒中二氧化硅与三氧化二铝的分子数（摩尔数）之比。

$$S_a = SiO_2/Al_2O_3$$

（2）硅铝铁率，又称 S_{af} 值：土壤黏粒矿物的二氧化硅分子数与三氧化二铁、三氧化二铝分子数之和的比。

$$S_{af} = SiO_2/(Fe_2O_3+Al_2O_3) = SiO_2/R_2O_3$$

2. 意义

（1）判断黏粒矿物的组成及大体特征。因为不同种类的黏粒矿物，其 SiO_2/R_2O_3 分子比率不同。

（2）与土壤母岩对比，分析土壤成土过程；S_a 增大，土壤有脱铝现象（酸性淋溶灰化土）；S_a 减小，土壤有富铝化作用（红壤）。

（3）对照土壤剖面上下各层硅铝率，说明物质淋溶状况。

（4）判断土壤带电性。SiO_2 称酸胶基，带负电；R_2O_3 称碱胶基，带正电。

【例题】某土壤黏粒部分 SiO_2 含量为 41.89%，Al_2O_3 含量 33.27%，Fe_2O_3 含量 11.85%，计算其硅铝铁率、硅铝率。

解：SiO_2 的分子含量＝ 41.89/60 ≈ 0.698

Al_2O_3 的分子含量＝ 33.27/102 ≈ 0.326

Fe_2O_3 的分子含量＝ 11.85/160 ≈ 0.074

$S_{af} = SiO_2/R_2O_3 = 0.689/(0.326+0.074) \approx 1.72$

第二节　土壤有机质与碳循环

土壤有机质是指各种形态存在于土壤中的有机化合物，包括腐殖质（即进入土壤的植物、动物及微生物等的死亡残体经分解转化形成的物质）及植物、动物残体，它与矿物质一起构成土壤的固相部分。土壤中有机质含量并不多，一般只占固相总质量的 10% 以下，耕作土壤多在 5% 以下，但它却是土壤的重要组成部分，是土壤发育过程的重要标志，对土壤性质的影响重大。

地球上最大的 2 个碳库是岩石圈和化石燃料，含碳量约占地球上碳总量的 99.9%。这 2 个库中的碳活动缓慢，实际上起着储存库的作用。地球上还有 3 个碳库：大气圈库、水圈库和生物库。这 3 个库中的碳在生物和无机环境之间交换迅速，容量小而活跃，实际上起着交换库的作用。

碳在岩石圈中主要以碳酸盐的形式存在，总量为 2.7×10^{16}t；在大气圈中以二氧化碳和一氧化碳的形式存在，总量有 2×10^{12} t；在水圈中以多种形式存在；生物库中则存在着几百种被生物合成的有机物。这些物质的存在形式受到各种因素的调节。

一、土壤有机质

（一）土壤有机质的来源

一般说来，土壤有机质主要来源于动、植物及微生物的残体，包括异源有机物质（进入土壤的有机污染物、有机废弃物、农用工业有机物及相关副产物等）和土壤中起源的有机物质，但不同土壤的有机质来源亦有差别。土壤有机质是土壤中有机物质的主体，通常占 90% 以上，主要是微生物、小动植物的生命活动产物及由生物残体分解和合成的各种有机物质。

自然土壤的有机质主要来源是生长于其上的植物残体（地上部的枯枝落叶和地下的死根与根系分泌物）及土壤生物；耕作土壤的情况则不同，由于自然植被已不复存在，栽培作物的大部分又被收获带走，因而进入土壤中的有机残体一般远不及自然土壤丰富，其有机质来源主要是人工施入的各种有机肥料和作物根茬以及根的分泌物，其次才是各种土壤生物。

（二）土壤有机质的含量及其组成

有机质的含量在不同土壤中差异很大，高的可达 300 g/kg 以上（如泥炭土、一些森林土壤等），低的不足 5 g/kg（如一些漠境土和砂质土壤）。在土壤学中，一般把耕层含有机质 200 g/kg 以上的土壤，称为有机质土壤；含有机质在 200 g/kg 以下的土壤，称为矿质土壤。耕作土壤中，表层有机质的含量通常在 50 g/kg 以下。土壤中有机质的含量与气候、植被、地形、土壤类型、耕作措施等影响因素密切相关。

土壤有机质的主要元素组成是 C、O、H 和 N，其次是 P 和 S，C/N 值大约为 10。土壤有机质中主要的化合物组成是类木质素和蛋白质，其次是半纤维素、纤维素以及乙醚和乙醇可溶性化合物。与植物组织相比，土壤有机质中木质素和蛋白质含量显著增加，而纤维素和半纤维素含量则明显减少。大多数土壤有机质组分为非水溶性。

土壤腐殖质是除未分解和半分解动、植物残体及微生物体以外的有机物质的总称。土壤腐殖质由非腐殖物质和腐殖物质组成，通常占土壤有机质的90%以上。

非腐殖物质为有特定物理化学性质、结构已知的有机化合物，其中一些是经微生物代谢后改变的植物有机化合物，而另一些则是微生物合成的有机化合物。非腐殖物质占土壤腐殖质的20%～30%，其中，碳水化合物（包括糖、醛和酸）占土壤有机质的6%～26%，平均为10%，它在增加土壤团聚体稳定性方面起着极其重要的作用。此外还包括氨基糖、蛋白质和氨基酸、脂肪、蜡质、木质素、树脂、核酸和有机酸等。

腐殖物质是经土壤微生物作用后，由多酚和多醌类物质聚合而成的含芳香环结构的、新形成的黄色至棕黑色的非晶形高分子有机化合物。它是土壤有机质的主体，也是土壤有机质中最难降解的组分，一般占土壤有机质的60%～80%。

（三）土壤腐殖酸

1. 土壤腐殖酸的分组

腐殖物质是一类组成和结构都很复杂的天然高分子聚合物，其主体是各种腐殖酸及其与金属离子相结合的盐类，与土壤矿物质部分密切结合形成有机无机复合体，因而难溶于水。因此要研究土壤腐殖酸的性质，首先必须用适当的溶剂将它们从土壤中提取出来：理想的提取剂应满足：对腐殖酸的性质没有影响或影响极小；获得均匀的组分；具有较高的提取能力，能将腐殖酸几乎完全分离出来。提取土壤腐殖物质的方法很多，目前通常用 NaOH 或 $NaOH+Na_4P_2O_7$ 作为提取剂。非腐殖物质会对腐殖物质结构和特性的研究带来困难，必须首先将它们从腐殖物质中除去。但非腐殖物质是通过共价键与腐殖物质相连，在实际分离工作中难度很大。有人认为，大多数的腐殖物质和非腐殖物质是浑然一体存在的，不可能从根本上区分开来。即使腐殖物质中含有一些共价键相连的非腐殖物质片段，一般仍将其称为腐殖物质。

目前一般所用的方法，是先把土壤中未分解或部分分解的动、植物残体分离掉，通常是用水浮选、手挑和静电吸附法移去这些动、植物残体，或者采用比重为 1.8 或 2.0 的重液（如溴仿 – 乙醇混合物）可以更有效地除尽这些残体，被移去的这部分有机物质称为轻组，而留下的土壤组成则称为重组。然后根据腐殖物质在碱、酸溶液中的溶解度可划分出几个不同的组分。

传统的分组方法是将土壤腐殖物质划分为胡敏酸（HA）、富里酸（FA）和胡敏素3个组分，其中胡敏酸是碱可溶、水和酸不溶，颜色和分子质量中等；富里酸是水、酸和碱都可溶，颜色最浅，分子质量最低；胡敏素则水、酸和碱都不溶，颜色最深，分子质量最高，但其中一部分能被热碱所提取。再将胡敏酸用95%乙醇回流提取，可溶于乙醇的部分称为吉马多美郎酸。目前对富里酸和胡敏酸的研究最多，它们是腐殖物质中最重要的组成。但需要特别指出的是，这些腐殖物质组分仅仅是操作定义上的划分，而不是特定化学组分的划分。

2. 土壤腐殖酸的性质

（1）腐殖酸的物理性质。腐殖酸在土壤中的功能与分子的形状和大小有密切的关系。腐殖酸的分子质量（相对分子质量）因土壤类型及腐殖酸组成的不同而异，即使同一样品用不同方法测得的结果，也有较大差异。腐殖酸分子质量的变动范围达百万级。但共同的趋势是，同一土壤中，富里酸的平均分子质量最小，胡敏素的平均分子质量最大，胡敏酸则处于富里酸和胡敏素之间。我国几种主要土壤胡敏酸和富里酸的数均分子质量分别为890～2550和675～1450。

土壤胡敏酸的直径范围在0.001～1 μm，富里酸则更小些。腐殖酸的整体结构并不紧密，整个分子表现出非晶质特征，具有较大的比表面积，高达2000 m^2/g，远大于黏粒矿物的比表面积。腐殖酸是一种亲水胶体，有强大的吸水能力，单位重量腐殖物质的持水量是硅酸盐黏粒矿物的4～5倍，最大吸水量可以超过其本身质量的5倍。

不同腐殖物质的颜色因其组分相对分子质量大小或发色基团（如共轭双键、芳香环、酚基等）组成比例的不同而不同。其颜色与相对分子质量大小或分子芳构化程度呈正相关，与脂族链烃含量呈负相关。从整体上看，腐殖物质的颜色一般呈黑色，但水体中腐殖物质的脂族链烃含量较高，其颜色比土壤的要浅；HA的颜色较FA深，通常呈棕黑至黑色，泥炭HA比猪粪HA的颜色深一些；吉马多美郎酸的颜色比HA浅，一般为巧克力棕色；FA的颜色则常呈黄色至棕红色。

（2）腐殖酸的化学性质。腐殖酸的主要元素组成是C、H、O、N和S，此外还含有少量的Ca、Mg、Fe和Si等灰分元素。不同土壤中腐殖酸的元素组成不完全相同，有的甚至相差很大。腐殖质含碳50%～60%，平均为58%；含氮3%～6%，平均为5.6%；其C/N比值为10∶1～12∶1。但不同腐殖酸的含碳量和含氮量均以富里酸、胡敏酸和胡敏素的次序增加，其增幅大致分别为 4.5%～6.2% 和 2%～5%。富里酸的氧、硫含量大于胡敏酸，C/H 和 C/O 小于胡敏酸。表 3–3 是我国主要土壤表土中胡敏酸和富里酸的元素组成。

表 3–3　我国主要土壤表土中胡敏酸和富里酸的元素组成

腐殖物质元素组成	胡敏酸 HA/%		富里酸 FA/%	
	范围	平均	范围	平均
C	43.9～59.6	54.7	43.4～52.6	46.5
H	3.1～7.0	4.8	4.0～5.8	4.8
O	31.3～41.8	36.1	40.1～49.8	45.9
N	2.8～5.9	4.2	1.6～4.3	2.8
C/H	7.2～19.2	11.6	8.0～12.6	9.8

腐殖酸分子中含有各种官能团，其中主要是含氧的酸性官能团，包括芳香族和脂肪族化合物上的羧基（R—COOH）和酚羟基（酚—OH），其中羧基是最重要的（图 3–1）。此外，腐殖物质中还存在一些中性和碱性官能团，中性官能团主要有醇羟基（R—OH）、醚基（—O—）、酮基（—CO—）、醛基（—CHO）和酯（ROOC—）；碱性官能团主要有胺（$—NH_2$）和酰胺（$—CONH_2$）。富里酸的羧基和酚羟基含量以及羧基的解离度均较胡敏酸高，醌基较胡敏酸低；胡敏素的醇羟基比富里酸和胡敏酸高，但富里酸中羰基含量最高。我国各主要土壤中胡敏酸的羧基含量在 270～480 cmol/kg，醇羟基在 220～430 cmol/kg，醌基在 90～189 cmol/kg。富里酸的羧基含量为 640～850 cmol/kg，是胡敏酸的 2 倍左右，富里酸的醇羟基和醌基的含量分别在 500～600 cmol/kg 和 50～60 cmol/kg。

腐殖物质的总酸度通常是指羧基和酚羟基的总和。总酸度是以胡敏素、

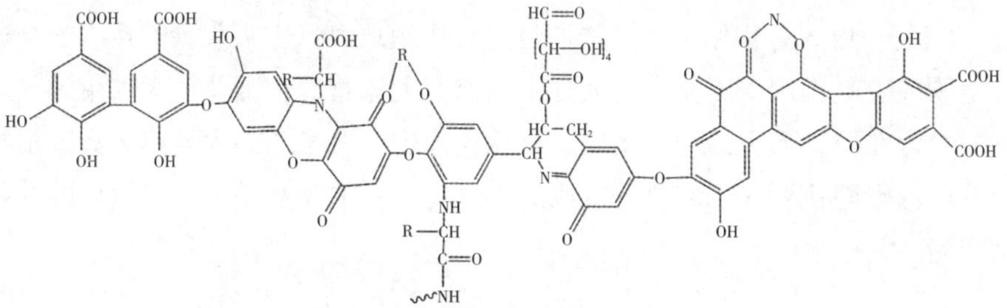

图 3–1　腐殖酸化学结构模型

胡敏酸和富里酸的次序增加的，富里酸的总酸度最高，主要与其较高的羧基含量有关。总酸度数值的大小与腐殖物质的活性有关，一般较高的总酸度意味着有较高的阳离子交换量（CEC）和配位容量。羧基在 pH 为 3.0 时、酚羟基在 pH 超过 7.0 时质子开始解离，产生负电荷，由于羧基、酚羟基等官能团的解离以及氨基的质子化，使腐殖酸分子具有两性胶体的特征，在分子表面上既带负电荷又带正电荷，而且电荷随着 pH 的变化而发生变化，在通常的土壤 pH 条件下，腐殖酸分子带净负电荷。正是由于腐殖酸中存在各种官能团，因而腐殖酸表现出多种活性，如离子交换、对金属离子的配位作用、氧化－还原性以及生理活性等。

胡敏酸和富里酸都含有较高的氨基酸氮，其中，甘氨酸、丙氨酸和缬氨酸等酸性和中性氨基酸的含量较高，多肽和糖的组成也十分近似。腐殖酸中还包含少量的核酸（DNA 和 RNA）及其衍生物、叶绿素及其降解产物、磷脂、胺和维生素等。

二、碳循环

碳循环，是指碳元素在自然界的循环状态，生物圈中的碳循环主要表现为绿色植物从空气中吸收二氧化碳，经光合作用转化为葡萄糖，并放出氧气（O_2）。

土壤碳库在生物地球化学循环中的周转速度与土壤有机质的平均停留期有密切的关系（图 3–2）。光合产物进入土壤后，一部分矿化为 CO_2，部分变为新一代微生物体，部分变为腐殖质，如此往复循环，整个土壤有机碳处于动态平衡。在大气中，二氧化碳是含碳的主要气体，也是碳参与物质循环的主要形式。在生物库中，森林是碳的主要吸收者，它固定的碳相当于其他植被类型的 2 倍。森林又是生物库中碳的主要储存者，储存量大约为 4.82×10^{11} t，相当于大气含碳量的 2/3。

植物、可光合作用的微生物通过光合作用从大气中吸收碳的速率，与通过生物的呼吸作用将碳释放到大气中的速率大体相等；因此，大气中二氧化碳的含量在受到人类活动干扰以前是相当稳定的。考虑到大自然火灾、植物等造成的碳固化要多于动物等造成的碳气化，石油煤炭是碳固化过剩的一种副产品。

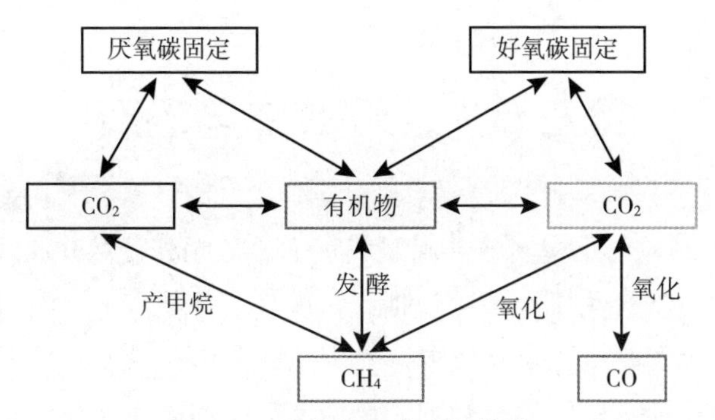

图 3-2　碳的生物地球化学循环

土壤中碳循环过程主要包括两方面：

（1）土壤碳储存。植物及其根系的凋落，通过同化作用使碳储存在土壤有机碳中。土壤吸收大气中的 CO_2 有两种形式：①土壤地球化学系统对 CO_2 的吸收（高 pH、富钙化地球化学环境下，SOC—CO_2—HCO_3^-；干旱、半干旱地区碱性、富钙化地球化学环境下，SOC—CO_2—HCO_3^-—$CaCO_3$）；②土壤有机碳积累，即土壤碳饱和容量的实现。

（2）土壤碳库输出。主要有下面几个过程：一是土壤有机碳中的部分分解有机物和土壤微生物在短时间内通过分解作用释放出 CO_2；二是土壤中的腐殖质经过 10～100 年的时间分解释放出 CO_2；三是土壤中的木炭经过上千年的时间被侵蚀溶解，释放出 CO_2。以上 3 个过程释放出的 CO_2 将会通过土壤的呼吸作用释放到大气中。四是在湿润气候条件下，通过土壤－水系统的移动以 DOC 形式和 HCO_3^- 形式向海洋沉积系统迁移；在干旱、半干旱条件下沉淀成为土壤无机碳酸盐（SIC）。五是植物根系生长过程中会吸收土壤中的碳。

不论是在干环境还是湿环境下沉积的各种地上及地下掉落物，通常以这 3 种途径参与土壤碳循环：直接成矿；植物根系的腐殖质通过腐殖化作用成矿；在厌氧环境中通过分解作用释放出 CH_4，排放到大气中。植物的根系呼吸释放的 CO_2，属于土壤碳循环的一部分。通过淋溶侵蚀作用，碳被固定在土壤中。植物吸收土壤中的碳，通过呼吸作用释放 CO_2 到大气中。另外，森林火灾也能把土壤中的碳带到大气中去。

第三节　土壤胶体与溶液

土壤胶体颗粒与土壤溶液共同组成包括分散相和分散介质组成的土壤胶体分散体系，分散相为细土粒（包括有机胶体、无机胶体、有机－无机复合胶体和微生物活体等）；分散介质为土壤水，并不是纯水，而是一种极稀薄的溶液。土壤中所有的物质交换和能量转换都是在这个体系中进行的。

一、土壤胶体

土壤胶体是土壤中最细微的颗粒，也是最活跃的物质，它与土壤吸收性能有密切关系，对土壤养分的保持和供应以及对土壤的理化性质都有很大影响。胶体颗粒的直径一般在 1～100 nm（长、宽、高三个方向上，至少有一个方向在此范围内），而实际上土壤中小于 1000 nm 的黏粒都具有胶体的性质，所以直径在 1～1000 nm 的土粒都可归属于土壤胶体的范围。土壤胶体最重要的性质是带有电荷，对土壤物理、化学性质有重大影响。

（一）土壤胶体类型

土壤胶体按其成分和来源可分为无机胶体、有机胶体和有机－无机复合胶体三类。

1. 无机胶体

指组成微粒的物质是无机物质的胶体。在数量上无机胶体较有机胶体可高数倍至数十倍，主要为极细微的土壤黏粒，包括成分简单的非晶体含水氧化物（铁、锰、硅等）和成分复杂的各种次生铝硅酸盐黏粒矿物，有时也将无机胶体称为黏土矿物。土壤黏粒无机组分构成的表面可分为硅氧四面体、铝氧八面体和层状硅酸盐矿物。

硅氧四面体，由位于中心的 1 个硅原子与围绕它的 4 个氧原子所构成的配阴离子 $[SiO_4]^{4-}$。硅、氧两元素能组成一个单位的原因：一是硅具有正原子价，而氧具负原子价，两者可相互吸引。二是与原子大小有关，4 个氧原子堆积成四面体时，其间所形成的空隙与硅原子的大小基本相似。但四面体的键价并不平衡（SiO_4^{4-}），因此许多四面体可共用氧原子形成一层。此时键价仍不平衡，可与铝水八面体结合形成各类黏土矿物。

铝氧八面体，由 6 个氧原子围绕 1 个铝原子构成。6 个氧原子所构成的八面体空隙与铝原子的大小相近似。许多铝八面体相互连接，形成铝氧片。铝氧片有 2 个层面的电价不平衡，可与氢原子连接形成水铝矿，或与硅氧片通过不同方式的连接结合成为铝硅酸盐。

层状硅酸盐矿物是硅酸盐类矿物按晶体结构特点划分的亚类之一，是若干由硅氧四面体和铝氧八面体按照不同规律连接起来的结构层堆垛而成。不同类型的硅酸盐矿物其硅氧四面体和铝氧四面体构成比例不一样。在其络离子中，各个硅氧四面体之间通过共用大部分角顶的方式相互联系而组成二维无限延展的硅氧四面体层。在层中，未被共用的硅氧四面体角顶上的氧还有剩余的负电荷，从而可以与金属阳离子（主要是镁离子、亚铁离子、钾离子等）结合而形成硅酸盐。部分硅氧四面体还可以被铝氧四面体所置换。一部分共用的角顶上的氧也将出现剩余的负电荷而可与金属阳离子相结合。一般还都含有附加阴离子（羟基离子）。常见的层状硅酸盐矿物有高岭石、伊利石、蒙脱石、滑石、白云母等。

单位晶层，按照硅氧四面体片和铝氧八面体片堆叠方式的不同，可以形成 3 种形式的单位晶层，即 1∶1 型、2∶1 型和 2∶1∶1 型的单位晶层。黏土矿物的来源有以下几个途径：①由白云母、黑云母演变而来；②在一定条件下有矿物的分解产物合成形成；③由一种黏土矿物演变成另一种黏土矿物。以下是几种典型的黏土矿物：

（1）高岭石。二层型（1∶1）黏土矿物，是强烈化学风化条件下的产物（南方）晶格较稳定，硅酸盐层之间由氢键连接，作用力很强，间隙小，水分子或其他离子很难进入层间。因此只有外表面，没有内表面，无胀缩性（陶器不会太大），比表面积较小，为 30 m^2/g。高岭石带有的电荷一部分是晶格破裂产生的，另外晶格表面的—OH 在土壤酸度变化时带有可变电荷，但高岭石的带电量较少。

（2）伊利石。属三层型（2∶1）黏土矿物，主要分布在干旱半干旱地区。硅酸盐层间由钾离子连接，晶格距离比较稳定。晶格的边缘具有胀缩性，比表面积外表面小，内表面比大，表面积为 100 m^2/g；伊利石带有的电荷是由同晶代换产生的，其中有一部分负电荷被钾离子中和，伊利石的带电量比高岭石多。

（3）蒙脱石。属三层型（2∶1）黏土矿物，主要分布在干旱和半干旱地区的土壤中。硅酸盐层之间由钙离子和镁离子连接，硅酸盐层之间胀缩性大，内表面积非常大，比表面积为 800 m^2/g，带有的电荷是由同晶代换产生的，带电量比伊利石多。

2. 有机胶体

指组成微粒的物质是土壤有机质的胶体，其主要成分是各种腐殖质（胡敏酸、富里酸、胡敏素等），还有少量的木质素、蛋白质、纤维素等，它在土壤胶体中的比例并不高，且在土壤中易被土壤微生物所分解。有机胶体是由碳、氢、氧、氮、硫、磷等组成的高分子有机化合物，是无定形的物质，有高度的亲水性，可以从大气中吸收水分子，最大时可达其本身质量的 80%～90%。腐殖质的电荷是由腐殖质所含的羧基（—COOH）、醇羟基（—OH）、酚羟基（—OH），解离出氢离子后的—COO^-、—O^- 等离子留在胶粒上而使胶粒带负电，氨基（—NH_2）吸收 H 后，成为—NH_3^+ 则带正电，一般有机胶体带负电。

3. 有机－无机复合胶体

这种胶体的主要特点是其微粒核的组成物质是土壤有机质与土壤矿物质的结合体。一般来讲，有机胶体很少单独存在于土壤中，绝大部分与无机胶体紧密结合而形成有机－无机复合胶体，又称为吸收性复合体。土壤无机胶体和有机胶体可以通过多种方式进行结合，但大多数是通过二、三价阳离子（如钙、镁、铁、铝等）或官能团（如羧基、醇羟基等）将带负电荷的黏粒矿物和腐殖质连接起来。有机胶体主要以薄膜状紧密覆盖于黏粒矿物的表面上，还可能进入黏粒矿物的晶层之间。通过这样的结合，可形成良好的团粒结构，改善土壤保肥供肥性能和多种理化性质。由于土壤腐殖质绝大部分与土壤黏粒矿物质紧密结合在一起，所以腐殖质从土壤中的分离、提取过程都比较复杂。一般来讲，越是肥沃的土壤，有机－无机复合胶体的比例就越高。

（二）土壤胶体特性

土壤胶体是物理化学性质最活泼的部分。土壤的保肥性、供肥性、酸碱反应、缓冲性能以及土壤的结构、土壤的物理机械性质等，都与土壤胶体有密切关系。

1. 土壤胶体具有巨大的比表面和表面能

比表面（简称比面）是指单位质量或单位体积物体的总表面积（cm^2/g，m^2/g）。土壤胶体的表面积随粒径的减小而增大（表 3-4），表面积也因黏粒矿物类型而异。砂粒和粗粉粒的比表面同黏粒相比是很小的，可以忽略不计，因而大多数土壤的比表面主要决定于黏粒部分。实际上，土粒的形状各不相同，都不是光滑的球体，它们的表面凹凸不平，故表面积要比光滑的球体大得多，加之部分粉粒和大部分黏粒呈片状，它们的比面就更大。

此外，有些无机胶体（如蒙脱石类矿物）的片状颗粒，不仅具有巨大的外表面，而且在颗粒内部的晶层之间存在着极大的内表面。外表面指黏粒矿物的外表以及腐殖质、游离氧化铁、铝等的表面。内表面指层状铝硅酸盐晶层之间的表面。

另外，土壤有机胶体也有巨大的比表面，如土壤腐殖质的比表面可高达 1000 m^2/g。巨大的比表面产生巨大的表面能。这是由于物体表面分子所处的特殊条件引起的。物体内部分子处在周围相同分子之间，在各个方向上受到的吸引力相等而相互抵消；表面分子则不同，由于它们与外界的液体或气体介质相接触，因而在内、外方面受到的是不同分子的吸引力，不能相互抵消，所以具有多余的表面能。这种能量产生于物体表面，故称为表面能，可以对分子和离子产生较大的吸引力。胶体数量越多，比表面越大，表面能也越大，吸附能力也就越强。

表 3–4　各级球状土粒的比表面

颗粒名称	球体直径 /mm	比表面 /（cm^2/g）
粗砂粒	1	22.6
中砂粒	0.5	45.2
细砂粒	0.25	90.4
粗粉粒	0.05	452
中粉粒	0.01	2264
细粉粒	0.005	4528
粗黏粒	0.001（1000 nm）	22641
细黏粒	0.0005（500 nm）	45283
胶粒	0.00005（50 nm）	452830（45.283 m^2/g）

注：摘自沈其荣《土壤肥科学通论》。

2. 土壤胶体的带电性

由于胶体表面的分子解离或吸附溶液中的离子，使胶粒带电。土壤中所有胶粒都是带电的（胶体的基本条件），这是土壤产生离子吸附和交换、离子扩散、酸碱平衡、氧化还原反应以及胶体的分散与絮凝等现象的根本原因，而这些反应都直接或间接关系到土壤的水、肥、气、热性质。

土壤胶体的电荷有 3 种来源：①晶体表面基团的解离；②同晶替代产生的永久电荷；③矿物或有机质表面一些基团的质子化或脱质子化所产生的电荷。根据电荷产生的原因和性质，可将土壤胶体电荷分为永久电荷和可变电荷。

（1）永久电荷。由于黏粒矿物晶层内的同晶替代所产生的电荷。由于同晶替代是在黏粒矿物形成时产生在黏粒晶层的内部，这种电荷一旦产生即为该矿物永久所有，因此称为永久电荷，又称为内电荷，这种电荷的数量取决于晶层中同晶替代的多少，即主要与矿物类型及其化学结构有关，而与介质 pH 的高低没有直接关系。对 2∶1 型黏粒矿物而言，由同晶替代产生的负电荷是其带电的主要原因，而 1∶1 型矿物中此现象极少发生。

晶格破碎边缘的断键也可以带电，在矿物风化破碎的过程中，晶体晶格边缘的离子有一部分电荷未得到中和，而产生剩余价键，使晶层带电。例如晶格在硅层或铝层截面上断裂，Si—O—Si、Al—O—Al 在断裂后，断面上留下 $Si—O^-$、$Al—O^-$，从而带负电。

（2）可变电荷。土壤胶体中电荷的数量和性质随介质 pH 变化而变化的部分电荷称为可变电荷。不同 pH 时，这部分电荷可以是负，也可以是正，并且电荷的数量也相应发生变化。土壤的 pH_0 值是表征其可变电荷特点的一个重要指标，它被定义为土壤的可变正、负电荷数量相等时的 pH，或称为可变电荷零点、等电点。产生可变电荷的主要原因是胶核表面分子（或原子团）的解离，例如黏粒矿物晶面上羟基的解离。某些层状硅酸盐晶层表面有很多羟基，它们可以解离出 H^+，而使晶粒带负电荷。介质的 pH 越高，H^+ 越易解离，晶体所带负电荷越多。一个高岭石黏粒有数千个羟基，因而产生的电荷数量也相当可观，这也是 1∶1 型黏粒矿物带电的主要原因。含水铁、铝氧化物的解离也能产生可变电荷，如三水铝石的 pH_0 值为 4.8。当土壤 pH 低于 pH_0 值时，$A1_2O_3 \cdot 3H_2O \rightarrow 2Al(OH)_2 + 2OH^-$，显正电性；高于 pH_0 值时，$A1_2O_3 \cdot 3H_2O \rightarrow 2Al(OH)_2O^- + 2H^+$，显负电性。另外，腐殖质上某些原子团的解离和含水氧化硅的解离都是产生可变电荷的原因，在高 pH 条件下，腐殖质上—COOH 和—OH 可解离出 H^+ 而带负电荷，在低 pH 条件下，其—NH_2 可以吸附 H^+ 而带正电荷。

由于土壤的负电荷一般多于正电荷，除少数土壤在较强的酸性条件下可能出现正电荷外，绝大多数土壤是带负电荷的。故土壤胶体在多数情况下是带负电荷的。

因此，土壤胶体的带电性对土壤肥力性质有重要影响，这对养分的供应与保存以及土壤的酸碱、缓冲性有很大的意义。

（三）土壤胶体的分散性和凝聚性

与其他胶体一样，土壤胶体也有两种不同的状态：一种是胶体微粒均匀分散在水中，呈高度分散状态的溶胶；另一种是胶体微粒彼此联结凝聚在一起而呈絮状的凝胶。土壤胶体溶液如受某些因素的影响，使胶体微粒下沉，由溶胶变成凝胶，这种作用称为胶体的凝聚作用；反之，由凝胶分散成溶胶，称为胶体的分散作用。胶体的凝聚和分散作用主要取决于胶体微粒表面电荷状况的变化。有多种因素可影响到电荷的变化，如电解质、加热、分散剂的浓度等。由于绝大多数土壤胶体带负电荷，因此凝聚土壤胶体的电解质为阳离子。阳离子的凝聚能力一般是一价离子＜二价离子＜三价离子。由于钙盐的凝聚能力较强，又是重要的植物营养元素，且价格低廉容易取得，在农业生产中常用它作为凝聚剂。土壤溶液中最常见的阳离子的凝聚力的排列顺序如下：

$$Fe^{3+} > Al^{3+} > Ca^{2+} > Mg^{2+} > H^{+} > NH^{+} > K^{+} > Na^{+}$$

除了溶液中电解质的种类，电解质浓度对胶体凝聚也有很大的影响。所以，生产上有时以冻融等措施，使土壤溶液中电解质浓度提高，从而促进土壤胶体的凝聚和团粒结构的形成。

胶体的凝聚作用有的是可逆的，有的是不可逆的。由一价阳离子（如 Na^{+}、K^{+}、NH_4^{+}、H^{+}）所引起的凝聚作用是可逆的，当电解质浓度降低后，凝胶又分散为溶胶，形成的土壤结构是不稳固的；二价、三价阳离子（如 Ca^{2+}、Mg^{2+}、Fe^{3+}、Al^{3+}）所引起的凝聚作用是不可逆的，可形成水稳性团聚体。

（四）土壤胶体的吸附性和交换能力

由于胶体的巨大表面能，使其对周围分子或离子有很强的吸附力，同样胶体的电性使其扩散层的离子与土壤溶液中的离子相互交换。

土壤是具有永久电荷表面的颗粒与具有可变电荷表面的颗粒共存的体系。土壤颗粒表面能通过具静电吸附作用的离子与溶液中的离子进行交换反应，也能通过共价键与溶液中的离子发生配位吸附。土壤的离子吸附与交换是其最重要的化学性质之一，是其具有供应、保蓄养分元素，对污染元素、污染物具有一定自净能力和环境容量的本质原因，具有非常重要的环境意义。土壤的吸附与交换性质取决于土壤固相物质的组成、含量、形态，溶液中离子的种类、含量、形态，以及酸碱性、温度、水分状况等条件及其变化，这些因素影响着土壤中物质的形态、转化、迁移和生物有效性。

在通常情况下，土壤有机颗粒或无机颗粒多数带负电荷，因而在其表面会吸附很多阳离子，如 H^+、Al^{3+}、Ca^{2+}、Mg^{2+} 等，这些被吸附的阳离子可以和另一些阳离子进行相互交换。这种能相互交换的阳离子称为交换性阳离子，把这种作用称作阳离子交换作用。

离子从溶液转到颗粒上的过程，称为离子的吸附过程；而原来吸附在颗粒上的离子转移到溶液中去的过程，称为离子的解吸过程。阳离子交换作用是一种可逆过程，离子与离子之间交换是以当量关系进行的，并受质量作用定律支配。

通常把每百克干土所含的全部交换性阳离子的毫克当量数称为土壤的阳离子交换量。把土壤胶体吸着的 H^+ 和 Al^{3+} 称为致酸离子，吸着的 Ca^{2+}、Mg^{2+}、K^+、Na^+ 等离子称为盐基离子。当土壤胶体吸着的阳离子都属于盐基离子时，这种土壤称为盐基饱和土壤。当土壤胶体吸着的阳离子仅部分为盐基离子，而其余一部分为氢离子和铝离子时，这种土壤称为盐基不饱和土壤。

各种土壤的盐基饱和程度可用盐基饱和度来表示，即交换性盐基离子占阳离子交换量的百分数。

$$\text{盐基饱和度}(\%)=\frac{\text{交换性盐基总量（mg 当量/100g 干土）}}{\text{阳离子交换量（mg 当量/100g 干土）}}$$

一些土壤颗粒如水合氧化铁、水合氧化铝等矿物可以带正电荷，它们可以吸附阴离子，而被吸附的阴离子与土壤溶液中的阴离子也可以相互交换，这就是阴离子的交换作用。阴离子吸附常见的可分为以下两类：一类是易被土壤吸附的阴离子，这类阴离子中，最重要的是磷酸根离子（$H_2PO_4^-$、HPO_4^{2-}、PO_4^{3-}），常与阳离子起化学反应，形成难溶性化合物；土壤吸附能力的大小取决于所形成物质的溶解度大小。另一类是吸附作用很弱的离子，如 Cl^-、NO_3^- 和 NO_2^- 等这类离子，只有在极酸性的反应中才被吸附。而对于 SO_4^{2-}、CO_3^{2-} 所表现的吸附作用强弱介于以上两者之间。因此，各种阴离子被土壤吸附的顺序为：F^- ＞草酸根＞柠檬酸根＞磷酸根（$H_2PO_4^-$）＞ HCO_3^- ＞

$H_2BO_3^- > CH_3COO^- > CN^- > SO_4^{2-} > Cl^- > NO_3^-$。

由于在阴离子吸附过程中，常常伴随着化学沉淀而使问题复杂化，因此许多问题还有待进一步研究。

具体地讲，离子吸附是指土壤颗粒表面与离子之间的相互作用，在能量关系上表现为离子的吸附能（或离子的结合能）；离子交换是指土壤颗粒表面吸附的离子与溶液中离子之间的相互作用，在能量关系上表现为离子的交换能。

1. 静电吸附

（1）土壤对阳离子的静电吸附。土壤对阳离子的静电吸附由土壤胶体颗粒表面与离子间的库仑力引起，吸附自由能为两者间的库仑作用能。被吸附的阳离子，根据电中性原理，作为平衡颗粒表面相反电荷的离子，分布在颗粒表面双电层中，基本上不影响颗粒的表面化学性质。影响其离子吸附性能的是离子所带的电荷及其与质子、颗粒表面电子中心的相对亲和力。

Li^+、Na^+、K^+ 等的水合离子是极弱的酸，其水合壳在一般 pH 条件下有两个质子，在 pH 极高时解离出的质子很难与颗粒表面电子中心相配位。大多数情况下，它们表现为惰性离子，不参与颗粒表面固相反应，仅参与离子交换反应。可变电荷土壤颗粒表面的羟基解离产生的负电荷对阳离子的吸引力比恒电荷土壤颗粒表面的负电荷强。

土壤胶体对不同价阳离子的亲和力一般为 $M^{3+} > M^{2+} > M^+$，红壤、砖红壤、膨润土对阳离子的吸附能为 $Al^{3+} > Mn^{2+} > Ca^{2+} > K^+$。土壤颗粒从浓度相同的一、二、三价阳离子溶液中主要吸附三价阳离子，对一价阳离子吸附强度为 $Cs^+ > Rb^+ > K^+ > Na^+ > Li^+$，因为它们的半径分别为 0.0167 nm、0.0152 nm、0.0138 nm、0.0102 nm 和 0.0076 nm。但土壤中也有 $Cs^+ < Rb^+ < K^+ < Na^+ < Li^+$ 的选择性次序，表明影响离子吸附强度的除离子半径外，还受其他因素的制约。

① 土壤对阳离子静电吸附的影响因素。

a. 土壤的电荷性质。以永久负电荷为主的土壤和以可变电荷为主的土壤对阳离子的吸附能力不同。前者吸附的 K^+ 比后者吸附的多，而吸附的 Cl^- 比后者的少。

b. 溶液的 pH。溶液的 pH 可以改变离子存在的形态、离子对交换点位的竞争和土壤颗粒的可变电荷数量及符号，影响土壤对离子的电性吸附。

$MgCl_2$ 溶液中的 Mg^{2+} 在偏酸性条件下，与 OH^- 形成 $Mg(OH)^+$ 而被土壤吸附；Ca^{2+} 在低 pH 时，可以 $(CaCl)^+$ 形态通过电性吸附附着于黏土矿物表面。在 H^+ 和 K^+ 浓度相近、pH = 3.0 的 0.001 mol/L 溶液土壤平衡过程中所形成的 Al^{3+}，会与溶液中的 H^+、K^+ 竞争土壤颗粒表面的吸附点位，而使 K^+ 的吸附量降低。

铁质砖红壤、赤红壤和红壤颗粒表面的负电荷量和对 K^+ 的吸附量都随 pH 的降低而减小。K^+ 吸附量在较高 pH 范围内，随 pH 降低急剧减小，在较低 pH 范围内变化不大明显；有实验证明，红壤胶体颗粒表面电荷量随 pH 的变化比铁质砖红壤和赤红壤的大，所以红壤对 K^+ 吸附量比后两种土壤的大得多。

c. 离子浓度。研究表明，在 Zn^{2+} 的浓度为 0 ~ 5 mmol/L 范围内，黄棕壤与红壤对 Zn^{2+} 的吸附量随平衡溶液中 Zn^{2+} 浓度的增加而增加，低浓度时增加较快，随着 Zn^{2+} 浓度的提高增加减缓；当 Zn^{2+} 浓度大于 2 mmol/L 时，浓度再提高，土壤对 Zn^{2+} 的吸附量增加很微弱或不变，接近或达到其吸附最大值。

d. 相伴阴离子。相伴阴离子对阳离子吸附的影响主要通过：不同阴离子对溶液离子强度的影响不同；不同阴离子对同种阳离子形成离子对的平衡常数 K 值不一样，导致土壤对阳离子的吸附能力不同；阴离子（如 SO_4^{2-}）的配位吸附（离子通过共价键或配位键与土壤颗粒表面的阴、阳离子结合吸附在土壤固相表面的结合形式）释放 OH^-，改变土壤胶体表面性质。

② 不同阳离子的竞争吸附。在 2 种或 2 种以上阳离子共存情况下，土壤对它们进行吸附时，在不同阳离子之间发生竞争。

研究表明，在 K^+、Na^+ 的浓度相同、离子总浓度不同的系列 KCl 和 NaCl 混合液中，土壤对 K^+、Na^+ 吸附达到平衡后，土壤对 K^+ 的吸附量大于对 Na^+ 的吸附量。混合体系中土壤对 K^+ 的吸附量，与单离子体系中对 K^+ 的吸附量几乎相等，而混合体系中土壤对 Na^+ 的吸附量却比单离子体系中对 Na^+ 的吸附量急剧减少，在 pH 低至一定值时甚至变为负吸附；混合液中土壤对 Na^+ 的吸附量与土壤对 K^+ 的吸附量呈负相关；实验结果曲线上，红壤、砖红壤、赤红壤的相关直线斜率分别为 –0.56，–0.65 和 –0.76，说明这些土壤对 K^+ 的亲和力比对 Na^+ 的亲和力大，红壤对 K^+ 和 Na^+ 亲和力的差异比其他两种土壤的大。从中可以看出，在竞争吸附中，Na^+ 的吸附量随 K^+ 吸附量的增加而渐减；K^+ 吸附量增加至一定值时，Na^+ 开始出现负吸附。

土壤对 K^+ 和 Na^+ 的吸附主要取决于静电引力，带负电荷多的土壤对 K^+、Na^+ 离子的吸附量大，对 K^+ 的选择性吸附比对 Na^+ 的大。影响离子对同一土壤静电作用力大小的因素有 pH、相伴阴离子、介质的介电常数、离子半径等，这些因素都会影响离子吸附。

③ 阳离子交换。

a. 阳离子交换的一般特点。如前所述，不同的阳离子取代土壤颗粒表面吸附的阳离子，而使原来吸附的阳离子被解吸的现象，称为阳离子交换。这种交换是可逆或近似于可逆的，按等物质的量电荷额关系分以下五步进行：ⅰ溶液中的离子扩散到固相外表面；ⅱ再扩散到固相颗粒内表面；ⅲ与固相交换点位上的离子进行交换；ⅳ被交换的离子从固相交换点位扩散到固相表面；ⅴ再从固相表面扩散到溶液中。

交换反应进行得很快，盐浓度低时，ⅰ与ⅴ步扩散是反应速率的控制步；盐浓度高时，ⅱ与ⅳ步扩散成为控制步。通过改变反应物和生成物的量，可以控制反应进行的方向。对不同价阳离子的交换反应，稀释平衡液中离子的浓度，有利于土壤胶粒对高价阳离子的吸附；有吸持力更强的伴生阳离子存在时，可以使一种阳离子更加容易代换另一种阳离子；吸附性交换阳离子的伴生阴离子也可通过交换反应朝着反应进一步完全的方向进行，影响阳离子的交换反应。

b. 阳离子交换量。不同土类的 CEC 值或同一土类但不同土壤的 CEC 值有一定的差异，这取决于测定 CEC 的方法、土壤胶体的类型和土壤胶体的含量。带永久电荷较多的硅酸盐黏土矿物，其阳离子交换性质在很大程度上取决于其八面体、四面体永久电荷点位上离子结合的特征。边面断键产生的可变电荷，对永久电荷量较大的黏土矿物阳离子交换的影响不大，但对永久电荷量小或不带永久电荷的高岭石、水铝英石等矿物则较为重要。由于不同土纲的土壤固相组成、介质的 pH 不同，它们的阳离子交换量大小的差异很大。

c. 阳离子交换的选择性。如果土壤对阳离子的静电吸附与交换性仅仅决定于土壤颗粒表面电荷产生的电场和阳离子的价数，那么几何构型相似、具有相同电价的阳离子在同样的土壤颗粒表面就应该受到同样的吸引和吸持。实际上，土壤溶液中同样的土壤颗粒表面对同价离子的吸持，优先选择水合离子半径小的离子。例如，土壤黏粒对一价、二价阳离子吸附选择性大小的顺序分别为 $Li^+ < Na^+ < NH_4^+ \approx K^+ < Rb^+ < Cs^+$，$Mg^{2+} < Ca^{2+} < Sr^{2+} < Ba^{2+} <$

$La^{2+} < Th^{2+}$。这是因为离子半径小、水合作用强的元素大多处于扩散层，而离子半径大、水合作用弱的元素大多被紧紧地吸附在Stern层中。

研究表明，碱金属阳离子的选择性顺序在Fe_2O_3上是$Li^+ > K^+ \sim Cs$或$Li^+ > Na^+ > K^+ \sim Cs^+$，在$Fe_3O_4$上为$Cs^+ \sim K^+ > Na^+ > Li^+$，在$TiO_2$上为$Li^+ > Na^+ > Cs^+$，在$Zr(OH)_4$上为$Li^+ > Na^+ > K^+$。

土壤有机质对阳离子吸附的选择性主要与其酸性功能团的配置位置有关。酸性功能团的空间配置支配着电子密度分布，影响酸性基对质子的吸持及其解离常数。例如，羧基的解离常数随其—CH_2基分离的减少而增大，假若酸性基被同样的—CH_2基分离，不同的有机酸功能团对阳离子吸附选择性降低的顺序为羧基>带羧基的酚羟基>酚羟基。带2个或3个羧基的有机物优先选择多价阳离子：在对过渡族金属阳离子与碱金属、碱土族金属阳离子的吸附中，有机酸性功能团优先选择吸附过渡族金属阳离子。有机物对阳离子吸附的选择性还随该阳离子交换量的增加而增强。

（2）土壤对阴离子的静电吸附与负吸附。

① 阴离子的静电吸附特征。土壤对阴离子的静电吸附由土壤颗粒表面正电荷引起，完全由带电颗粒表面与离子间的库仑力控制，吸附自由能为两者间的库仑作用能。平衡颗粒表面正电荷吸附的阴离子分布在带正电荷的颗粒表面。土壤胶粒表面的物质组成与带电状况、离子价数、水合半径，以及介质条件等都影响土壤对阴离子的静电吸附。

② 阴离子静电吸附的影响因素。

a. 离子的习性和数量。高价阴离子受带正电荷颗粒表面的引力较低价阴离子的大；同价离子中，半径越小的离子，水合壳越厚，受颗粒表面引力越小，反之亦然。有资料表明，等浓度的Cl^-和NO_3^-离子混合液分别与红壤、赤红壤、砖红壤达到吸附平衡后，在实验pH条件下溶液中的离子活度比$a_{Cl^-}/a_{NO_3^-}$都小于1，说明土壤吸附Cl^-的量比吸附NO_3^-的量多。由于Cl^-与NO_3^-的水合半径十分接近，所以两者被吸附量的差异与它们的结构、电子分布不同有关。

土壤对阴离子的吸附量还与阴离子的浓度有关。实验证实，各种土壤对F^-的吸附量在实验F^-浓度范围（20～80 μg/g）内，随F^-浓度的增加而增加。其数量关系与Langmuir方程相符。

b. 土壤物质组成与表面性质。土壤对阴离子的电性吸附与土壤颗粒表面正电荷的数量和密度有密切关系。土壤中带正电荷的游离氧化铁、氧化铝以及高岭石边面或结晶表面铝羟基等的含量和类型都影响其对阴离子的吸附量。

土壤吸附阴离子还受土壤负电荷的影响，负电荷量大的土壤不会吸附 NO_3^-，而带少量净负电荷的土壤仍能吸附 NO_3^-。土壤有机质是土壤中重要的负电荷载体，它可降低土壤对阴离子的吸附，pH 高时尤为明显。

c. pH。溶液的 pH 可改变土壤颗粒表面电荷性质或溶液中离子的形态，进而影响土壤对阴离子的吸附。土壤颗粒对 Cl^-、NO_3^-、SO_4^{2-} 的吸附量，随 pH 降低而增加，有实验证明，不同 pH 条件下不同土壤的增幅不一样。砖红壤、赤红壤在 pH = 6.5 时仍可吸附少量阴离子，特别是 Cl^-。当 pH ＞ 7.0 时，有些土壤还能吸附 NO_3^-，说明即使在偏碱性情况下，有的土壤颗粒表面仍有阴离子吸附点位。

d. 溶液的介电常数。有研究表明，土壤溶液的介电常数降低，土壤吸附 Cl^-、NO_3^-、ClO_4^- 的量增大，但并不改变土壤对不同阴离子的亲和力次序。

e. 伴生阳离子。各种阳离子的化学性质不一样，阴离子伴生的阳离子不同时，即使溶液中的电解质浓度相同，溶液的 pH 也可能不一样。同时，同一阴离子与不同阳离子形成离子对的能力也不同。不同相伴生阳离子可通过干预 pH 或离子对的形成而影响土壤对阴离子的吸附，不同土壤的这种影响程度不一样。例如，相伴生阳离子为 Ca^{2+} 比相伴生阳离子为 K^+ 时，赤红壤、砖红壤比红壤能吸附更多的阴离子，且两种情况下，不同阴、阳离子吸附量的比例一致（表 3–5）。

表 3–5　相伴阳离子对土壤吸附阴离子的影响

土壤	阳离子	pH	吸附量 /（cmol/kg）			吸附比
			阳离子	Cl^-	NO_3^-	NO_3^-/Cl^-
红壤	K^+	4.2	0.656	0.193	0.146	0.756
	Ca^{2+}	4.2	0.653	0.189	0.132	0.698
赤红壤	K^+①	4.3	0.664	0.284	0.206	0.725
	Ca^{2+}	4.3	0.743	0.320	0.233	0.728
砖红壤	K^+	4.4	0.689	0.256	0.202	0.789
	Ca^{2+}	4.4	0.809	0.302	0.245	0.811

注：K^+ 浓度为 2×10^{-3} mol/L，Ca^{2+} 浓度为 1×10^{-3} mol/L。

在同等条件下，相伴生离子为 K^+、Na^+、Ca^{2+}、Mg^{2+}、Fe^{3+} 时，对棕壤、

黑土等带恒电荷的土壤颗粒吸附 Cl^- 或 NO_3^- 的影响不大，平衡液 Cl^-/NO_3^- 的值为 0.978 ~ 1.012，平均为 1；而对红壤、砖红壤等带可变电荷的土壤颗粒吸附 Cl^- 或 NO_3^- 的影响较大，平衡液 Cl^-/NO_3^- 的浓度比小于 1，大小顺序为 $Na^+ > K^+ > Ca^{2+} > Mg^{2+} > Fe^{3+}$。

f. 共存阴离子。有研究表明，溶液中共存阴离子对不同土壤吸附阴离子的影响不同。红壤、砖红壤等所带电荷以可变电荷为主的土壤对 Cl^- 的亲和力比对 NO_3^- 的强，相同条件下对 Cl^- 的吸附量比 NO_3^- 的大。而黑土、棕壤等所带电荷以恒电荷为主的土壤，对 Cl^-、NO_3^- 的吸附量很小，且对两者的亲和力几乎一样，相同条件下对两者的吸附量也相近。

在 Cl^-、NO_3^-、SO_4^{2-} 共存体系中，不管 Cl^- 或 NO_3^- 浓度比 SO_4^{2-} 浓度大或小，都因土壤对 SO_4^{2-} 的亲和力强而有较强的配位吸附；吸附 SO_4^{2-} 后，胶体表面负电荷显著增加，引起土壤对 Cl^- 和 NO_3^- 的吸附量显著减少或为负吸附（表 3–6）。

表 3–6 SO_4^{2-} 对土壤吸附 Cl^-、NO_3^- 的影响

初始浓度 /（mmol/L）	Cl^- 吸附量 /（mmol/L）		NO_3^- 吸附量 /（mmol/L）		平衡液 Cl^- 与 NO_3^- 浓度比	
	砖红壤	暗红壤	砖红壤	暗红壤	砖红壤	暗红壤
0.1	–0.09	–0.02	–0.08	–0.01	1.003	1.012
0.2	–0010	–0.06	–0.09	–0.03	0.990	1.015
0.5	–0.18	–0.21	–0.22	–0.24	0.992	1.006
0.8	–0.40	–0.28	–0.48	–0.10	0.993	1.020
1.0	–0.40	–0.50	–0.30	–0.20	1.008	1.021

③ 土壤对阴离子的负吸附。向带负电荷的土壤加电解质，由于土壤胶体颗粒表面负电荷对阴离子的排斥，使自由溶液中阴离子浓度相对增大，这种现象称为土壤对阴离子的负吸附。

土壤颗粒的种类、数量、负电荷量不同，阴离子的负吸附不一样。介质 pH 超过一定范围后，以可变电荷为主的颗粒表面的负电荷密度会超过正电荷密度，便对阴离子进行负吸附；在这种转换中，土壤颗粒表面可以出现对阴离子既不吸附也不负吸附的情况，这时的 pH 称为土壤对阴离子的零吸附点。砖红壤、赤红壤、红壤对 Cl^- 和 NO_3^- 的零吸附点分别为 7.2、7.1、6.3 和 7.0、6.9、6.0，其大小因土壤类型和离子种类不同而异。对同一土壤和离子，因电解质种类、浓度、实验条件不同而不同。

综上所述，可以认为土壤对 Cl^-、NO_3^-、ClO_4^- 的吸附主要取决于静电引力，它们的亲和力为 $Cl^- > NO_3^- > ClO_4^-$，不因溶液 pH、离子浓度等的改变而改变。除离子结构和电子分布外，它们在水溶液中的化学性质十分相似。

如果完全是静电吸附，那么在等浓度的 Cl^-、NO_3^-、ClO_4^- 混合液中，吸附的 3 种离子应是等量的。另外，这 3 种离子的水合半径相近，用 HCl、HNO_3、$HClO_4$ 处理的土壤胶体的电动电位应该相同，实际测定的电动电位是 $Cl^- < NO_3^- < ClO_4^-$，Cl^- 与其他两种阴离子间的差异特别明显。说明至少吸附的 Cl^- 有可能进入其胶粒的内 Helmholtz 层。ZnO、Fe_2O_3、TiO_2 对一阶阴离子的配位吸附为 $ClO_4^- \leqslant NO_3^- < I^- < Br^- < Cl^-$，也有人认为，其中 Cl^- 有配位吸附作用。可见，土壤对 Cl^- 的吸附除静电引力外，还涉及某种共价力作用。

2. 配位吸附

土壤对离子的吸附除静电吸附外，还可通过共价键或配位键结合形式将阴、阳离子结合吸附在土壤固相表面，即土壤对离子的配位吸附。配位吸附与土壤的表面性质、离子习性及介质条件有关。

能被土壤配位吸附的阳离子主要是重金属，绝大多数是周期表中的过渡元素，能对阳离子发生配位吸附的土壤表面是带可变电荷的颗粒表面。阴离子的配位吸附则表现为阴离子与在土粒表面以配位结合的基团进行配位交换。

（1）配位吸附的机理。关于过渡金属离子在金属氧化物表面的配位吸附机理，有人认为：土壤氧化物颗粒表面的羟基或水合基中的质子与金属离子进行配位交换，形成氧原子与金属离子呈化学键结合的单配体、双配体、三配体的表面配合物，并导致颗粒表面电荷零点和电位的变化；金属离子与胶体颗粒表面羟基作用时，形成单基配合物或双基配合体螯合物，释放出 1 个质子，使 H^+/M^{2+} 的交换比不是 2，而是介于 1 ~ 2。其次，金属离子在土壤颗粒表面的吸附是一种离子交换反应，M^{2+} 被吸附到紧贴于表面层的位置，或 Stern 层，使颗粒表面扩散层的电荷符号变正。另外，当金属离子被配位吸附时，其自由能变化主要是由库仑作用项、溶剂作用项和化学作用项为主组成的：与离子的电荷的平衡成正比的溶剂化自由能越大，离子越难靠近吸附剂的表面，由于过渡金属离子的电荷数较多，二级水合能较大而难以进入内 Helmholtz 层；但 pH 高到一定程度，因离子水解而形成羟基化离子，使离子的平均电荷减少，二级水合能力下降，使其向胶体表面靠近所需克服的能降低；实际上，每种颗粒表面与水溶液的界面都会有一个通常小于 1 的特征性的 pH 波动范围，离子的吸附量可由低 pH 时的零增至高 pH 时的 100%，这种临界 pH 与金属离子的水解常数有关。该机理既可解释吸附量随 pH 而变化，又可解释 H^+/M^{2+} 交换比不是 2 而是介于 1 ~ 2 的实验结果，还能较合理地解释各种离子的吸附选择性秩序。氧化物表面可以优先吸附羟基金属离子的看法是目前较被普遍接受的。

（2）配位吸附与电性吸附的区别。电性吸附通过土壤与离子间的静电引力和热运动的平衡作用，将离子保持在双电层的外层，吸附作用是可逆的，被吸附的离子与溶液中的离子可以等量相互置换并遵循质量作用定律。吸附过程中离子与固相表面的吸附点位之间没有电子转移或共享的电子对。

配位吸附不仅受静电引力的影响，还可在带净正电荷的表面、净负电荷的表面或零电荷的表面发生吸附。配位吸附的离子能进入固相表面金属离子的配位壳中，与配位壳中的羟基或水合基重新配位，并直接通过共价键或配位键结合在固相表面。配位吸附发生在双电层的内层或 Stern 层。配位吸附的离子是非交换性的，在固定的 pH 和离子强度下它不被电性吸附的离子所置换。由于配位吸附反应是以质子为媒介，因而配位吸附的离子可以改变土壤胶粒表面的电荷和体系的 pH，从而对土壤表面性质产生影响。

（3）土壤对阳离子的配位吸附。土壤对阳离子的吸附除静电吸附外，还可通过土壤颗粒表面的离子或离子团与阳离子间以共价键或配位键形式结合在土壤固相表面，即土壤对阳离子的配位吸附。配位吸附与土壤的表面性质、被吸附离子的地球化学习性及介质条件有关。

① 土壤中阳离子配位吸附的原因。

a. 配位吸附阳离子的土壤组分与反应的特点。如前所述，能被土壤配位吸附的阳离子主要是重金属，绝大多数是周期表中的过渡元素。能对阳离子发生配位吸附的土壤表面是带可变电荷的胶体颗粒表面。土壤中铁、铝、锰等的氧化物及其水合物是对阳离子进行配位吸附的主要土壤组分，层状硅酸盐矿物断键的边面也可对阳离子发生配位吸附。这些土壤固相表面都具有类似的吸附点位，有与金属离子（通常是 Fe^{3+}、Al^{3+} 或 Mn^{3+}、Mn^{4+}）键合的不饱和键 OH^- 或 H_2O 配位体。

b. 过渡金属离子的性质。与碱金属和碱土金属离子不同，元素周期表中的ⅠB 族、ⅡB 族和许多其他过渡金属元素，它们的离子外层电子数较多，离子半径又较小，因而极化和变形能力较强，使得过渡金属离子有较多的水合热，在水溶液中以水合离子形态存在，较易形成羟基阳离子。由于水解作用减少了离子平均电荷，使离子向颗粒表面靠近时需克服的能垒降低，有利于其与表面的相互作用；其次，过渡金属离子能与配位体形成单基配位或双基配位，有利于配位吸附。

② 土壤表面性质与阳离子配位吸附的关系。质量相同的不同矿物其配位吸附活性不一样，这是因为它们表面不饱和价键基团（终端）的数量和类型不同。例如，大多数晶形三水铝石晶面上的每一个 OH^- 都与两个饱和价的 $A1^{3+}$ 离子配位，它只能吸附很少量金属离子（如 Cu^{2+}），这种键合可能发生在与单个 Al^{3+} 配位、有羟基和水合基的边面。与之相反，具有大量不饱和价基团的非晶形氧化物或三水铝石，由于它们构造的变形，而能配位吸附更多的金属阳离子。

③ 金属元素的电负性与配位吸附的关系。金属元素的电负性是决定痕量金属元素对配位吸附是否能最优先选择的重要因素。电负性越大的金属元素能与矿物表面氧离子形成最强的共价键。对一般的二价金属，它们被优先选择的顺序是：$Cu^{2+} > Ni^{+} > Co^{2+} > Pb^{2+} > Cd^{2+} > Zn^{2+} > Mg^{2+} > Sr^{2+}$。如果按照静电学原理，则电荷 / 半径的比值越大的金属形成的键越强；对同价的金属，由于半径不同，产生优先选择吸附的顺序是 $Ni^{2+} > Mg^{2+} > Cu^{2+} > Co^{2+} > Zn^{2+} > Cd^{2+} > Sr^{2+} > Pb^{2+}$，而三价的痕量金属如 Cr^{3+}、Fe^{3+}，比二价的痕量金属要优先配位吸附。锰氧化物对 Cu^{2+}、Ni^{2+}、Co^{2+}、Pb^{2+} 表现出特别高的选择性吸附，这或许标志着共价键合对吸附有重要贡献。另外，铁、铝、硅氧化物胶粒对二价金属离子 Pb^{2+} 和 Cu^{2+} 的吸附最强，这意味着，二价金属离子在表面的键合既不是单一的静电模式，也不是单一的共价模式。在上面列出的二价金属离子中，Pb^{2+} 和 Cu^{2+} 是最容易水解的，所以可以设想吸附与水解在某些方面有相关关系。

④ 痕量金属吸附的选择性、pH 与解吸。痕量金属离子与土壤溶液中的优势阳离子（往往是 Ca^{2+}）相比，吸附表面对金属离子的优先吸附随其吸附程度的提高而减少。例如，向土壤加 pH = 6.0 或 pH 再高一些的强水解性金属离子，会出现较强的选择性。

随着体系 pH 的变化，各种痕量金属离子有其独特的吸附曲线，这与它们的水解难易程度有关。

吸附作用可需要或不需要特别的活化能，而解吸作用往往至少需要活化能去克服吸附能。一般情况下许多配位吸附反应的逆反应比正反应具有更高的活化能。吸附反应是快反应，而解吸反应是相当慢的反应。金属离子在低pH情况下的吸附几乎都比高pH情况下的吸附更不可逆，这可能是高pH条件下单基配位反应转变为双基配位反应的原因。

⑤ 金属离子与土壤有机质的配合作用。有机质对某些金属离子的吸附有较强的选择性。有些金属离子与有机质的功能团可直接配位形成强离子键和配位键的内圈配合物。pH＝5.0时，土壤有机质与二价离子电负性有关的亲和性的顺序如表3–7所示。亲和性大的离子倾向于与有机质形成内圈配合物，亲和性小的离子倾向于保留其水化壳而维持其自由交换能力。金属离子的这种选择性除取决于本身的性质外，还取决于许多因素，如有机配体（功能团类型）的化学习性、有机质吸附的程度、溶液的pH、溶液的离子强度等。土壤有机质中，羟基、酚基、氨基、羰基、巯基等在与金属键合反应中起Lewis碱的作用。Ca^{2+}是与含氧基优先配合的“硬酸”，而与Ca^{2+}的半径和电荷数相同的Cd^{2+}却是与含S^{2-}基优先配合的“软酸”。土壤有机质对某一金属元素的亲和性比对另一金属元素大的程度，随对其吸附量的增加而减少。氨基、羧基这些特殊的Lewis碱与半径较小的金属元素能形成更强的配合物，于是对二价金属离子配合强度来说，有如下的配合次序：$Ba^{2+} < Se^{2+} < Ca^{2+} < Mg^{2+} < Mn^{2+} < Fe^{2+} < Co^{2+} < Ni^{2+} < Cu^{2+}$。$Cu^{2+}$、$Ni^{2+}$这些金属离子是比$Mg^{2+}$、$Ca^{2+}$与$Mn^{2+}$电负性更高的“软酸”，与腐殖质中的胺或其他“硬”度较小的配位体形成配合物的倾向更大。

此外，在金属–有机质配合物中，对稳定性有更多贡献的还有螯合效应，螯合作用可导致体系中离子数量增加，使体系熵增大。

表3–7　土壤有机质与二价阳离子电负性有关的离子亲和性顺序

亲和性顺序	$Cu^{2+} > Ni^{+} > Pb^{2+} > Co^{2+} > Cd^{2+} > Zn^{2+} > Mn^{2+} > Mg^{2+}$
电负性	2.0　1.91　1.87　1.88　1.00　1.65　1.55　1.81

（4）土壤对阴离子的配位吸附。土壤颗粒表面可与阴离子配位交换的羟基、水合基是其对阴离子进行配位吸附的重要点位。另外，颗粒表面破损导致的阴离子渗入，或表面桥接羟基，或在其与水分子配位后，也可与阴离子进行配位交换。带正电荷的颗粒表面、带负电荷的颗粒表面与带零电荷的颗粒表面，都可对能配位吸附或配位交换的阴离子进行配位吸附。但在固定的

pH 和离子强度下，配位吸附或交换的阴离子不被电性吸附的阴离子所置换，只有配位吸附能力更强的阴离子才能对其进行置换或部分地置换。

① 土壤胶体表面的配位吸附特点。土壤中与营养、环境毒性有关的含氧阴离子团中的元素如硫、磷、铬、砷、硒等，被土壤氧化物或可变电荷矿物吸附的强弱不同。根据对含氧阴离子团的中心原子与氧原子每个键共享正电荷的测定，这种“共享电荷”取决于中心原子的价数与氧原子的键合数的比值，“共享电荷”数越小，每个氧原子的有效负电荷越大，金属与含氧阴离子间的离子键越强。

② 几种土壤组分对阴离子的配位吸附。

a. 针（赤）铁矿对阴离子的配位吸附。研究表明，针铁矿表面 3 种羟基的 A 型羟基（与一个金属阳离子键合的羟基）可参与配位交换，能全部与磷酸根、硫酸根、氟离子进行配位交换，而与草酸根、其他卤族元素的酸根只能部分地交换。硫酸根与针铁矿表面 A 型羟基吸附点位通常以单基或双基形式配合。

研究表明，H_2SeO_4、H_2SO_4 可像磷酸那样与针铁矿的 A 型羟基形成双基配位。但它们的氧与针铁矿的羟基形成的氢键比磷酸根的氧与针铁矿的羟基形成的氢键强。草酸被针铁矿吸附时，只有约 1/3 与针铁矿 A 型羟基形成双基配合物，1/3 与之形成单基配合物，1/3 不与 A 型羟基起反应。苯甲酸、硝酸不与针铁矿的 A 型羟基配位。F^- 与针铁矿的羟基置换时，仅限于 A 型羟基；HCl、HBr、HI 主要是与针铁矿的 B 型羟基（与 3 个金属阳离子键合的羟基）和 C 型羟基（与 2 个金属阳离子键合的羟基）键合，而 HCl 在针铁矿表面被吸持的强度比 HBr、HI 的大一些。

组成赤铁矿晶体表面的羟基，有的与 1 个 Fe 配位，有的与 2 个 Fe 配位。当磷酸根吸附在赤铁矿表面时可形成单基配合物，也可形成双基配合物。被赤铁矿配位吸附的硫酸根，在低 pH 条件下主要形成单基配合物，随着体系 pH 的升高，形成的双基配合物增加。

b. 氢氧化铝等对阴离子的配位吸附。高度风化的热带、亚热带土壤与淋溶强烈的山地土壤中含有三水铝石。典型的三水铝石结构中每个裸露边面的 Al^{3+} 与一个水合基和一个羟基配位，晶面上的每个羟基与另一层的两个 Al^{3+} 配位。

磷酸根以单基配位或双基配位被三水铝石吸附，吸附机理与体系中磷酸根的浓度有关。磷酸根浓度低时，磷酸根与三水铝石表面的水合基进行配位交换，导致三水铝石表面正电荷减少，随着磷酸根浓度的提高，磷酸根与三水铝石表面羟基进行的配位交换量增多，使得 OH^- 的释放增多，体系的 pH 上升；磷酸根的浓度再进一步提高，三水铝石中与铝桥接的羟基键（Al—OH—Al）可能发生断裂，使磷酸根和与铝桥接的羟基进行配位交换。

c. 层状硅酸盐矿物、磷酸钙对阴离子的配位吸附。层状硅酸盐矿物主要是边面断键处吸附阴离子。高岭石吸附磷酸根的方式与三水铝石等氧化物在本质上是一样的，所不同的是吸附点位数不同。高岭石吸附磷酸根主要是单基配位，也有双基配位。1∶1 型矿物的正电荷点位几乎能吸附所有的阴离子，包括硫酸根离子；多水高岭石比高岭石更能吸附钼酸根。层状硅酸盐矿物对阴离子的配位吸附不像氧化物吸附的那样紧，抗淋洗的能力较弱，较容易解吸。不同黏土矿物对 $H_4BO_4^-$ 的吸附力大小顺序是伊利石＞高岭石＞蒙脱石。

石灰性土壤溶液中的阳离子以 Ca^{2+} 为主，Ca^{2+} 能与弱酸性阴离子形成溶解度低的配合物。由于碳酸钙是微溶性的，其中的 Ca^{2+} 或 CO_3^{2-} 留在碳酸钙的表面使表面带有电荷，或者在表面溶解后从外面吸附 H^+ 或 OH^- 而带电荷。因此，它可从碱性或 pH 高的水中吸附 OH^-，并且吸附得很紧，不易解吸。SO_4^{2-} 可以进入碳酸钙的晶格，并在外表形成共沉淀。磷酸根可以在碳酸钙晶体表面与其进行强烈的结合，不可逆地吸附在其表面。

d. 土壤有机质对阴离子的配位吸附。尽管多数阴离子很少被有机物质吸附，然而有些阴离子如 $B(OH)_4^-$ 却可与某些脂肪族或芳香族有机化合物进行配合反应而被有机化合物吸附。有些阴离子还可通过金属离子（如 Al^{3+} 或 Fe^{3+}）的桥接作用间接地键合于有机基团。有研究发现相同质量有机质对硼的吸附量至少比黏土矿物要高 4 倍。

③ 不同土壤对阴离子的配位吸附特征。不同土壤对阴离子的配位吸附有相似之处，也有不同。主要是由于土壤组分的组成、结构、性质、水热状况及它们之间的相互作用，都与它们中的成分单独存在时不一样。这种差别是因土壤类型或同一土类但组成、介质等条件的变异而引起的。

不同土类的黏土矿物、黏粒氧化物的组成、含量、盐基饱和度、pH 等都不一样，尤其是 1∶1 型和 2∶1 型黏土矿物、铁铝氧化物含量的显著差异、电荷零点的明显不同、表面羟基和水合基数量、分布及活性不一样等，都会影响土壤对阴离子配位吸附的量与强度。

黄棕壤、红壤、砖红壤的吸磷量和解吸率在所加等量磷范围内，都随加磷量的增加而增大。吸附量大小次序为砖红壤＞红壤＞黄棕壤，而吸附磷的解吸率大小次序正好与上述次序相反，红壤吸附磷的解吸率超出100%，可能与所用解吸剂 NH_4F 对红壤组分有一定反应有关。

3. 三元配合物吸附

前面关于土壤对离子的配位吸附是将阴离子与阳离子完全分开来分别进行讨论的。实际上土壤溶液中同时含有许多阳离子和阴离子，它们都能与带可变电荷的颗粒表面进行配位吸附。带可变电荷的表面同一类型的羟基既可吸附阳离子又可吸附阴离子，阳离子和阴离子可以竞争表面的吸附点位。阴离子的存在可提高或降低阳离子的吸附，这是一个协同过程。这个过程中阴、阳离子并不竞争，两者结合起来的吸附有时比其单独吸附时要更强些。对这种协同作用的解释是以在带可变电荷的矿物表面形成三元配合物的观点为依据的。

观察到的三元配合物包括 Cu^{2+}、Pb^{2+}、Cd^{2+} 和 Zn^{2+} 在 Fe、Al 氢氧化物表面与 PO_4^{3-} 构成的配合物，它们使得溶液中的磷促进痕量金属的吸附并降低金属的溶解度。土壤中的交换性钙降低磷酸盐的溶解度可能就是由于在矿物上形成了磷酸与钙的三元配合物。已知有许多痕量金属与螯合有机配位体的三元配合物，如甘氨酸—Cu^{2+}—$Al(OH)_3$ 等。

三元配合物似乎只在变价阳离子（特别是过渡金属和重金属），至少与2个不带电的金属－配位体上的阴离子之间形成。所以像草酸盐、双吡啶、甘氨酸、乙二胺这些有螯合倾向的有机配体易形成特别稳定的三元配合物。有过量金属离子存在时，有3个或更多配位位置的有机配体可能不形成三元配合物。因为金属离子被迫从表面解离，以最大限度地与配位体结合。一般而言，如果阴离子能与金属阳离子形成可溶性配合物，那么这种阴离子就会竞争表面的吸附点位，减少金属离子的吸附。金属－配位体上配合物在表面的稳定性，与金属－配位体上配合物在溶液中的稳定性有一定相关关系。三元配合物在土壤中形成的直接后果，很可能是使许多阴离子和痕量金属阳离子的溶解度降低到预期要发生沉淀的程度以下。

二、土壤溶液

土壤溶液是指土壤水分尚未达到饱和状态、土壤电解质近似平衡的溶液。

（一）土壤溶液组成

主要包含无机离子、有机离子和聚合离子以及它们的盐类。土壤溶液的组成有一定规律，它反映土壤类型的历史与特性，也反映季节性动态及农用情况。它与固相部分紧密接触，并与固相表面保持动态平衡状态。其组成与活性随外界（大气、水、生物）环境的变化而有所变化。一方面可作为植物营养源，另一方面受一些金属离子污染。

土壤溶液是土壤中水分及其所含溶质的总称，溶液中的组成物质（表3–8）有以下几类：

（1）不纯净的降水及其土壤中接纳的氧气、二氧化碳、氨气、甲烷、硫化氢和氢气等溶解性气体。

（2）可溶性有机化合物类。如各种有机酸、单糖、多糖、大分子蛋白质、核酸、腐殖酸等。

（3）无机盐类。主要有阳离子钙、镁、钾、钠、氨根离子等；阴离子有硝酸根、亚硝酸根、氯离子、碳酸根、碳酸氢根、硫酸根、磷酸根和磷酸氢根离子等。

（4）无机胶体类。如各种黏粒矿物和铁、三铝氧化物。

（5）络合物类。如铁、铝有机络合物。

不同地区与不同类型的土壤溶液组成不一样，湿润地区红壤的无机盐离子和简单有机物含量较低，铁铝离子相对较活跃，土壤溶液呈酸性或强酸性反应；干旱或半干旱地区的盐土溶液组成则以可溶性盐为主，碱土溶液主要含强碱弱酸盐类，土壤呈强碱性反应。

表 3–8　土壤溶液的无机、有机化合物组成

种类		主要成分	次要成分	其他
		10^{-4} ~ 10^{-2} mol/L	10^{-6} ~ 10^{-4} mol/L	
无机盐类	阳离子	Ca^{2+}、Mg^{2+}、K^{+}、Na^{+}	Fe^{2+}、Mn^{2+}、Al^{3+}、NH^{4+}	Cr^{2+}、Ni^{2+}、Cl^{2+}、Po^{2+}、Hg^{2+}
	阴离子	HCO_3^-、Cl^-、SO_4^{2-}	$H_2PO_4^-$、F、HS^-	CrO_4^{2-}、$HMoO_4^+$
	中性物	Si（OH）$_4$	B（OH）$_3$	
有机物	天然物	羟基酸类、氨基酸类、简单化合物	糖类、酚酸类	蛋白质、乙醇类
	人造物		除草剂、杀菌剂、杀虫剂、PCBs、PAHs、石油烷烃类、表面活性剂、溶剂等	

（二）土壤溶液的化学平衡

土壤溶液化学平衡是指当土壤溶液中各反应物的化学位之和等于各反应产物的化学位之和时，各物质的浓度在宏观上不随时间的改变而变化，这时土壤溶液处于化学平衡状态，但这是一个动态平衡。系统的组成不随时间而变，并不意味着反应已经停止，而只是在任意时刻内，反应物的消耗速率与反应产物的生成速率相同（图 3–3）。

系统达到化学平衡状态后，如果环境条件如温度、压力、浓度等不改变，平衡状态将不会发生变化。系统的宏观性质也不会变化。当系统处于化学平衡状态时，其中的反应物与反应产物的浓度将保持一定的比例关系。这种比例关系常用“平衡常数”描述，它反映了化学反应进行的程度。平衡常数越大，发生化学反应的程度越大，即反应物的转化率越大。一旦环境条件改变，系统的宏观性质和物质组成也将发生变化，达到一个新的平衡状态，这个过程称为平衡的移动。勒夏特列指出，任何一个处于化学平衡的体系，当某一确定平衡的因素改变时，系统的化学平衡将发生移动。平衡移动的方向是减小外界因素改变对系统的影响。例如，对吸热反应，温度升高将使反应向正方向移动，以吸收更多的热量，减小温度升高的影响。这一确定化学平衡移动方向的规则称为勒夏特列原理。该原理只是定性的一般叙述，实际上各种因素对化学平衡的影响都可以从热力学的关系式中得到严格的论证和计算。

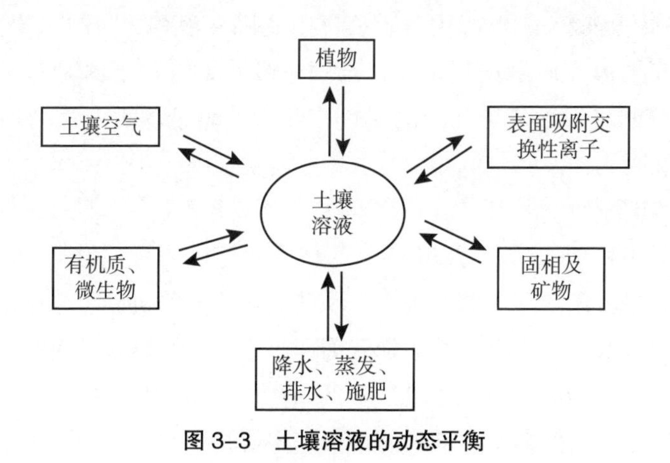

图 3–3　土壤溶液的动态平衡

（李学垣，2001）

第四节　土壤吸附与离子交换

土壤的离子吸附与交换是土壤最重要的化学性质之一，是土壤具有供应、保蓄养分元素，对污染元素、污染物具有一定自净能力和环境容量的本质原因，具有非常重要的环境意义。土壤的吸附与交换性质取决于土壤固相物质的组成、含量、形态和溶液中离子的种类、含量、形态，以及酸碱性、温度、水分状况等条件及其变化，这些因素影响着土壤中物质的形态、转化、迁移和生物有效性。

一、土壤吸附

土壤吸附是指在土壤固相与液相之间的界面上离子或分子的浓度大于本体溶液中该种离子或分子的浓度的现象。

具体地讲，离子吸附是指土壤颗粒表面与离子之间的相互作用，在能量关系上表现为离子的吸附能（或离子的结合能）。根据吸附机理，土壤中的吸附可以分为静电吸附、配位吸附和三元配合物吸附。根据双电层理论，为了保持电中性，带电荷的土壤胶体表面通过静电引力吸引带相反符号的离子，从而使胶体表面附近这些离子的浓度大于本体溶液的浓度，这个过程称为静电吸附。在吸附过程中，有等当量的同号离子进入本体溶液，这个过程称为解吸。因此吸附过程实际上是固－液相之间的离子交换过程。通常这种交换遵守质量作用定律。与静电吸附不同，土壤对离子的吸附有时还涉及胶体表面与离子之间的专性作用力。由于这种专性力而发生的吸附称为专性吸附。

1. 土壤吸附类型

根据吸附机理不同，可以分为以下 5 种类型：

（1）机械吸附。指土壤对进入其中的固体物质的机械阻留作用。

（2）物理吸附。借助土壤表面张力而吸附在土壤颗粒表面的物质分子。

（3）化学吸附。指进入土壤溶液的某些成分经过化学作用，生成难溶性化合物或沉淀，而保存于土壤中的现象。主要是土壤溶液中的阴离子发生此种吸附。

（4）生物吸附。借助于生活在土壤中的生物的生命活动，把有效性养分吸收、积累、保存在生物体中的作用，又称为生物固定。

（5）物理化学吸附。发生在土壤溶液和土壤胶体界面上的物理化学反应。土壤胶体借助于极大的表面积和电性，把土壤溶液中的离子吸附在胶体的表面上保存下来，避免这些水溶性的养分的流失，被吸附的养分离子还可被解吸附下来被利用，也可通过根系接触代换被利用。包含阴离子吸附和阳离子吸附。

2. 阴离子吸附和阳离子吸附

（1）阴离子吸附。土壤中的阴离子按其吸附能力的大小可分为 3 类：

① 易被吸附的阴离子，主要有 $H_2PO_4^-$、HPO_4^{2-}、PO_4^{3-}、$HSiO_3^-$、SiO_3^{2-} 与 $C_2O_4^{2-}$；②吸附作用很弱或进行负吸附的阴离子，有 Cl^-、NO_3^- 与 NO_2^-；③ 中间类型的离子，如 SO_4^{2-} 和 CO_3^{2-}。

常见的阴离子被土壤吸附的次序如下：

$F^- > C_2O_4^{2-} > C_6H_5O_7^{3-} > H_2PO_4^- > HCO_3^- > HBO_3^- > SO_4^{2-} > Cl^- > NO_3^-$

（2）阳离子吸附。土壤对阳离子的静电吸附由土壤胶体颗粒表面与离子间的库仑力引起，吸附自由能为两者间的库仑作用能。被吸附的阳离子，根据电中性原理作为平衡颗粒表面相反电荷的离子，分布在颗粒表面双电层中，基本上不影响颗粒的表面化学性质。影响其离子吸附性能的是离子所带的电荷及其与质子、颗粒表面电子中心的相对亲和力。

由库仑定律可知：土壤胶体表面所带的负电荷越多，吸附的阳离子数量就越多；土壤胶体表面的电荷密度越大，阳离子所带的电荷越多，则离子吸附得越牢。

常用的金属吸附顺序为 $M^{3+} > M^{2+} > M^+$，阳离子价态越高，吸附效果越好，如 $Al^{3+} > Mn^{2+} > Ca^{2+} > K^+$，对于相同的一价阳离子，吸附顺序为 $Rb^+ > NH_4^+ > K^+ > Na^+ > Li^+$，其离子半径与吸附力见表 3–9。

表 3–9　离子半径与吸附力

一价离子	Li^+	Na^+	K^+	NH_4^+	Rb^+
离子的真实半径 /nm	0.078	0.098	0.133	0.143	0.149
离子的水合半径 /nm	1.008	0.790	0.537	0.532	0.509
吸附力	弱 ——→ 强				

二、土壤交换

土壤胶体吸附阳（阴）离子，在一定条件下，与土壤溶液中的阳（阴）离子发生交换，这就是土壤离子的交换过程。包括阳离子交换和阴离子交换。

（一）土壤阳离子交换

1. 概念

土壤胶体吸附阳离子，在一定条件下，与土壤溶液中的阳离子发生交换，这就是土壤阳离子的交换过程。

2. 特点

（1）是可逆反应。任何一方的反应都不能进行到底，只有不断排除生成物，并反复浸提（交换性阳离子测定），才能把胶体表面上的钙离子和钾离子全部交换出来。

（2）阳离子交换作用等摩尔进行，即 20 g 钙离子可以和 39.1 g 钾离子交换。

（3）交换过程受温度影响较小，而与交换点位置直接相关，外表面上的交换可瞬时发生，一小时内达到平衡；内表面上的交换需要很长时间才能达到平衡，因为离子在到达交换点前需要在晶层间隙中运动，受离子扩散规律制约，故需要很长时间才能达到平衡。

（二）土壤阳离子交换量

1. 概念

在 pH 为 7.0 时，每千克土壤中所含有的全部交换性阳离子的厘摩尔数即为土壤阳离子交换量（CEC）。

2. 单位

土壤阳离子交换量的单位为厘摩尔 / 千克（cmol/kg），与旧单位 me/100g 等量换算。

土壤交换量的大小，基本上代表了土壤保持养分能力，也就是平常所说的保肥力高低；交换量大，也就是保存养分的能力大，反之则弱。所以，土壤交换量可以作为评价土壤保肥力的指标。一般地来讲：小于 10 cmol/kg，保肥力弱；10 ~ 20 cmol/kg，中等；大于 20 cmol/kg，强。

（三）影响土壤阳离子交换量的因素

1. 土壤质地

土壤质地越黏，土壤的阳离子交换量也就越大（表 3–10）。

表 3–10 不同质地土壤阳离子交换量（cmol/kg）

土壤质地	砂土	轻壤土	中、重壤土	黏土
交换量	1 ~ 2	7 ~ 8	15 ~ 18	25 ~ 30

2. 腐殖质含量

腐殖质易带负电荷，腐殖质胶体具有极大的比表面积，交换量为 200 ~ 500 cmol/kg，比无机胶体的交换量大得多。因此，腐殖质含量越高，阳离子交换量越大。

3. 无机胶体种类

主要有高岭石（6 cmol/kg）、伊利石（30 cmol/kg）、蒙脱石（100 cmol/kg）。

4. 土壤的酸碱性

土壤腐殖质所带电荷为可变电荷，其—COOH、—OH 的解离强度是由 pH 的变化决定的，含腐殖质多的土壤，交换量受 pH 影响显著，当 pH 从 2.5 上升到 8.0 时，交换量从 65 cmol/kg 上升到 345 cmol/kg。另外高岭石、铁铝的含水氧化物所带电荷也受酸碱环境的影响。

（四）土壤盐基饱和度

1. 盐基饱和度

土壤胶体上的交换性盐基离子占交换性阳离子总量的百分比。土壤交换性阳离子可分为二类：致酸离子（H^+、Al^{3+}）和盐基离子（K^+、Na^+、Ca^{2+}、Mg^{2+} 等），盐基离子为植物所需的速效养分。

2. 盐基饱和度的意义

真正反映土壤有效速效养分含量的大小。盐基饱和度 ≥ 80% 的土壤，一般认为是很肥沃的土壤；盐基饱和度为 50% ~ 80% 的土壤为中等肥力水平；盐基饱和度低于 50% 的土壤肥力水平较低，因为阳离子组成单一。若阳离子总量大，而盐基饱和度偏小，需要采取措施对土壤加以改良，如施肥或用石灰中和。

3. 单一离子的饱和度

单一离子的饱和度（%）= 交换性该离子总量 / 阳离子总量 ×100

（五）影响交换性阳离子有效性的因素

（1）交换性阳离子的饱和度。饱和度大，该离子的有效性大。

（2）陪伴离子的种类。对于某一特定的离子来说，其他与其共存的离子都是陪伴离子。与胶体结合强度大的离子，本身有效性低，但对其他离子的有效性有利。各离子抑制能力由强到弱的顺序为钠离子＞钾离子＞镁离子＞钙离子＞氢离子＞铝离子。

（3）无机胶体的种类。在饱和度相同的前提下，各种离子在无机胶体上的有效性：高岭石＞蒙脱石＞伊利石。

（4）离子半径大小与晶格孔穴大小的关系。离子大小与孔径相近，离子易进入孔穴中，且稳定性较大，从而降低了有效性。如孔穴半径为 0.14 nm，钾离子的半径为 0.133 nm，铵离子的半径为 0.142 nm，则铵离子有效性较低。

（六）土壤阴离子交换

土壤中带正电荷的胶体所吸附的阴离子与土壤溶液中的阴离子相互交换的作用。土壤阴离子交换的特点：

（1）属静电吸附，发生在双电层外层，易解吸。

（2）受质量作用定律支配：离子价数低、交换能力较弱的阴离子，如提高浓度则可交换离子价数高、交换能力较强的阴离子。

（3）无明显的等当量关系。原因在于阴离子吸附往往与化学固定作用相伴生。如 $FePO_4$、$Ca_3(PO_4)_2$ 沉淀等。

（七）土壤离子交换对土壤养分状况的影响

（1）土壤的保肥性。黏性土吸收能力强，可以一次多施，沙性土吸收能力弱，应少量多次；影响离子的供肥程度。

（2）土壤的酸碱性。氢离子和铝离子较多的盐基不饱和土壤呈酸性，而盐基饱和土壤则呈中性或碱性。

（3）土壤的缓冲性。土壤胶体和土壤溶液组成一个缓冲体系。

（4）土壤的物理性质。土壤胶体的聚散特性受土壤胶体上的阳离子影响很大，从而影响土壤的结构性、耕性等。

第五节　土壤酸化与碱化

土壤酸碱性状况是土壤一个重要的化学性质，深刻影响着微生物和作物的生长，也影响土壤物理性质和养分的有效性。

一、土壤酸化

土壤酸化是土壤退化的一种表现形式，指土壤酸性增加，变为强酸性、极强酸性的一种自然现象。

（一）土壤酸化的原因

（1）降水量大且集中，淋溶作用强烈，钙、镁、钾等碱性盐基大量流失，是造成土壤酸化的根本原因。

（2）施石灰、烧火粪、施有机肥等传统农业措施的缺失，使耕地土壤养分失衡，是造成土壤酸化的主要原因。

（3）长期大量施用化肥是造成土壤酸化的重要原因，长期施用尿素也会造成土壤酸化。

（二）土壤酸化形成机理

根据 H^+ 和 Al^{3+} 的存在方式不同，土壤酸性分为活性酸度和潜性酸度两种。

活性酸度：指土壤溶液中的 H^+ 所表现的酸度，即 pH，活性酸度包括土壤中的无机酸、水溶性有机酸、水溶性铝盐等解离出的所有 H^+ 总和。

潜性酸度：指土壤胶体上吸附态的 H^+ 和 Al^{3+} 所能表现的酸度。潜性酸度，根据测定时所用交换剂的不同，可分为代换酸度和水解酸度两类。

潜性酸度主要通过以下作用具体体现：

（1）土壤颗粒上吸附性 H^+ 的解离：土壤颗粒上吸附 H^+ 与溶液中 H^+ 即活性酸保持平衡，当溶液中 H^+ 减少时，吸附性 H^+ 便从颗粒上解离出来，补充到溶液中去，成为活性酸。

（2）土壤颗粒上吸附性 H^+ 被其他阳离子所交换：施用中性盐如 KCl、$BaCl_2$ 等或其他化肥时，使土壤溶液中盐基离子浓度增加，则吸附性 H^+ 就可部分被交换出来进入溶液，土壤酸度也随之变化。

（3）土壤颗粒上吸附性 Al^{3+} 的作用在酸性较强的土壤中，颗粒上常含有相当数量的交换性铝离子。当土壤溶液中的酸度提高后，会有较多的 H^+ 进入颗粒表面，当颗粒表面吸附的 H^+ 浓度超过一定饱和度时，黏粒就不稳定，造成晶格内铝氧八面体的破裂，使晶格中的 Al^{3+} 成为交换性阳离子或溶液中的活性铝离子，并且进一步成为其他胶粒上的吸附性铝离子，通过阳离子交换使等当量铝离子释放出来，这种转化速度是相当快的（图 3-4）。

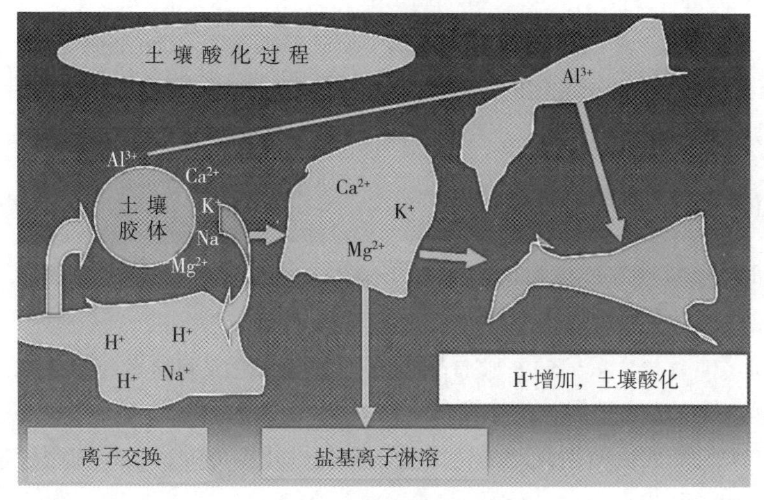

图 3-4　土壤酸化过程

（于天仁，1987）

一般土壤的酸性主要取决于潜性酸度，由于潜性酸与活性酸共存于一个平衡体系中，活性酸可以被胶体颗粒吸附成为潜性酸，潜性酸也可被交换生成活性酸。因此，有活性酸的土壤必然会导致潜性酸的生成。反之，有潜性酸存在的土壤也必然会产生活性酸。然而，土壤活性酸是土壤酸度的根本标志，只有当土壤溶液有了氢离子，它才能和土壤颗粒上的盐基离子相交换，而交换出来的盐基离子不断地被雨水淋失，导致土壤颗粒上的盐基离子不断减少，与此同时，颗粒上的交换性氢离子也不断增加，并随之而出现交换性铝，这就造成了土壤潜性酸度的增高。

（三）土壤酸化的危害

（1）种什么都不长。每种作物都有其适宜的土壤酸碱度范围，大多数作物以微酸至微碱性为宜。茶树为喜酸植物，但当土壤 pH 小于 4.0 时，也长不好。如木耳山茶叶基地近几年约 300 亩茶园出现严重衰老，表现为死叶、秃斑，经化验 5 个土样，pH 均为 3.0。土壤极强酸性是茶树衰老的主要原因。土壤酸化后，影响作物的生长，到一定程度就什么都不长，如上六峰铁家湾丁家河坪田块，不仅粮食作物，连药材都长不好，经检测，土壤 pH 为 3.5，属极强酸性。

（2）施什么肥都无效。施磷后仍缺磷，施钾后仍缺钾。土壤酸化后，影响肥料的有效性，pH 6～8 时，土壤有效氮的含量最高；pH 小于 6.5 时，土壤中的磷变成磷酸铁铝而固结；当 pH 小于 6.0 时，土壤中有效钾、钙、镁的含量急剧减少。土壤酸化不仅影响大量元素的有效性，也影响微量元素的有效性，硼在 pH 为 4.7～6.7 的范围内，钼在 pH 为 4～8 的范围内，随 pH 的下降，有效性降低。

（3）土壤中的有毒物质，对作物产生毒害。土壤酸化后，土壤中的铝离子等物质使作物根系中毒、死亡，往往形成黑白相间的毛刷状根。

（四）我国土壤酸化分布特征

一般来讲，我国长江以南的土壤多呈酸性或强酸性，长江以北的土壤多呈中性或碱性。其中酸性土种类有棕壤、褐土、娄土、灰褐土、灌淤土等。

1. 棕壤

棕壤又称棕色森林土，主要分布于半湿润半干旱地区的山地垂直带谱中，如秦岭北坡、吕梁山、中条山、六盘山等高山及洮河流域的密茂针叶林或针阔混交林的林下，在褐土分布区之上。具有深达 1.5～2 m 发育良好的剖面，有枯枝落叶层、腐殖质聚积层、黏化过渡层、疏松的母质层等。表土层厚 15～20 cm，质地多为中壤。其下则为黏化紧实的心土层，黏粒聚集作用明显，厚 30～40 cm，富含胶体物质和黏粒，有明显的核状或棱块状结构，在结构体表面有明显的铁锰胶膜复被。再下逐渐过渡至轻度黏化的底土层。K、Ca、Mg、Mn 在表层腐殖质中有明显聚积。土壤胶体吸收性较强，土壤交换总量 5～25 me/100 g 土，土壤吸收性复合体大部分为盐基所饱和，盐基饱和度达 80% 以上。土壤呈微酸性反应，pH 为 6.5 左右。发育在酸性基岩母质上的棕壤，pH 可达 5.5～6，盐基饱和度也较低，为 60%～70%。棕壤土养分释放迅速，因土壤质地黏重，结构和通透性差，水分不易入渗，在地势较高的山坡地，易受干旱威胁，在地势低洼地带，又易形成内涝。

2. **褐土**

褐土分布区为暖温带半干旱半湿润的山地和丘陵地区，在水平分布上处于棕壤以西的半湿润地区，在垂直分布上，位于棕壤带以下，在黄土高原地区主要分布于秦岭北坡、陇山、吕梁山、伏牛山、中条山等地形起伏平缓、高度变化不大的山地丘陵和山前平原以及河谷阶地平原。褐土多发育在各种碳酸盐母质上，其成土过程，主要是黏化过程和碳酸钙的淋溶淀积过程。典型的褐土剖面包括暗灰色的腐殖质层（A 层）、鲜褐土的黏化层（B 层）、碳酸钙积聚的钙积层（BCa）和母质层（C 层）。土体中的黏化现象明显，黏化层紧实而具有核状或块状结构，物理性黏粒含量一般在 30%～50%。钙积层碳酸钙含量 20%～30%。土壤上层呈中性或微酸性反应，下层呈中性或微碱性。土壤交换量较高，可达 20～40 me/100g 土，代换性盐基以钙、镁为主，黏粒矿物以水云母和蛭石为主。具有良好的渗水保水性能，但水分的季节性变化明显，表现为春旱明显。土壤胶体吸收能力强，盐基饱和度高。在自然植被下，有机质含量为 1%～3%，但由于褐土适于耕作，大部分已辟为农地，致使有机质含量逐渐减少（一般为 1% 左右），氮磷储量少。褐土肥效反应快，但稳肥性差。由于黏化现象明显，土壤易板结，耕性较差。

3. **𪻐土**

主要分布在陕西潼关以西、宝鸡以东的关中平原地区，在山西的南部，河南的西部也有一定面积的分布。𪻐土是褐土经人为长期耕种熟化、施肥覆盖所形成的优良农业土壤。其剖面构型大体可分上下两部分。上部分为𪻐化土层，由耕作层、犁底层和老熟化层所组成，质地中壤，颜色灰棕色，呈粒状结构或团粒结构。下部为自然褐土剖面，由古耕作层、黏化层、钙积层和母质组成。黏化层一般呈枝柱状结构，棕褐色，质地黏重。土壤有机质含量一般在 1% 左右。保水保肥，耕性较好，土层深厚，适种性广。

4. **灰褐土**

灰褐土亦称灰褐色森林土，它是干旱半干旱地区山地森林垂直带森林土壤，主要分布在六盘山、吕梁山、大青山、乌拉山、贺兰山等地的海拔 1200～2600 m，即栗钙土或棕钙土之上，亚高山草甸之下。在黄河上游的大通河、洮河等主要支流也有分布。

灰褐土成土母质多样，土壤剖面层次分化明显，由残落物层、腐殖质层、黏化层、钙积层和母质层组成。土壤有机质分布深且含量高，表土一般为 6% ~ 13%，钙积层出现部位有高有低，钙积层碳酸钙含量一般是 10% ~ 16%。土壤胶体全部为盐基所饱和，交换性阳离子以钙为主，土壤交换量很高，一般是 20 ~ 50 me/100 g 土，甚至更高。

5. 灌淤土

灌淤土是长期利用富含泥沙的河水灌溉，在淤积和耕作施肥交替作用下形成的特殊农业土壤，多分布在河套平原、银川平原及沿黄河的一些地方。

灌淤土由灌溉熟化层和底土或埋藏土层组成。灌溉熟化层又可分为新灌淤层、近代灌淤层和老灌淤层 3 部分。灌淤土的主要特征是全剖面比较均一，熟化程度较高，具有较好的耕性、结构性、保肥性、持水性和透水性。

二、土壤碱化

土壤碱化是土壤表层碱性盐逐渐积累、交换性钠离子饱和度逐渐增高的现象。碱化土壤是指土壤胶体吸附较多的交换性钠，呈强碱性反应的土壤。我国北方各地均有分布。碱化过程往往与脱盐过程相伴发生，但脱盐并不一定引起碱化。碱化过程是由于土壤脱盐时，土壤溶液中的钠离子与土壤胶体中的钙、镁离子相交换，使土壤胶体吸附较多的交换性钠，土壤呈强碱性反应，pH 在 8.5 以上，使土壤物理性质恶化，土壤高度离散，湿时膨胀、干时板结，通透性很差，严重妨碍作物的生长发育。一般以交换性钠占交换性阳离子总量的 20% 以上为碱土指标（碱化度）。

（一）土壤碱化形成机理

形成碱性反应的主要机理是碱性物质的水解反应。

土壤中的碱性物质主要是钙、镁、钠的碳酸盐和重碳酸盐，以及胶体表面吸附的交换性钠。

1. 碳酸钙水解

在 $CaCO_3$–CO_2–H_2O 的平衡系中：

$$CO_2+H_2O \overset{Ka}{\rightleftharpoons} 2H^++CO_3^{2-}$$

碳酸的解离常数　$$Ka=\frac{[H^+]^2[CO_3^{2-}]}{[CO_2]}$$

即 $$[CO_3^{2-}] = Ka = \frac{[CO_2]}{[H^+]^2} \quad (1)$$

$$CaCO_2 \rightleftharpoons Ca^{2+} + CO_3^{2-}$$

碳酸钙的溶度积 $$Ks = [Ca^{2+}][CO_3^{2-}] \quad (2)$$

式（1）代入式（2）得：$Ks = [Ca^{2+}] \times Ka \dfrac{[CO_2]}{[H^+]^2}$

$$[H^+]^2 = \frac{Ka}{Ks}[Ca^{2+}][CO_2]$$

从上式可知：石灰性土壤的 pH 主要受土壤空气中 CO_2 分压控制。

（1）石灰性土壤的 pH。因 CO_2 的偏压大小而变，所以在测定石灰性土壤 pH 时，应在固定的 CO_2 偏压下进行，并必须注意在充分达到平衡后测读。

（2）土壤空气中 CO_2 含量虽然高于大气，但很少高于 10%，因此石灰性土壤的 pH 总是在 6.8 ~ 8.5，施用石灰中和土壤酸度是比较安全的，不会使土壤过碱。

2. 碳酸钠水解

有足够数量的钠离子与土壤胶体表面吸附的钙、镁离子交换。交换反应为：

$$\boxed{胶粒}\begin{matrix} Ca^{2+} \\ Mg^{2+} \end{matrix} + 4Na^+ \longrightarrow \boxed{胶粒}\begin{matrix} 2Na^+ \\ 2Na^+ \end{matrix} + Ca^{2+} + Mg^{2+}$$

3. 交换性钠的水解

$$\boxed{胶粒}\, xNa + yH_2O + CO_2 \rightleftharpoons \boxed{胶粒}\begin{matrix} (x-y)\,Na^+ \\ yH^+ \end{matrix} + yNaOH$$

土壤碱化与盐化有着发生学上的联系。盐土和碱土并非一物“盐碱土”，盐土的 pH 一般小于 8.5，盐土脱盐才可能形成碱土。评价土壤的碱化程度，我们经常用碱化度来表示（钠碱化度，ESP），碱化度是指土壤胶体吸附的交换性钠离子占阳离子交换量的百分率：

$$碱化度 = \frac{交换性钠离子}{阳离子交换量} \times 100\%$$

我国则以碱化层的碱化度 > 30%，表层含盐量 < 0.5% 和 pH > 9.0 定为碱土。将土壤碱化度为 5% ~ 10% 定为轻度碱化土壤，10% ~ 15% 为中度碱化土壤，15% ~ 20% 为强碱化土壤。

（二）土壤碱度指标

1. 土壤液相碱度指标

土壤溶液中存在着弱酸强碱性盐类，其中最多的弱酸根是碳酸根和重碳酸根，其次是硫酸根及某些有机酸根，不过后两者在土壤中一般含量较少，因此，通常把碳酸根和重碳酸根的含量作为土壤液相碱度指标。碳酸根和重碳酸根在土壤中主要以碱金属（Na、K）及碱土金属（Ca、Mg）的盐类存在，其中 $CaCO_3$ 和 $MgCO_3$ 的溶解度很小，在正常的大气环境条件下，它们在土壤溶液中的浓度很低，pH 最高只达 8.5 左右。这种因石灰性物质引起的碱性反应（pH 为 7.5 ~ 8.5）在土壤学中称为石灰性反应，这种土壤就称为石灰性土壤。

2. 土壤固相碱度指标

土壤胶粒吸附交换性碱金属离子特别是钠离子的饱和度大小，和土壤的碱性反应程度常有直接关系。这是由于土壤胶粒上交换性钠离子的浓度增加到一定程度后，会引起胶粒上交换性离子的水解作用，因此，交换的结果是产生了 NaOH，使土壤呈碱性反应。但由于土壤中不断产生大量 CO_2，因此，NaOH 实际上是以 Na_2CO_3 或 $NaHCO_3$ 形态存在，即

$$2NaOH + H_2CO_3 \rightleftharpoons Na_2CO_3 + 2H_2O$$

或

$$NaOH + CO_2 \rightleftharpoons NaHCO_3$$

所以，当土壤胶粒所吸附的 Na^+、K^+、Mg^{2+} 在土壤阳离子交换量中占有相当比例时，土壤的理化性质就会发生一系列变化。例如，Na^+ 占交换量达 15% 以上时，土壤就呈强碱性反应，pH 大于 8.5，甚至超过 10，土粒高度分散，干时硬结、湿时泥泞，不透水、不透气，耕性极差。土壤理化性质所发生的这些变化，称为土壤的碱化作用。而 Na^+、K^+、Mg^{2+} 等吸附性离子的饱和度，就称为土壤钠离子饱和度。

第六节　土壤氧化还原

氧化还原反应是发生在土壤（尤其是土壤溶液）中的普遍现象，也是土壤的重要化学性质。

一、基本概念

（一）氧化还原体系

土壤中有多种氧化物质和还原物质共存，氧化还原反应就发生在这些物质之间。氧化反应实质上是失去电子的反应，而还原反应则是得到电子的反应，实际上，氧化反应和还原反应是同时进行的，属于一个反应过程的两个方面。电子受体（氧化剂）接受电子后，从氧化态转变为还原态；电子供体（还原剂）供出电子后，则从还原态转变为氧化态。因此，氧化还原反应的通式可表示为：

$$\text{氧化态} + ne^{-} \rightleftharpoons \text{还原态}$$

土壤中存在多种有机和无机的氧化还原物质（氧化剂和还原剂），在不同条件下它们参与氧化还原过程的情况也不同。参加土壤氧化还原反应的物质，除了土壤空气和土壤溶液中的氧，还有许多具可变价态的元素，包括C、N、S、Fe、Mn、Cu等；在污染土壤中可能还有As、Se、Cr、Hg、Pb等。种类繁多的氧化还原物质构成了不同的氧化还原体系，土壤中的氧化还原体系主要有氧体系、有机碳体系、氮体系、铁体系、锰体系和氢体系等。

（二）氧化还原指标

1. 土壤的氧化还原电位

氧化还原过程在土壤中具有十分重要的地位，氧化反应和还原反应的实质是电子转移，氧化还原反应的电极反应可以铁为例表示如下：

$$Fe^{3+} + e^{-} \rightleftharpoons Fe^{2+}$$

氧化还原反应中的氧化态和还原态同时在电极上达到平衡，其平衡电位，称为氧化还原电位，通常以 $\boldsymbol{E}_h$ 表示。

$$E_h = E^0 + \frac{RT}{nF}\ln\frac{a_{氧化剂}}{a_{还原剂}} = E^0 + \frac{0.059}{n}\lg\frac{[氧化态]}{[还原态]}$$

E_h 的单位为伏特。在给定的氧化还原体系中，E^0 和 n 也为常数，所以 [氧化态]/[还原态] 的比值决定了 E_h 值高低。比值越大，E_h 值越高，氧化强度越大；反之，则还原强度越大。

2. E_h 和 pH 的关系

$$E_h = E^0 + \frac{0.059}{n}\lg\frac{(氧化态)}{(还原态)} - 0.059\frac{m}{n}\text{pH}$$

式中 m 是参与反应的质子数，E_h 随 pH 增加而降低。因此，同一氧化还原反应在碱性溶液中比在酸性溶液中容易进行。

（三）氧化还原平衡

在一定条件下，当一个体系的氧化还原反应达到平衡状态时，该体系便建立起了平衡电极电位。当体系的浓度（活度）比开始变化，即氧化态开始向还原态转化，或还原态开始向氧化态转化时的氧化还原电位，称为临界 E_h 值。作为判断既定条件下氧化反应或还原反应能否进行的指标，临界 E_h 值是土壤中许多氧化还原物质（如养分、污染物等）的特征指标，它和土壤中存在的体系、溶液的离子组成和 pH 等因素有关。各种 pH 条件下有不同的临界 E_h 值，在各体系的 E_h-pH 图中可以看出特定条件下的临界 E_h 值以及各种形式化合物的稳定范围。

当两个 E^0 相异的体系共存时，E^0 高的体系中的氧化型物质能氧化 E^0 低的体系中的还原型物质。当这两种氧化还原体系的反应达平衡时，若两个体系的 n 值相等，则两个体系的 E_h 值相等。

二、土壤的氧化还原过程

本节介绍一些重要体系的氧化还原过程及其特点。这些体系中有的是影响土壤氧化还原状况的主要体系；有的虽不足以显著影响土壤整体状态，但在土壤氧化还原状况变化中会发生相应的氧化还原反应，对养分转化和生态环境产生一系列的影响。

（一）土壤氧化还原几种重要体系及其反应机理

1. 氧体系

土壤是一个复杂的氧化还原体系，一般土壤空气中的游离氧、高价金属离子为氧化剂，土壤中的有机质及其厌氧条件下的分解产物和低价金属等为还原剂。土壤氧化还原反应条件受季节变化和人为措施（如稻田的灌水和落干）的影响，衡量土壤氧化还原反应状况的指标是 $\boldsymbol{E}_h$。在我国自然条件下，一般认为 $\boldsymbol{E}_h$ 低于 300 mV 时为还原状态，淹灌水田的 $\boldsymbol{E}_h$ 值可降至负值。土壤氧化还原电位一般在 200 ~ 700 mV 时，养分供应正常。土壤中某些变价的重金属污染物，其价态变化、迁移能力和生物毒性等与土壤氧化还原状况有密切的关系。氧是土壤中来源最丰富、最活泼的氧化剂。在具有通气条件的非渍水土壤中，氧是决定氧化强度的主要体系。

氧体系的氧化还原反应为：

$$O_2 + 4e^- + 4H^+ = 2H_2O \qquad \boldsymbol{E}^0 = 1.23\ \text{V}$$

在 25℃时，其 $\boldsymbol{E}_h$ 为：

$$\boldsymbol{E}_h = \boldsymbol{E}^0 + \frac{0.059}{4}\lg[O_2][H^+]^4 = 1.23 + 0.015\lg[O_2] - 0.059\text{pH}$$

如果土壤的 pH 是 7 时，氧的标准电位为 0.82 V，氧的数量以大气压表示，这时氧的 $\boldsymbol{E}_h$ 为：

$$\boldsymbol{E}_h = 0.82 + 0.015\lg[O_2]$$

当氧的分压为 0.2 时，$\boldsymbol{E}_h$ 为 0.81 V，这就意味着一般土壤的 $\boldsymbol{E}_h$ 值不会超过 810 mV，这是土壤通气良好的情况下，最高的氧化电位。

2. 铁体系

铁是土壤中大量存在且氧化还原反应相当频繁的元素，对土壤的氧化还原性质影响很大。虽然土壤中的铁主要是 +3 价铁和 +2 价铁，但其化学形态复杂，具体的氧化还原体系很多。

土壤中含铁化合物的转化各有其一定的 pH 和 $\boldsymbol{E}_h$ 条件，因此各个体系的存在有其一定的 pH 和 $\boldsymbol{E}_h$ 范围。从铁体系的 $\boldsymbol{E}_h$ – pH 图可以看出，pH < 2.7，主要是 Fe^{3+}–Fe^{2+} 反应，其 $\boldsymbol{E}_h$ 值较高；pH 为 2.7 ~ 6.8 范围内，主要是 $Fe(OH)_3$–Fe^{2+} 反应，其 $\Delta\boldsymbol{E}_h/\Delta\text{pH} = -0.177$ V；从 pH 为 6.8 和 $\boldsymbol{E}_h$ 0.03 V 这一点开始形成 $Fe_3(OH)_8$ 沉淀，在 $Fe_3(OH)_8$–Fe^{2+} 之间的 $\Delta\boldsymbol{E}_h/\Delta\text{pH}$ 为 −0.236 V，$Fe(OH)_3$–$Fe_3(OH)_8$ 之间的 $\Delta\boldsymbol{E}_h/\Delta\text{pH}$ 为 −0.059 V；当 pH > 8.1，$\boldsymbol{E}_h$ < −0.27 V 时，

就开始形成固体的 $Fe(OH)_2$，$Fe(OH)_3-Fe(OH)_2$ 之间的 $\Delta E_h/\Delta pH$ 为 -0.059 V。由上述分析不难理解，在一般土壤的 E_h（+700～-200 mV）和 pH（4～8）范围内，铁的氧化还原过程主要发生在 $Fe(OH)_3-Fe^{2+}$、$Fe(OH)_3-Fe_3(OH)_8$、$Fe_3(OH)_8-Fe^{2+}$ 等体系中。

可以看出各种形式铁化合物的稳定范围和给定条件下的临界 E_h 值。实际上，由于土壤中含铁化合物的多样性和多种因素的交错影响，土壤中铁氧化还原的临界 E_h 值较复杂，不可能用简单的反应或数据表示。国内外有关资料表明，土壤铁氧化还原的临界 E_h 值大约变化范围在 +300～+100 mV，随着 pH 不同而异。在 pH 为 5 时，临界 E_h 值为 +300 mV；pH 为 6～7 时，Fe^{2+} 在 +300～+100 mV 时大量出现；而在 pH 为 8 时，则在 -100 mV 以下才有显著的 Fe^{2+} 出现。

一般认为，通气土壤的 E_h 值为 +700～+400 mV，渍水土壤的 E_h 值则为 +300～-200 mV。因此通气土壤中铁绝大部分以高价的氧化态存在，土壤铁的大量还原与渍水条件有关。然而，缺乏有机质的土壤长久渍水往往并不一定产生大量的亚铁；只有土壤含大量有机质或向土壤中加入有机质时，渍水条件下才有大量亚铁出现。有机质促进土壤铁化合物的还原，其机理是有机质的厌氧分解显著降低了土壤 E_h 和 pH，从而能够达到铁大量还原所要求的 E_h-pH 条件。

3. 锰体系

土壤中的锰一般有 +2、+3 和 +4 三种价态。高价锰常以各种氧化物存在，二价锰则可以呈离子态、氢氧化物、碳酸盐等多种稳定形态。锰体系的氧化还原反应在土壤中普遍存在，但由于锰的总含量较铁低得多，故对土壤氧化还原状况的整体影响较铁为小。

土壤中锰体系的氧化还原反应主要是 MnO_2-Mn^{2+}、$Mn_2O_3-Mn^{2+}$、$Mn_3O_4-Mn^{2+}$，以及 $MnO_2-Mn_2O_3$、$MnO_2-Mn_3O_4$、$Mn_3O_4-MnCO_3$ 等。其中 Mn^{2+} 的可溶性较大，所以是溶液中的主要还原形式（表 3-11）。

表 3-11　土壤中主要锰体系的氧化还原反应及其 E_h 值（V）

氧化还原反应（还原作用半反应）	E^0	E_h
1. $Mn_3O_4+8H^++2e^- \rightleftharpoons 3Mn^{2+}+4H_2O$	1.82	$E_h=1.82-0.0885\lg[Mn^{2+}]-0.236pH$
2. $Mn_2O_3+6H^++2e^- \rightleftharpoons 2Mn^{2+}+3H_2O$	1.45	$E_h=1.45-0.059\lg[Mn^{2+}]-0.177pH$
3. $MnO_2+4H^++2e^- \rightleftharpoons Mn^{2+}+2H_2O$	1.23	$E_h=1.23-0.0295\lg[Mn^{2+}]-0.118pH$

续表

氧化还原反应（还原作用半反应）	E^0	E_h
4. $Mn_3O_4+3CO_2+2H^++2e^- \rightleftharpoons 3MnCO_3+H_2O$	1.10	$E_h=1.10-0.0885\lg P_{CO_2}-0.059pH$
5. $2MnO_2+2H^++2e^- \rightleftharpoons Mn_2O_3+H_2O$	1.01	$E_h=1.01-0.059pH$
6. $Mn_2O_3+2CO_2+2H^++2e^- \rightleftharpoons 2MnCO_3+H_2O$	0.97	$E_h=0.97+0.059\lg P_{CO_2}-0.059pH$
7. $Mn(OH)_3+e^- \rightleftharpoons Mn(OH)_2+OH^-$	0.10	$E_h=0.10+0.059pH$
8. $MnO_2+H_2O+2e^- \rightleftharpoons Mn(OH)_2+2OH^-$	−0.05	$E_h=-0.05+0.059pH$

总的来看，锰体系的 E^0 值远高于铁体系，这就决定了锰比铁容易还原的特性。在相同条件下还原态锰的含量往往较还原态铁高，而且也稳定得多；反之，还原态锰的氧化则较铁困难得多。土壤溶液中 Mn^{2+} 的浓度一般为 10^{-3} ~ 10^{-6} mol/L，如以 10^{-4} mol/L 计，则在 pH = 7 时，表 3–10 中第 1、第 2、第 3 反应的 E_h 值分别为 522、447 和 522 mV；而第 4、第 5、第 6 反应的 E_h 值分别为 686、596、557 mV。可见，即使在通气土壤中锰的氧化物也能被还原为 Mn^{2+} 或其盐类。

综合国内外有关资料，土壤锰氧化还原的临界 E_h 值多变化在 +300 ~ +600 mV，视 pH 条件而定，pH 越低，则临界 E_h 值越高。值得注意的是，锰的临界值总的来说比铁高得多（铁的临界 E_h 值变化在 −100 ~ +300 mV）。因此，在一般土壤中锰较铁易于还原而较难氧化，可溶性锰的含量也比较高。

4. 硫体系

土壤中的硫以有机和无机两种形态存在。在具备同期条件的氧化环境中，如果温度、湿度和 pH 比较合适，有机硫可以经生物氧化作用较快地转化为 SO_4^{2-}；而在一定条件下，有机硫则经生物还原作用直接产生 H_2S。土壤中硫的氧化还原反应更多地表现在各种无形态的无机硫之间，这些无机硫可来自含硫矿物和含硫有机质两方面。土壤中的无机硫在氧化条件下以 SO_4^{2-} 存在，在不同的还原条件下则可进行一系列还原反应。

土壤中的 SO_4^{2-} 还原为 S^{2-} 或 H_2S 时需要强烈的还原条件，在一般水田中的还原状况达不到，只有在微生物的活动下，能使土壤的 E_h 值降低至 −0.1 ~ 0.2 V，因此在有机质较多的土壤中，这个反应能进行。相反从 S^{2-} 氧化为 SO_4^{2-}，则在大多数通气良好的土壤中都能达到（表 3–12）。

表 3-12　土壤中主要硫体系的氧化还原反应及其 E^0 值（V）

氧化还原反应（还原作用半反应）	E^0	氧化还原反应（还原作用半反应）	E^0
1. $H_2SO_3+4H^++4e^- \rightleftharpoons S+3H_2O$	0.45	6. $S+2H^++2e^- \rightleftharpoons H_2S$	0.14
2. $SO_4^{2-}+10H^++8e^- \rightleftharpoons H_2S+4H_2O$	0.30	7. $S+2e^- \rightleftharpoons S^{2-}$	−0.48
3. $SO_4^{2-}+9H^++8e^- \rightleftharpoons HS^-+4H_2O$	0.25	8. $SO_3^{2-}+3H_2O+6e^- \rightleftharpoons S^{2-}+6OH^-$	−0.61
4. $SO_4^{2-}+4H^++2e^- \rightleftharpoons H_2SO_3+H_2O$	0.17	9. $SO_4^{2-}+4H_2O+8e^- \rightleftharpoons S^{2-}+8OH^-$	−0.69
5. $SO_4^{2-}+8H^++8e^- \rightleftharpoons S^{2-}+4H_2O$	0.15	10. $SO_4^{2-}+H_2O+2e^- \rightleftharpoons SO_3^{2-}+2OH^-$	−0.93

由于硫氧化还原体系的标准电位一般较低，所以硫是一种较易氧化而较难还原的元素。低价硫（S^{2-}、S、S^0、S^{4+}）很容易氧化；而氧化态的 SO_4^{2-} 还原为硫化物则需在强还原条件下才能进行，且需要微生物参与。从硫体系的 E_h-pH 图也可以看出：在硫的各种形态中以 SO_4^{2-} 稳定范围最广，元素 S 只在 pH7 以下的狭小 E_h 范围内是稳定的，而 H_2S 和 HS^- 则仅在较低的 E_h 范围内稳定。

在通气土壤中的硫氧化反应主要是硫化物（如 FeS、H_2S）、二硫化物（如 FeS_2，即黄铁矿）或元素态硫经一系列中间阶段逐步氧化为 SO_4^{2-} 的过程，这些过程大都有微生物参与，并产生强烈酸性。

厌氧土壤中硫酸盐的还原也需要在微生物参与下进行，并且也需要经过一系列中间阶段：

$$SO_4^{2-} \rightarrow SO_3^{2-} \rightarrow S_4O_6^{2-} \rightarrow S_3O_6^{2-} \rightarrow S_2O_3^{2-} \rightarrow S \rightarrow S^{2-} \rightarrow HS^- \rightarrow H_2S$$

参与上述过程的细菌种群统称为硫酸盐还原细菌，其活动的 pH 范围为 5.5 ~ 9.0，不能过酸。还原作用的中间产物大都很不稳定，比硫酸盐更易还原，所以 SO_4^{2-} 的主要还原产物往往是硫化物。使 SO_4^{2-} 大量还原的“土壤临界 E_h 值”在 −100 ~ −150 mV，E_h 低于 150 mV 的土壤中往往会产生大量硫化物。值得注意的是，在强烈的还原条件下，硫还原产生 H_2S，对植物根部产生毒害。使一般植物受害的 H_2S 浓度为 10^{-6} ~ 10^{-4} mol/L。但是渍水土壤中 H_2S 的产生和积累受 pH 的强烈影响，并且 H_2S 常常与 Fe^{2+}、Mn^{2+} 等金属离子沉淀，从而降低了 H_2S 的浓度，尤其是还原性土壤中的 Fe^{2+} 较多，故 Fe^{2+} 在很大程度上控制着 H_2S 的浓度，其关系式可表示为：

$$pH_{H2S} = 2pH - pH_{Fe^{2+}} - 3.52$$

根据上式，在 pH = 7 时，如果 Fe^{2+} 的浓度 > 10^{-4} mol/L 在一些强烈还原的沼泽土中，当 Fe^{2+} 相对不足时，则可能积累大量的 H_2S。

5. 氮体系

土壤中氮的存在形态有有机态和无机态两种，有机态占绝大部分。有机氮转化为无机氮是在微生物的控制下进行的。

氮也是具有多种氧化还原状态的元素，其氧化数可以从 +5、+4、+3、+2、+1、0 直至 –1、–2、–3，因此氮的氧化还原反应甚为复杂。尽管生物固氮和有机氮矿化（氨化）是土壤氮素形态转化的重要途径，并且都带有氧化还原特征，但土壤中氮的氧化还原反应一般是针对各种形态的无机氮而言的。土壤中常见的无机氮形态为 NH_4^+ 和 NO_3^-，其次为 NH_3、NO^{2-}，还可能产生 NO、N_2O、N_2 等。它们的氧化还原反应见表 3–13。

表 3–13　土壤中氮体系的氧化还原反应及其标准电位（V）

氧化还原反应	E^0	E
1. $2NO_2^- + 4H + 3e^- \rightleftharpoons \frac{1}{2}N_2 + 2H_2O$	1.52	0.97
2. $2HNO_2 + 4H^+ + 4e^- \rightleftharpoons N_2O + 3H_2O$	1.29	0.88
3. $2NO_3^- + 6H^+ + 5e^- \rightleftharpoons \frac{1}{2}N_2 + 3H_2O$	1.26	0.75
4. $HNO_2 + H^+ + e^- \rightleftharpoons NO + H_2O$	1.00	0.59
5. $NO_3^- + 4H^+ + 4e^- \rightleftharpoons NO + 2H_2O$	0.96	0.55
6. $2NO_2^- + 8H^+ + 6e^- \rightleftharpoons NH_4^+ + 2H_2O$	0.90	0.35
7. $NO_3^- + 10H^+ + 8e^- \rightleftharpoons NH_4^+ + 3H_2O$	0.88	0.36
8. $NO_3^- + 2H^+ + 2e^- \rightleftharpoons NO_2^- + H_2O$	0.85	0.42
9. $N_2 + 8H^+ + 6e^- \rightleftharpoons 2NH_4^+$	0.27	–0.28
10. $N_2 + 8H^+ + 6e^- \rightleftharpoons 2NH_4^+$	0.09	–0.32

与硫体系相比，氮氧化还原体系的标准电位要高得多，因此氧化态氮（NO^{3-}）比氧化态硫（SO_4^{2-}）容易还原；同时，某些还原态氮（NO^{2-}、NH_4^+、NH_3）在微生物作用下也不难氧化为 NO_3^-。由表 3–12 中的 6、7、8 式可以看出，NO_2^-–NH_4^+、NO_3^-–NH_4^+、NO_3^-–NO_2^- 反应的为 0.35 ~ 0.42 V，属于很容易达到的土壤 E_h 状态，因此这些反应很容易在土壤条件下进行。但应该注意，在土壤氮的氧化还原过程中有一些反应实际上是不可逆的，所以不能单纯地从氧化还原电位阐明其平衡关系。

从氮体系的 E_h–pH 图可以看出：NO_3^- 的存在必须有充足的氧化条件，在土壤的 E_h 和 pH 范围内，其实际稳定区间是很有限的；而 NO_2^- 更不稳定，其稳定区间只限定在正常土壤pH的很窄E_h范围内，因此一般不易大量积累。在氮的几种不同氧化还原形态的化合物中，以NH_4^+和N_2的稳定范围最大，这符合自然土壤的实际情况。

土壤氮的氧化还原可归纳为3条主要途径：硝化作用；反硝化作用；硝酸还原作用。当然，这些作用皆与微生物活动有关，除E_h之外还需要适当的温度、pH等条件。

硝化作用的实质是氨（铵）态氮经生物氧化作用生成硝态氮，反应的第一步是NH_4^+（或NH_3）→NO_2^-，第二步是NO_2^-→NO_3^-，其具体反应过程在前面有关章节已述及。一般认为硝化作用必须以良好的通气条件为前提；但有些实验证明，硝化作用对氧的要求并不高，当空气含氧1%～5%时就能旺盛地进行。从NH_4^+转化为NO_3^-要求的氧化条件来看，NH_4^+–NO_2^-反应的E_h为+0.35 V，NO_2^-–NO_3^-反应的E_h为+0.42 V。由此可见，从铵态氮转化为硝态氮，一般要求E_h值在+400 mV左右，较之铁、硫所需要的E_h值高得多。因此，如果土壤E_h值不很高，则即使生成了硝态氮，也将很快被还原。一般通气土壤的E_h至多在+400 mV以上，硝酸盐可以较稳定地存在；但在渍水土壤中硝酸盐一般是难以存在的。另外，消化作用第一阶段（亚硝化过程）对通气性的要求显然可以略低与后一阶段（硝化过程）。所以在土壤通气不足时（能进行亚硝化过程而不足以完成硝化过程），就有可能产生亚硝酸盐的积累。

反硝化作用是通过微生物将硝态氮还原为气态氮（N_2O、N_2、NH_3等）的过程。这一过程通常在厌氧条件下进行，一般是在微生物得不到必需的O_2时，利用硝酸态氮作为电子受体而产生还原态氮。从氧化还原的角度看，表3–12中的第1～第5式似乎可以表述反硝化过程，但作为生化反应情况就不一样了。据国外资料，在pH为5～6时，土壤反硝化作用（以NO_3^-减少为指征）的临界E_h值大约为+300～+350 mV；当E_h值降到+200 mV以下时，则N_2O、N_2等气态氮的生成量便显著增加。

硝酸还原作用是指厌氧条件下NO_3^-还原为NH_4^+的过程，其反应机理及与反硝化作用的关系尚不清楚。从NO_3^-转化为NH_4^+所要求的还原条件，可见土壤中NO_3^-–NH_4^+间的转化应该是相当频繁的。

6. 有机体系

一般在有机质含量高的渍水土壤中还原性物质较多，如醋酸、丙酮酸、乳酸、甲酸、丁酸、琥珀酸、苹果酸、酒石酸和二醇酸等。而在旱地有机质含量少的土壤中还原性物质较少。

有机质在土壤中的转化包含着一系列氧化和还原过程。在好氧条件下，有机质经生物氧化作用可以彻底分解为 CO_2、H_2O 和无机盐类（即矿化）；在厌氧条件下，则经过不同的发酵过程生成一些中间产物，如还原性有机酸、醇等，以及 CH_4、H_2 等强还原物质。

一般认为，通气不良或渍水土壤中 E_h 值迅速、大幅度降低与还原性有机物积累有密切关系。在还原条件比较发达的情况下，有机质厌氧分解产生大量还原性有机物是使高价金属离子或氧化物还原为低价金属离子的主要原因。而一些新鲜未分解的生物有机质，如有机酸和还原糖等（它们可来自生物体或根与微生物的分泌作用），在适宜的温度、湿度和 pH 条件下其本身也具有相当的还原能力。

（二）土壤氧化还原体系的特点

（1）土壤中氧化还原体系有无机体系和有机体系两类。

（2）土壤中氧化还原反应虽有纯化学反应，但很大程度上是由生物参与的。

（3）土壤是一个不均匀的多相体系，即使同一田块不同点位都有一定的变异，测 E_h 时，要选择代表性土样，最好多点测定求平均值。

（4）土壤中氧化还原平衡经常变动，不同时间、空间，不同耕作管理措施等都会改变 E_h 值。严格地说，土壤氧化还原永远不可能达到真正的平衡。

拓展阅读

【Mineral content】The bulk of soil consists of mineral particles that are composed of arrays of silicate ions (SiO_4^{4-}) combined with various positively charged metal ions. It is the number and type of the metal ions present that determine the particular mineral. The most common mineral found in Earth's crust is feldspar, an aluminosilicate that contains sodium, potassium, or calcium (sometimes called bases) in addition to aluminum ions. Weathering breaks up crystals of feldspars and other silicate minerals and releases chemical compounds such as bases, silica, and oxides of iron and aluminum (Fe_2O_3 and alumina [Al_2O_3]). After the bases are removed by leaching, the remaining silica and alumina combine to form crystalline clays.

The kind of crystalline clay produced depends on leaching intensity. Prolonged leaching leaves little silica to combine with alumina and results in what are known as 1:1 clays, consisting of alternating silica and alumina sheets; less extensive leaching leads to the formation of 2:1 clays, consisting of one alumina sheet sandwiched between two silica sheets. In neither case is the result solely one of the two types, though 1:1 clay is predominant in the tropics after prolonged leaching and 2:1 clay more abundant when leaching is less extensive in more temperate climates.

The solid soil particles are chemically reactive because of the presence of electrically charged sites on their surfaces. If a reactive site binds a dissolved ion or molecule to form a stable unit, a "surface complex" is said to exist. The formation reaction itself is called surface complexation. Surface complexation is an example of adsorption, a chemical process in which matter accumulates on a solid particle surface. Ions such as Ca^{2+} (calcium), Mg^{2+} (magnesium), Na^{+} (sodium), and NO_3^{-} (nitrate) do not tend to adsorb strongly, making these important plant nutrients susceptible to easy replacement. Once ejected from their surface sites, these ions may be leached downward by percolating water to become removed from the biogeochemical cycles occurring in the upper part of the soil profile.

Freshwater leaching of soils brings hydrogen ions (H^{+}) that increase mineral solubility, releasing Al^{3+} (aluminum), a toxic ion that can displace nutrients such as Ca^{2+}. The gradual loss of nutrients and the accumulation of adsorbed H^{+} and Al^{3+} characterize the buildup of soil acidity, with its harmful effects on organisms. Soils display their acidity by a decrease in content of acid-soluble minerals (for example, feldspars or clay minerals) and an increase in insoluble minerals (iron and aluminum oxides). Soils weathered by freshwater leaching evolve from clay particles with a prevalence of metal ion-binding sites to highly weathered metal oxides that do not have sites that bind readily with metal ions.

【Organic content】The second major component of soils is organic matter produced by organisms. The total organic matter in soil, except for materials identifiable as undecomposed or partially decomposed biomass, is called humus. This solid, dark-coloured component of soil plays a significant role in the control of soil acidity, in the cycling of nutrients, and in the detoxification of hazardous compounds. Humus consists of biological molecules such as proteins and carbohydrates as well as the humic substances (polymeric compounds produced through microbial action that differ from metabolically active compounds).

The processes by which humus forms are not fully understood, but there is agreement that four stages of development occur in the transformation of soil biomass to humus: (1) decomposition of biomass into simple organic compounds, (2) metabolization of the simple compounds by microbes, (3) cycling of carbon, hydrogen, nitrogen, and oxygen between soil organic matter and the microbial biomass, and (4) microbe-mediated polymerization of the cycled organic compounds.

The investigation of molecular structure in humic substances is a difficult area of current research. Although it is not possible to describe the molecular configuration of humic substances in any but the most general terms, these molecules contain hydrogen ions that dissociate in fresh water to form molecules that bear a net negative charge. These negatively charged sites can interact with toxic metal ions and effectively remove them from further interaction with the environment.

Much of the molecular framework of soil organic matter, however, is not electrically charged. The uncharged portions of humic substances can react with synthetic organic compounds such as pesticides, fertilizers, solid and liquid waste materials, and their degradation products. Humus, either as a separate solid phase or as a coating on mineral surfaces, can immobilize these compounds and, in some instances, detoxify them significantly.

【Biological phenomena】Fertile soils are biological environments teeming with life on all size scales, from microfauna (with body widths less than 0.1 mm [0.004 inch]) to mesofauna (up to 2 mm [0.08 inch]wide) and macrofauna (up to 20 mm [0.8 inch]wide). The most numerous soil organisms are the unicellular microfauna: 1 kilogram (2.2 pounds) of soil may contain 500 billion bacteria, 10 billion actinomycetes (filamentous bacteria, some of which produce antibiotics), and nearly 1 billion fungi. The multicellular animal population can approach 500 million in a kilogram of soil, with microscopic nematodes (roundworms) the most abundant. Mites and springtails, which are categorized as mesofauna, are the next most prevalent. Earthworms, millipedes, centipedes, and insects make up most of the rest of the larger soil animal species. Plant roots also make a significant contribution to the biomass—the combined root length from a single plant can exceed 600 km (373 miles) in the top metre of a soil profile.

Soils result from the weathering of rocks, and hence their composition might be expected to reflect the composition of the rocks from which they were formed. This is true only in a very broad sense, however. Environmental factors play an important part in soil formation. The same parent rock may give rise to very different soils under different conditions. Climate, topography, vegetation, biological activity, and time are all important factors in determining the nature of a soil. Climate is probably the most important of these, as can be demonstrated by contrasting the soils developed on the same rock type under tropical and temperate conditions. In general, the soil in the humid tropics will be different in texture and composition and much less fertile, as a result of the intense leaching brought about by high rainfall, high temperatures, and the almost complete removal of organic matter by microorganisms.

The complex of inorganic compounds, organic compounds, water, and air that makes up the soil is in a continual state of change. Water tends to dissolve and remove the relatively soluble elements such as calcium, magnesium, sodium, and potassium, and the comparatively insoluble elements—aluminum, iron, and silicon—are thereby relatively enriched in the soil. The enrichment of iron is frequently manifested by a red-brown or yellow-brown colour caused by an accumulation of iron oxides. The most reactive part of the soil is the complex of clay minerals and organic matter, which is largely responsible for its agronomic characteristics. True soil does not exist without the presence of colloidal and organic matter. The relative absence of soils in desert areas reflects the fact that chemical and physical weathering of rocks alone

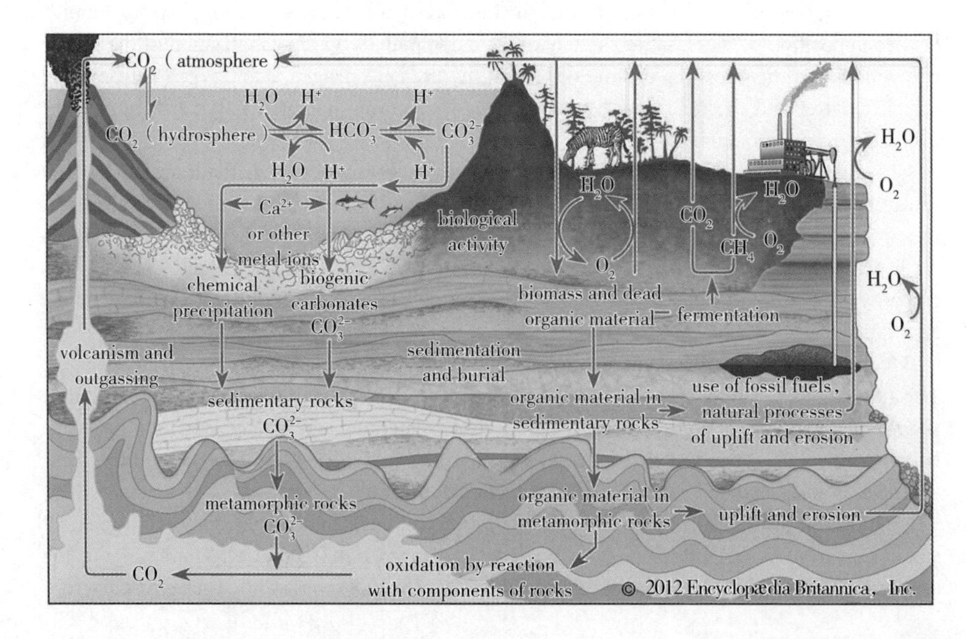

does not necessarily result in soil formation. Most soil processes are directly or indirectly biological in nature. Organisms and organic compounds produced by their vital activities or their decomposition are effective agents for dissolving and extracting many elements from the inorganic constituents of the soil, thereby making them available for plant growth.

Although soils do differ in composition, the range of variation in the major elements is rather small. Minor and trace elements may show considerably greater variability. The importance of certain trace elements in the soil for the healthy growth of plants, and through the plants, of the animals that graze on them, has become increasingly apparent in recent years. Most soils contain these trace elements in sufficient amounts, but when deficiencies are present, puzzling diseases

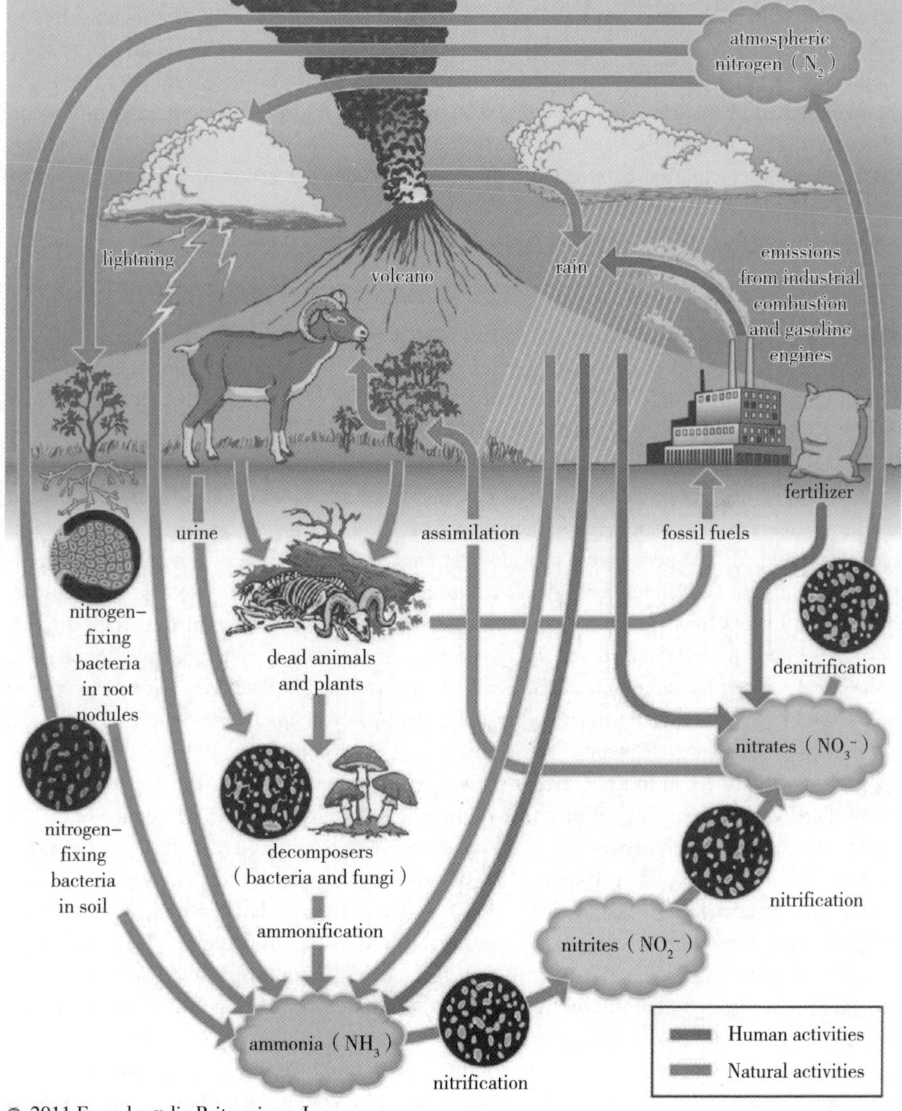

appear, which in the past have rendered large areas of otherwise suitable land unavailable for farming. On a large area in the North Island of New Zealand, for example, although it grew satisfactory pasture, sheep and cattle failed to thrive and eventually died if not removed. As a result, much of this area was given over to afforestation. It was eventually discovered that cobalt, in the amount of a few parts per million, would completely eliminate the disease when applied in fertilizer or administered directly to the animals. The ultimate explanation is the need of animals (but not plants) for vitamin B12, which contains an atom of cobalt in its structure.

Occasionally, an excess of a specific element may have a deleterious effect on plant growth. Most obvious, of course, are the alkaline or saline soils of desert and coastal areas on which only an impoverished vegetation exists. Magnesium-rich soils are notably infertile; such soils develop on areas of ultrabasic igneous rocks consisting largely of olivine, $(Mg,Fe)_2SiO_4$, and the boundaries of these areas can frequently be readily mapped from aerial photographs by the marked change in vegetation. Sometimes plants take up available trace elements in amounts deleterious to animals grazing on them. A well-known example is Astragalus racemosus (locoweed), which in some areas of the western U.S. contains sufficient selenium to be poisonous to grazing animals.

The possible correlation between soil geochemistry and the geographical distribution of disease is thus a field of extreme significance which as yet has been insufficiently studied. The problem is a complex one, in large part because of the difficulty in isolating the numerous factors involved.

The soil flora and fauna play an important role in soil development. Microbiological activity in the rooting zone of soils is important to soil acidity and to the cycling of nutrients. Aerobic and anaerobic (oxygen-depleted) microniches support microbes that determine the rate of the production of carbon dioxide (CO_2) from organic matter or of nitrate (NO_3^-) from molecular nitrogen (N_2).

The carbon and nitrogen cycles are two important microbe-mediated cycles that are described in more detail in the section Soils in ecosystems. In this section, however, it is worth pointing out how they illustrate the complex, integrated nature of a soil's physical, chemical, and biological behaviour: soil peds and pore spaces provide microniches for the action of carbon- and nitrogen-cycling organisms, soil humus provides the nutrient reservoirs, and soil biomass provides the chemical pathways for cycling. The carbon in dead biomass is converted to carbon dioxide (CO_2) by aerobic microorganisms and to organic acids or alcohols by anaerobic microorganisms. Under highly anaerobic conditions, methane (CH_4) is produced by bacteria. The CO_2 produced can be used by photosynthetic microorganisms or by higher plants to create new biomass and thus initiate the carbon cycle again.

【Carbon cycle】Carbon is transported in various forms through the atmosphere, the hydrosphere, and geologic formations. One of the primary pathways for the exchange of carbon dioxide (CO_2) takes place between the atmosphere and the oceans; there a fraction of the CO_2 combines with water, forming carbonic acid (H_2CO_3) that subsequently loses hydrogen ions (H^+) to form bicarbonate (HCO_3^-) and carbonate (CO_3^{2-}) ions. Mollusk shells or mineral precipitates that form by the reaction of calcium or other metal ions with carbonate may become buried in geologic strata and eventually release CO_2 through volcanic outgassing. Carbon dioxide also exchanges through photosynthesis in plants and through respiration in animals. Dead and decaying organic matter may ferment and release CO_2 or methane (CH_4) or may be incorporated into sedimentary rock, where it is converted to fossil fuels. Burning of hydrocarbon fuels returns CO_2 and water (H_2O) to the atmosphere. The biological and anthropogenic pathways are much faster than the geochemical pathways and, consequently, have a greater impact on the composition and temperature of the atmosphere.

【Nitrogen cycle】The nitrogen (N) bound into proteins in dead biomass is consumed by microorganisms and converted into ammonium ions (NH_4^+) that can be directly absorbed by some plant roots (for example, lowland rice) . The ammonium ions are usually converted to nitrite ions (NO_2^-) by Nitrosomonas bacteria, followed by a second conversion to nitrate (NO_3^-) by Nitrobacter bacteria. This very mobile form of nitrogen is that most commonly absorbed by plant roots, as well as by microorganisms in soil. To close the nitrogen cycle, nitrogen gas in the atmosphere is converted to biomass nitrogen by Rhizobium bacteria living in the root tissues of legumes (e.g., alfalfa, peas, and beans) and leguminous trees (such as alder) and by cyanobacteria and Azotobacter bacteria.

思考题

1. 简述土壤胶体概念、种类、特性。
2. 简述可变电荷和永久电荷概念。
3. 土壤胶体大多数情况下带什么电荷？
4. 土壤化学组成包含哪些成分？各组分的一般含量是多少？各组分在土壤功能或性质方面的作用是什么？
5. 土壤离子吸附对土壤肥力有哪些方面的影响？
6. 比较 4 种层状硅酸盐黏土矿物在晶层构造和性质上的特点。
7. 土壤中离子吸附与交换的主要机理有哪些？土壤胶体体系在土壤物质运动过程中的作用及意义是什么？
8. 简述土壤氧化还原特性的特点。

参考文献

[1] 李学垣．土壤化学[M]．北京：高等教育出版社，2001.
[2] 于颖，周启星．污染土壤化学修复技术研究与进展[C]//中国生态学会 2006 学术年会论文荟萃．2006.
[3] 潘根兴．土壤酸化过程的土壤化学分析[J]．生态学杂志，1990，6：48-52.
[4] 党志，姚谦，李晓飞，等．矿区土壤中重金属形态分布的地球化学机制[J]．矿物岩石地球化学通报，2020，1：40-48.
[5] 于天仁．土壤化学原理[M]．北京：科学出版社，1987：45-49.
[6] 成杭新，李括，李敏，等．中国城市土壤化学元素的背景值与基准值[J]．地学前缘，2014，21（3）：265-306.
[7] 徐建明，何艳，蒋新，等．中国土壤化学的研究与展望[J]．土壤学报，2008，45（5）：817-829.

[8] 徐拔和. 土壤化学选论[M]. 北京：科学出版社，1986.
[9] 廖柏寒，戴昭华. 土壤对酸沉降的缓冲能力与土壤矿物的风化特征[J]. 环境科学学报，1991，11(4)：425-431.
[10] 杰克逊著，蒋柏藩. 土壤化学分析[M]. 北京：科学出版社，1964.
[11] 唐嘉，朱曦，刘秀婷，等. 2∶1和1∶1型黏土矿物胶体凝聚中Hofmeister效应的比较研究[J]. 土壤学报，2020，57(2)：381-391.
[12] 熊毅，陈培林. 土壤胶体：土壤胶体的物质基础[M]. 北京：科学出版社，1983.
[13] 袁朝良. 几种土壤胶体电荷零点(ZPC)的初步研究[J]. 土壤学报，1981，18(4)：345-352.
[14] 李克让，王绍强，曹明奎. 中国植被和土壤碳贮量[J]. 中国科学：地球科学，2003，1：72-80.
[15] 潘根兴，曹建华，周运超. 土壤碳及其在地球表层系统碳循环中的意义[J]. 第四纪研究，2000，4：325-334.

第四章

土壤生物学

第一节　土壤微生物

一、土壤微生物及其研究现状

（一）土壤微生物简介

微生物是土壤最活跃的组成。从定殖于土壤母质的蓝绿藻开始，到土壤肥力的形成，土壤微生物参与了土壤发生、发展、发育的全过程。土壤微生物在维持生态系统整体服务功能方面发挥着重要作用，常被比拟为土壤C、N、S、P等养分元素循环的“转化器”，环境污染物的“净化器”，陆地生态系统稳定的“调节器”。同时，土壤又为微生物生长和繁殖提供了良好的物理结构与化学营养，是微生物最好的“天然栖息地”。土壤物质组成、理化过程和微环境的高度异质性，使得土壤被认为是地球上“微生物多样性”最丰富的环境。据估算，每克土壤中约含数万个物种，100亿个左右微生物，而其中仅有1%的物种可通过分离培养进行研究。目前对土壤中绝大多数微生物多样性与功能的认识还十分有限，土壤微生物研究已成为国际关注的热点问题。如《自然》刊发的观点论文，将土壤中的微生物比拟为物理学中的暗物质，提出了“生物暗物质”的理念。

土壤微生物是地球上多样性最高、物种最丰富的生物类群之一，是生物地球化学过程的关键驱动者。微生物包括真菌、细菌、放线菌等。土壤是最丰富的菌种资源库，例如，产抗生素的菌株大多分离来自土壤。土壤中的微生物含有多种功能基因，是一个巨大的基因资源库，构成了土壤微生物宏基因组。

土壤微生物多样性包括物种和基因多样性，其形成受到时间（进化）和空间（地理分布）因素的共同作用，因受到自然和人类活动的影响而面临丧失的风险。研究土壤微生物的物种和基因多样性形成机制与时空分布格局等，对于深入认识地下生态系统的结构和功能以及开展微生物多样性资源的保护和利用具有重要意义。不同于植物和动物，土壤微生物（除大型真菌与地衣外）个体微小，难以用肉眼观测到，也不能直接在野外用仪器监测，而且绝大多数微生物至今还不能够被分离培养。最近几年发展起来的高通量测序技术使核苷酸序列测定有了革命性的进步，为监测微生物的多样性、群落结构与环境基因组的时空变化提供了强有力的手段。当今常见的监测过程是把野外获得的土壤样品运送到实验室，然后对提取DNA进行序列测定，再通过生物信息学方法对微生物类群和基因进行鉴定和分类。

（二）土壤微生物研究现状

1. 在研究方法和研究内容方面的进展

我国土壤微生物学在研究方法方面取得了跨越式发展，已经形成了土壤微生物数量、组成与功能研究的基本技术体系；在研究内容方面以前所未有的广度和深度拓展，超越了传统细菌、真菌和放线菌的表观认识，围绕土壤生态系统的关键过程，在有机质分解、土壤元素转化与土壤质量保育过程等方面系统研究了土壤微生物的群落结构及其功能，取得了显著的进展；在土壤微生物学理论方面，形成了较为完善的土壤微生物多样性、土壤微生物结构与功能等研究理念，在土壤元素生物地球化学循环的微生物驱动机制等方面取得了重要进展。

微生物是肉眼不可见的微小生命体，因此土壤微生物学的发展几乎完全依赖于方法的进步。分子技术则成为21世纪土壤微生物学发展的主要推动力。2002年起，以聚丙烯酰胺凝胶电泳DGGE为代表的分子指纹图谱技术引入了我国土壤微生物研究领域，极大地推动了我国土壤微生物组成的研究。在土壤微生物数量分析方面，实时荧光定量PCR技术得到广泛应用，显著地推动了我国土壤微生物的定量化研究。此外，近年来稳定性同位素示踪和新一代高通量测序等先进技术已经或正在成为我国土壤微生物功能研究的常规手段，这些最先进的技术大多出现于2005年以后，在解决土壤微生物重大科学问题的下游应用方面，我们与国际同行几乎处于同一起跑线，在某些方面甚至拥有部分领先的技术优势，为我国土壤微生物学的进一步发展奠定了扎实的基础。

随着技术体系的不断成熟，我国土壤微生物学的研究对象从单一的农田生态系统拓展到几乎所有的自然与人为陆地生态系统类型；研究内容从传统细菌、放线菌和真菌分类为基础的微生物区系调查及单纯的作物增产应用研究，深入到土壤微生物在农业、环境和生态等领域重大问题的基础与应用基础研究，特别是围绕我国土壤微生物资源发掘、土壤环境污染、土壤养分转化和全球变化等重要问题，将传统土壤微生物过程表观动力学的描述性研究，推进到了分子、细胞、群落与生态系统等不同尺度下的多层次立体式系统认知水平，在土壤微生物知识积累与理论凝练方面取得了重要进展，初步理清了土壤微生物多样性（物种数量与组成）及其功能（生理）的基本概念；建立了土壤微生物为基础的生物地球化学循环基本框架，发展了土壤微生物地理分异规律的生态与进化研究理念，为进一步阐明土壤微生物与环境相互作用机制，准确认知土壤微生物多样性的维持机制及其驱动力，提升我国土壤微生物学理论创新能力奠定了坚实的基础。

2. 土壤矿物表面与微生物相互作用机理研究

生活在土壤中的微生物 80%～90% 是黏附在各种矿物或矿物－有机物复合体表面，形成微菌落或生物膜。土壤矿物不仅是支撑微生物生长的惰性载体，其组成和性质更是决定土壤微生物的群落结构、多样性及活性的重要因素之一。另外，土壤微生物直接或间接参与了土壤中各种矿物的风化和演变，控制着土壤发育的程度。土壤微生物与矿物的相互作用深刻影响着一系列的土壤过程，如矿物形成演化、土壤结构稳定性、土壤病原菌传播、土壤养分及污染物形态和有效性等。

我国学者围绕矿物－微生物互作研究技术、界面过程、影响因素及环境效应等方面开展了富有成效的工作，总体处于国际先进行列，在某些方面引领着该领域的研究。①不同类型土壤黏粒矿物、土壤颗粒对代表性细菌吸附量的差异及其影响因素，初步阐明了矿物与细菌界面的作用力及相关机制。②揭示了环境要素影响矿物－微生物互作的规律及其机制。一般而言，黏粒矿物和土壤颗粒对假单胞菌的吸附量均随 pH 的下降而显著增加。体系中阳离子的存在能促进矿物对细菌的吸附，且二价离子的促进作用比一价离子更强。低分子质量有机配体和无机配体如柠檬酸盐、酒石酸盐、草酸盐和磷酸盐显著抑制高岭石、蒙脱石和针铁矿对假单胞菌和芽孢杆菌的吸附，这种抑制作用似乎与有机分子的分子质量及羟基数量呈正相关。③较早将微量热技术用于土壤组分与微生物的界面互作研究。在研究方法上，除经典化学吸附、模型模拟、红外和电镜等外，一些新的技术方法逐步引入细菌与矿物的互作研究，如采用微量热技术发现高岭石、蒙脱石和针铁矿与枯草芽孢杆菌间的结合是一个放热过程，且这3种矿物可促进苏云金芽孢杆菌对数期生长，而抑制其孢子形成。④微生物－矿物互作影响污染物降解与转化的内在机理。矿物－微生物互作深刻影响着污染物的化学行为与有效性。研究表明，降解有机污染物的细菌，在游离状态下与被不同类型黏粒矿物固定有着显著不同的降解活性，针铁矿显示对西维因降解菌的高亲和力，显著抑制降解菌的活性，导致体系对西维因的降解效率较低。对重金属而言，细菌与蒙脱石复合后，吸附量增加16%～30%，而与针铁矿复合后，则导致体系吸附量下降，意味着蒙脱石－细菌间松散的结合增加了复合体的吸附位点，而针铁矿－细菌间紧密的结合可能屏蔽了部分反应位点。

3. 土壤中污染物生物转化的微生物学机制

外源污染物进入土壤后，在土壤生物的作用下发生形态转化和降解，改变污染物的移动性、毒性和最终归趋。涉及生物转化的污染物很多，我国关于土壤中污染物生物转化的研究涵盖的内容也很多，在此仅以典型案例作简要论述。近年来我国学者在土壤中金属元素（砷、汞等）的生物转化及其健康效应方面取得了大量有影响的研究成果。研究发现在我国内陆汞污染地区水稻是居民甲基汞主要来源，对人体健康构成潜在危害，而甲基汞可能主要来自水稻土淹水条件下微生物对汞的甲基化作用。与汞相反，砷的甲基化可降低其毒性，并通过形成三甲基砷而进行挥发，是砷污染土壤和水体的潜在生物修复途径。

4. 土壤微生物污染与控制机理

土壤生物污染是指对人类和土壤生态系统具有潜在危害的外来生物物种入侵现象。通常情况下，这些外源生物种群生长迅速，极易破坏土壤生态系统的原有平衡，如植物病原菌在土壤中的行为和归趋已有大量报道。此外，病原菌和抗生素抗性基因在土壤中的广泛传播，对人类健康和生态安全带来巨大隐患，得到了学术界和各国政府的高度关注。近年来我国在土壤中病毒和病原细菌的传输和存活以及抗性基因方面开展了大量的研究，在此简要介绍。砂质潮土对病毒的吸附能力很弱，土壤灭菌对病毒消亡影响很小；但红壤的研究结果明显不同，灭菌处理显著增加病毒在红壤中的吸附和消亡，并且随着土壤含水量的降低其消亡行为加剧。土壤含水量和土壤灭菌对病毒的消亡有叠加作用，其主要原因可能是红壤的铁铝氧化物含量高、pH 低，病毒在固 – 液界面的作用加强极易导致叠加作用。此外，灭菌导致红壤对病毒吸附增强的原因可能是由于增加病毒消亡。因而，土壤土著微生物和土壤含水量对病毒消亡的影响根据土壤本身性质不同而异，其对消亡的影响程度可能主要受制于土壤中金属氧化物的含量。

（三）土壤微生物多样性研究

土壤微生物的研究源自 2011 年发起的全球土壤生物多样性倡议（Global Soil Biodiversity Initiative），旨在促进对土壤生物多样性及其生态服务功能的认识，为制定环境政策提供科学依据。美国科学家发起的地球微生物计划（the Earth Microbiome Project），旨在全球范围内收集 20 万份各种环境样品，分析其微生物组成和功能多样性，构建微生物组成和基因分布图。近十余年来，中国的土壤生物学研究也取得了很大的成绩。我国不同生态系统的微生物资源，揭示微生物多样性：2014 年开始，中国科学院实施了战略性先导科技专项（B 类）“土壤 – 微生物系统功能及其调控”，重点研究土壤微生物分布格局、微生物过程与地上 – 地下生物协同调控与氮磷高效利用机理。这些研究将会极大地促进中国土壤微生物学的发展。相对于植物和动物，土壤微生物多样性监测与研究起步相对较晚。

最近十几年来，由于技术手段的进步，土壤微生物多样性和生物地理学方面的研究取得了丰硕的成果。对北美和南美大陆土壤细菌多样性的研究表明，在大尺度上土壤 pH 是影响细菌多样性和丰富度的最重要环境因子，而真菌对土壤 pH 的敏感性弱于细菌。在全球尺度上对土壤真菌的地理分布研究表明，气候和土壤因子是预测真菌多样性和组成的最佳参数，但不同真菌类群随着气候、土壤、植物参数变化的模式表现出了很大的差异。在不同的地理尺度上，土壤微生物多样性变化的关键驱动因子会有所不同，即表现出尺度依赖性。如在中国西部干旱和半干旱草原土壤中，土壤细菌多样性和组成主要受到干旱度的影响，与此同时，气候和地理距离也同时影响着细菌群落的生物地理分布模式。

中国科学院下属的很多与生态、环境、农业相关的研究所均有土壤生物尤其是土壤微生物相关的专业研究人员，如长沙农业现代化研究所、南京土壤研究所、成都生物研究所、生态环境研究中心、微生物研究所、东北地理与农业生态研究所、沈阳生态研究所、城市环境研究所等，在最近几年，在利用高通量测序技术研究土壤微生物多样性方面取得了很多进展。成都生物研究所和南京土壤研究所建立起完善的高通量测序和生物信息学平台，重点为生物多样性研究提供技术服务。中国科学院微生物所对我国南北热量梯度下一些典型森林生态系统中真菌的组成和多样性开展了研究，揭示了真菌群落的形成机制。在重点样地也开展了大型真菌的监测工作。成都生物研究所在内蒙古草原土壤微生物地理、土壤微生物对全球变化的响应等方面开展了研究，同时在青藏高原、贡嘎山开展了土壤微生物多样性监测工作，研究揭示了不同细菌类群对氮沉降和增温的响应模式。南京土壤研究所等单位的研究人员调查了长白山垂直带谱上土壤细菌和真菌多样性的变异，发现土壤微生物多样性随海拔的变化与植物的不同表现出不同的趋势，土壤 pH 也是驱动微生物多样性变异的关键因子。东北地理与农业研究所等调查了我国黑土微生物群落的地理分布，发现细菌群落组成主要受土壤 pH 和有机碳的影响，而真菌群落的变化主要受土壤有机碳的驱动。

二、土壤微生物的研究方法

近年来，高通量测序、DNA 条形码技术以及生物信息学等新方法的快速发展，为大规模、快速、准确、全面检测土壤微生物多样性提供了技术保障，已成为当前微生物多样性研究的一个热点。世界各国开展了一些土壤生物学方面的研究计划，发展了很多新的研究方法，使人们对土壤微生物的组成和功能多样性及其时空分布有了更深入的认识。

土壤微生物学的发展始终依赖于研究方法的突破和改进。19 世纪末建立的经典分离培养和稀释平板计数法是土壤微生物研究的重要里程碑，但土壤微生物数量巨大、种类繁多，传统方法遗漏了土壤中绝大多数微生物，难以反映土壤微生物群落的丰度及其作用机制。因此，土壤微生物多样性及其功能常被认为是尚未解密的黑箱。20 世纪 70 年代土壤微生物量分析方法的建立，则有效量化了土壤 C、N、P 等养分元素的微生物周转过程，极大地推动了土壤微生物学的生物化学过程研究。90 年代后期以 rRNA 为基础的生物三域分类理论逐渐得到学术界广泛认可，以 16S rRNA 核苷酸序列组成为基础的分子技术从根本上改变了传统土壤微生物学研究的基本理念，显著推动了土壤微生物原位表征技术的发展。土壤微生物学的研究对象也从单个的功能基因拓展到系统的宏基因组和转录组；从单一的菌种资源纵深发展到整体的土壤微生物群落。这些新理论与新技术的应用，使得深入挖掘土壤微生物资源、定量描述土壤微生物过程、定向调控土壤微生物功能成为可能，土壤微生物研究迅速成为世纪之交的国际科学研究热点之一。

我国土壤微生物学从无到有，发展迅猛，在土壤生物固氮和稻田土壤氮素微生物转化等方面已经接近或达到当时的国际先进水平。在此基础上，改革开放后我国也在土壤根瘤菌方面取得了国际先进水平的成果。在这一时期，由于技术手段的限制，我国土壤微生物研究与国际同行具有相似的历程，更多地关注特定功能微生物的分离，更多地侧重个体微生物的生理生化研究，对原位土壤中微生物区系的研究大多处于描述状态。20 世纪 90 年代后期，以聚丙烯酰胺凝胶电泳（DGGE）、末端限制性片段长度多样性（T-RFLP）、克隆文库和 DNA 测序等为代表的分子技术引入土壤微生物研究中，国际上以土壤微生物为核心的陆地表层系统变化过程与机理研究方兴未艾，我国土壤微生物学研究也重新得到了不同领域、不同学科的高度关注，特别是在 21 世纪初，我国土壤微生物学的研究重点较为分散，优势团队难以集聚，系统集成功能薄弱，导致整体研究水平明显落后于欧美发达国家。2000 年以后，国内土壤学基础研究队伍逐渐壮大，重视土壤生物学的学科体系建设和青年人才培养，把握国际最前沿的研究方向和技术，强调生物过程在土壤研究中的作用，改变以往土壤学研究以宏观过程为主的状况，促进土壤宏观与微观过程研究的紧密结合，加强土壤过程研究及土壤质量变化的机理研究。

三、土壤微生物学研究的意义

土壤微生物使土壤成为一个活的生命体。土壤微生物在土壤中度过它们全部或部分的生命历程，并在土壤内部各种过程中发挥着重要作用，这些作用在许多方面影响着人类的社会和经济发展。微生物在土壤形成与发育、土壤结构与肥力以及高等植物生长等方面起着重要作用，同时又以自己的生命活动产物进一步丰富土壤有机成分，与土壤中的矿物质和有机质构成特殊的无机 - 有机 - 生物复合体，对生态环境起着天然的过滤和净化作用，成为维系土壤生态系统功能稳定的主导因子。同时，地球陆地表层系统的许多重要过程都发生在土壤之中，微生物不仅是土壤中物质形成与转化的关键动力，也是联系土壤圈、大气圈、岩石圈、水圈和生物圈相互作用的纽带，对全球物质循环和能量流动起着不可替代的作用，被认为是地球元素生物地球化学循环的引擎。事实上，土壤中生活着与人类健康和经济发展相关的几乎所有微生物。但长期以来理论发展与技术手段的限制，人类对土壤微生物资源的认识、发掘、调控和应用远远落后于生命科学的其他领域。21 世纪初，通过对土壤微生物学的深入研究，土壤微生物的分类出现了新理论、土壤微生物的原位表征技术逐渐成为可能，土壤微生物学不仅获得了自身发展的重大契机，也为我国农业生产实践、全球环境变化和生态环境安全等需求提供了新思路。在技术发展日新月异的新形势下，系统梳理我国土壤微生物学的近些年的研究，有利于更加深刻地理解土壤微生物的生物特性、功能差异以及区域结构的不同，更加全面地认识土壤物质循环特征、物质形态变化以及不同圈层的物质交换，强化土壤微观过程机理研究的知识积累与理论创新能力。

（一）土壤微生物对土壤肥力形成与演变的影响

土壤生物学性状（土壤微生物种群、群落结构及其功能群、微生物量、酶活性等）可以反映土壤质量、土壤肥力的演变，并可用作评价土壤健康的生物指标。土壤微生物对土壤肥力形成与演变的作用主要表现在以下方面：

（1）土壤生物是土壤形成的五大因素之一，在土壤发生与演化过程中发挥着重要作用。在高等植物出现之前土壤形成的初始阶段，土壤微生物是土壤早期定居的功能生物，在土壤形成初始阶段的有机质形成与积累中发挥着重要作用。

（2）土壤微生物参与次生矿物的形成，以及铁、锰、硫等元素的生物地球化学转化过程。土壤矿物和微生物的相互作用可改变矿物和微生物体表面性质及生物活性，进而影响土壤肥力等环境效应。

（3）微生物活动强烈影响土壤物理结构，是土壤团聚体形成的重要驱动因素。土壤微生物的分泌物和分解产物，以及在分解有机质过程中合成的结构复杂的产物是土壤矿物和团聚体的“黏合剂”，促进土壤团聚体的形成和物理性状的发育。土壤微生物被认为是有机质转化与养分元素循环的引擎。土壤中各种来源和形态的有机质最终都必须经过微生物的分解矿化过程才能重新进入土壤生物地球化学循环。微生物吸收和“临时”保持养分，是植物养分的“有效库”。微生物能够通过分泌有机酸和功能酶的成分直接“活化”固定态的磷、钾等营养元素。解析土壤微生物参与的土壤肥力演变过程，是深刻理解微生物功能与过程的重要突破口。

（二）土壤微生物对温室气体排放与控制的影响

土壤微生物的作用对温室气体释放与固定有重要意义。近 100 年来，全球平均气温增加了 0.74℃，变幅为 0.56～0.92℃。预计到 2100 年，根据温室气体的不同排放情景分析，全球平均气温还将增加 2～4℃。气候变化已经对自然生态系统和社会经济产生了显著影响，并将在未来数十年乃至几个世纪继续对农业生产、海平面上升、水资源供需、人类健康等产生更加深刻的影响。我国于 2006 年发布了《气候变化国家评估报告》，指出气候变化已经对中国产生了一定影响，造成了沿海海平面上升、西北冰川面积减少、春季物候期提前，并可能导致农业生产不稳定性增加、南方地区洪涝灾害加重、北方地区水资源供需矛盾加剧、森林和草原等生态系统退化、生物多样性锐减、台风和风暴频发等问题。

我国人口众多、气候条件复杂、生态环境脆弱，适应气候变化将面临巨大挑战。国际社会已普遍接受联合国政府间气候变化专门委员会（Intergovernmental Panel on Climate Change，IPCC）第四次评估报告的结论，即有很大可能性，过去 100 年全球平均气温的增加主要是由人类排放温室气体引起的。据估计，目前二氧化碳、甲烷、一氧化二氮这三类温室气体的浓度分别比工业革命前增加了 35%、148% 和 18%，是引发全球变暖的主要原因。甲烷和一氧化二氮不仅具有增温效应，还是大气层最重要的化学活性物质，目前一氧化二氮已成为破坏平流层臭氧最主要的痕量气体。大气温室气体的动态变化与土壤生物过程紧密相关。据估计，仅湿地和水稻田产甲烷菌引起的甲烷排放约占全球总排放量的 1/3，而农田施肥相关过程所排放的一氧化二氮约占全球年排放总量的 75%。

过去 30 多年来，国内外学者对土壤温室气体排放通量和情景预测进行了大量研究，但目前依然面临一些重大挑战：

（1）温室气体排放动态的模拟预测变异巨大，仅陆地生态系统二氧化碳收支平衡的预测变异就相当于化石燃烧二氧化碳总排放量的 6 倍以上，其预测不确定性的根本原因在于对土壤微生物过程缺乏基本理解；

（2）尽管目前二氧化碳排放已成为国际社会对全球变化研究关注的焦点，但甲烷和一氧化二氮浓度升高所导致的温室效应占到总增温效应的 1/3，这两种气体的排放动态几乎完全受土壤微生物过程控制，目前国际上对这两种气体的过程机理理解非常欠缺。

因此，研究温室气体在土壤和生物圈的发生和消解机制，提高大气层温室气体的动态模拟和预测准确性，提出切实可行的减排策略和措施，是目前土壤学、地学和面对全球变化科学领域面临的重要挑战和前沿方向。

（三）土壤微生物对污染物形态转化与污染控制有重要作用

随着经济发展、工业化和城镇化的快速发展，土壤污染问题日益突出。污染物进入土壤后经历物理、化学和生物学的作用，经过迁移、形态转化和分解等过程，最终影响污染物的生物效应和归趋。

（1）微生物在污染物的迁移转化过程中起着关键作用。土壤中有些微生物携带一些功能基因（如双加氧酶基因等），其表达的蛋白质是降解有机污染物的关键酶。有效调控这些功能基因的表达可以达到有机污染物的生物降解和污染土壤的生物修复。有的微生物在长期进化过程中形成了以一些有机污染物为唯一碳源的生理代谢特点，通过降解污染物获得能量进行生长繁殖。

（2）微生物还通过共代谢（或共氧化）的作用降解有机污染物。微生物也可以控制重金属的氧化还原及其相应的形态转化。比较典型的例子是土壤中汞和砷的甲基化。汞从无机态转化为甲基汞需要还原条件下厌氧微生物的参与。土壤中微生物介导的甲基汞形成的分子机制目前研究很少。除了甲基化，微生物在金属的氧化还原过程中也发挥着关键作用，如通过添加食用油等电子供体可以促进微生物将六价的铀还原为四价，加快沉淀，达到修复的目的。

四、土壤微生物多样性研究中需要解决的问题

针对土壤微生物，以往的研究大多聚焦于土壤微生物组成和多样性的空间分异，而对土壤微生物组成和多样性在时间尺度上的动态变化研究较少。人们观测到很多微生物介导的生物地球化学过程均显示出季节性的动态变化，如温室气体排放通量。然而，这些过程与微生物群落组成和多样性动态变化的关系尚不清楚。在为数不多的一些有关土壤微生物群落动态变化研究

中，人们利用时间序列分析和高通量测序技术发现，一些生态系统中土壤微生物群落组成和多样性也表现出明显的动态变化，动态变化的模式因不同生态系统而有差异。揭示这种动态变化的规律及其驱动机制，可以使我们深入认识微生物群落的演替规律及其对生态系统功能的影响，以揭示群落稳定性与生物多样性的关系，预测微生物群落对全球气候变化、土地利用等扰动的响应。为了阐明这些科学问题，需要在不同生态系统中对土壤微生物类群和基因组进行长期、定点、动态的监测；同时结合其他生态过程监测，如生物地球化学过程、植被演替等，以便获得系统的监测数据。

最近十余年来，国际上开展了一些微生物组计划，这些计划主要研究人体肠道微生物，如美国人体微生物组计划，加拿大微生物组研究项目，以及欧盟和中国的人体肠道宏基因组计划（Metagenomics of the Human Intestinal Tract，MetaHIT）项目等，尚缺乏专门针对土壤微生物组的研究计划。当前进行的微生物组计划没有能够很好地合作，研究方法也不统一，虽然各研究计划都产生了大量数据，但很难对这些数据进行整合。如利用 16S rRNA 基因鉴定微生物群落组成时，由于扩增 16S rRNA 基因的引物不同，最终获得的数据差异很大。另外，由于生物信息处理序列数据时选择的方法不同，估算微生物物种数量时可以差 2 ~ 3 个数量级。因此，对微生物多样性监测工作而言，标准化的研究流程和研究方法对于数据的可比性非常重要。然而，每种研究方法均有其局限性，过分追求标准化也不利于创新。如用常用的 16S rRNA 引物 515F/806R 调查土壤微生物组成时，可能会漏掉一些独特的菌群。在第三代单分子测序技术的应用中，在对测序数据进行处理时，进行 OTUs（可操作分类单元）分类是关键的一步，目前虽然有很多计算方法，但没有一种方法适用于所有的情况，所以要根据研究问题、数据情况和计算能力来选择。对于土壤微生物多样性监测的系统研究工作很少，可以借鉴的经验和标准方法不多。

在土壤微生物多样性监测方法的选择上，要根据不同的研究目的制订出多套研究方案，同时及时采用新的技术手段，鼓励探索新的方法。土壤微生物多样性监测将产生大量数据，加上已经发表的数据，数据的管理、查询和挖掘亟须建立大数据平台，然而至今尚没有系统的土壤微生物多样性的数据集和专业数据库。如何实现微生物多样性监测数据的共享，涉及很多具体问题需要解决，如数据整合和共享方式、数据库运行支撑体系、知识产权保护问题等。另外，为了研究一个物种的生理、生化特征及工业应用，分离纯化功能微生物是非常重要的。至今，环境中的大多数微生物物种还不能在实验室中被分离培养出来，这是当前土壤微生物多样性研究中存在的一个大问题，因此，传统分离培养方法的改进也是土壤微生物多样性研究的重要课题。利用监测获得的数据可以得到物种的分类信息，把要分离的物种与已分离菌种的生长条件进行比较，通过查询已知培养基数据库（如 KOMODO），可以为分离新菌种推荐培养基和培养条件。而一株重要功能微生物的获得，可以对人类社会产生巨大的影响。

第二节　土壤酶

一、土壤酶来源

土壤酶作为土壤组分中最活跃的有机成分之一，不仅可以表征土壤物质能量代谢旺盛程度，而且可以作为评价土壤肥力高低、生态环境质量优劣的一个重要生物指标。土壤酶参与土壤中各种化学反应和生物化学过程，与有机物质矿化分解、矿质营养元素循环、能量转移、环境质量等密切相关，其活性不仅能反映出土壤微生物活性的高低，而且能表征土壤养分转化和运移能力的强弱，是评价土壤肥力的重要参数之一。土壤酶学特征已作为一种潜在的指标体系指示有关土壤质量。自 20 世纪 80 年代中期，土壤酶学与土壤学、农学、林学、水土保持科学及植物营养学等各学科相互渗透，土壤各种酶活性、土壤微生物多样性以及微生物生物量等的多方面研究也越来越多，土壤酶的研究范畴已涉及几乎所有的陆地生态系统。

土壤酶是一种具有生物催化能力和蛋白质性质的高分子活性物质。土壤酶主要来源于土壤微生物活动分泌、植物根系分泌和植物残体以及土壤动物区系分解。

（1）许多微生物能产生胞外酶。在研究米曲酶时发现，各种酶是按一定顺序向介质中释放。首先是青酶和磷酸酶，而后是蛋白酶和酯酶，最后是过氧化氢酶。在生长的最初阶段能释放出一些酶；另一些酶则释放较迟，这时菌丝重量降低。但有趣的是在介质中发现的过氧化氢酶是游离态的典型的胞内酶。

在合成的和自然的介质中，微生物对各类胞外酶的释放，科技工作者也进行了广泛的研究。许多细菌和真菌都能释放淀粉酶、纤维素酶、果胶酶和蛋白酶。几丁质酶是在链霉菌胞外产生的，镰刀霉可以释放磷酸酶和酯酶。土壤微生物不仅数量巨大且繁殖快，能够向土壤中分泌释放土壤酶。1953年，Crewther与Lennox发现酶的释放是按照糖酶和磷酸酶、蛋白酶和醋酶、最后过氧化酶的顺序进行。另有研究发现，许多真菌和细菌能够向土壤中释放纤维素酶、果胶酶和淀粉酶等胞外酶。真菌中的尖镰孢能产生脂肪酶。库尔萨诺夫链霉菌可产生葡萄糖苷酶和壳多糖酶等具有水解功能的胞外酶。许多微生物可以产生胞外酶，这也说明土壤微生物是土壤酶的一个重要来源。

（2）植物根系的分泌释放是土壤酶的另一个重要来源。一些研究表明，植物根系不仅能够分泌释放淀粉酶，还能分泌出核酸酶和磷酸酶。小麦和番茄等植物可以向土壤中释放出过氧化物酶。长期施用都市固体废物堆肥对土壤酶活性和微生物生物量影响的研究发现，植物根系的分泌物能够将糖类和氨基酸等养料提供给根际生物，从而间接增强了根际土壤的酶活性。植物根系的确能够分泌释放一些酶到根际土壤中，但以目前的研究技术很难将植物根系提供的酶和微生物提供的酶准确区分开。

（3）植物残体的分解也能继续释放土壤酶，但要定量植物残体分解过程中释放的酶还是很困难。土壤动物区系也可以向土壤中释放酶类，但提供土壤酶的数量较少。蚂蚁以及其他土壤动物，如软体动物、节肢动物等对也会释放出土壤酶。

二、土壤酶作用

（一）土壤质量的生物活性指标

土壤酶能积极参与土壤中营养物质的循环，在土壤养分的循环代谢过程中起着重要的作用，是各种生化反应的催化剂。土壤酶活性与土壤生物数量、生物多样性密切相关，是土壤生物学活性的表现，可以作为土壤质量的整合生物活性指标。土壤酶活性作为农业土壤质量的生物活性指标已被大量研究。农田的耕作方式会影响酶活性的高低，如土壤蔗糖酶、脲酶和磷酸酶活性在单作方式下低于轮作方式。另外，不同土地利用类型的酶活性也会有不同的表现，如森林土壤磷酸单脂酶和β-葡萄糖苷酶活性高于农田。杉木感染根线虫病后林地土壤微生物及生化活性的研究发现，林地各土层的土壤水解酶活性（蔗糖酶、脲酶和磷酸酶）在线虫侵染杉木后显著下降。土壤改良过程中应注意对各类凋落物的保护，凋落物在腐解过程中会向土壤中释放酶，从而增强土壤酶活性，这对于促进营养物质的循环代谢和提高有效养分具有重要意义。

（二）土壤肥力的评价指标

土壤酶活性是维持土壤肥力的一个潜在指标，它的高低反映了土壤养分转化的强弱。土壤酶学的研究与土壤肥力的研究联系非常紧密。有关研究表明，土壤过氧化氢酶、蔗糖酶活性可以用来评价土壤肥力的状况，土壤酶活性可以作为衡量土壤生物学活性及其生产力的指标。土壤酶活性作为土壤肥力的评价指标是完全可能和可行的。土壤酶活性可以作为土壤肥力的辅助指标。土壤酶活性与土壤肥力有很大的关系。过氧化氢酶作为土壤中的氧化还原酶类，其活性可以表征土壤腐殖质化强度大小和有机质转化速度。过氧化物酶在有机质氧化和腐殖质形成过程中起着重要作用。土壤蔗糖酶可以增加土壤中的易溶性营养物质，其活性与有机质的转化和呼吸强度有密切关系。脲酶能分解有机物，促其水解成氨和二氧化碳。尿酸酶可将土壤中的核酸嘌呤碱基及尿酸等物质氧化生成尿囊素和尿囊酸，进而转化为尿素，供植物利用。过氧化物酶作为土壤中的氧化还原酶类，在有机质氧化和腐殖质形成过程中起着重要作用。土壤磷酸酶是一类催化土壤有机磷化合物矿化的酶，其活性高低直接影响着土壤中有机磷的分解转化及其生物有效性。纤维素分解酶可作为表征土壤碳素循环速度的重要指标。

一般情况下，土壤湿度较大时，酶活性较高，但土壤过湿时，酶活性减弱，土壤含水量减少，酶活性也减弱。土壤空气直接影响土壤酶活性，氧与脲酶活性有关。土壤有机质在各种酶的作用下，释放出特定的植物养分，因此，酶活性不仅与土壤肥力状况有关，而且与植物养分的有效性有关。如在真菌作用下，一些糖酶参与凋落物的分解，致使土壤中有效磷和有效氮增加。酸性磷酸酶活性与各种形态的土壤磷酸性、碱性磷酸酶活性与小麦、三叶草根际中的有机磷均呈正相关。21 世纪许多学者对酶活性与土壤肥力之间的关系作了大量研究，发现许多酶表现出专属性，因此应该用与土壤主要肥力因素有关的、分布最广的酶活性的总体，而不是用个别的土壤酶活性表征土壤肥力水平。用土壤酶活性评价土壤肥力，是因为酶活性反映了土壤的综合性状，一种酶活性与多种土壤性状相联系，其中脲酶、磷酸酶、转化酶更是如此，它们从本质上反映了土壤中氮、碳、磷、钾的转化强度，以及 pH 和通透性等多种状态。同时酶活性是一种生物指标，它反映了生物的要求及其环境的适应能力。土壤酶活性不仅反映了土壤状态，而且反映了土壤的动态变化。因此，土壤酶活性具有综合性、生物性和动态性 3 个优点，作为土壤肥力指标是很有意义的。不同土壤类型的酶活性差别也很大，根据土壤类型确定酶活性群体作为土壤肥力的评价参数具有重要意义。

土壤酶与微生物相比，酶在降解和净化农药污染方面具有更重要的意义：①酶不受微生物代谢抑制因子的影响；②酶可以在较大范围的极端环境下发挥作用；③即使农药的浓度相当低，酶也能进行催化；④酶不受微生物吞食者和毒素的影响；⑤不同于微生物对有机物的吸收机制，酶受底物扩散和渗透的影响较小；⑥由于体积小，酶在土壤中移动性强。因此，可利用酶技术处理和净化土壤及有关环境中的有机污染，在农药大量投入土壤的今天，这一问题的研究尤为重要。

防治植物病虫害土壤中的几丁质酶、果胶酶、葡聚糖酶、蛋白酶、脂肪酶等多种酶都可以作为植物病虫害防治的有用酶，它们主要通过水解病原微生物或害虫的细胞物质，使细胞结构得以破坏而达到防治目的，但关于土壤中这些酶的直接防治证据还很少。

三、土壤酶类型

土壤酶主要来源于土壤微生物和植物根系的分泌物及动、植物残体分解释放的酶，包括氧化还原酶类、转移酶类、水解酶类和裂解酶类共 4 大类。

1. 氧化还原酶

氧化还原酶是能催化两分子间发生氧化还原反应的酶的总称，可分为氧化酶和还原酶两类，主要有脱氢酶、多酚氧化酶、过氧化氢酶等。在氧化反应中被氧化的底物称为氢供体或电子供体；被还原的底物称为氢受体或电子受体。当受体是氧气时，催化该反应的酶称为氧化酶，其他情况下都称为脱氢酶。

氧化酶主要是催化底物脱氢，并氧化生成 H_2O_2 或 H_2O：

$$A \cdot 2H + O_2 \longleftrightarrow A + H_2O_2$$

$$2A \cdot 2H + O_2 \longleftrightarrow 2A + 2H_2O$$

脱氢酶是指一类能催化物质（如糖类、有机酸、氨基酸）进行氧化还原反应的酶，催化直接从底物上脱氢，脱氢键能从基质中析出氢进行氧化作用。在土壤中，糖类和有机酸的脱氢酶作用比较活跃，它们可以作为氢的供体。比如葡萄糖脱氢酶催化葡萄糖生成葡萄糖酸的反应，过程如图 4–1 所示。

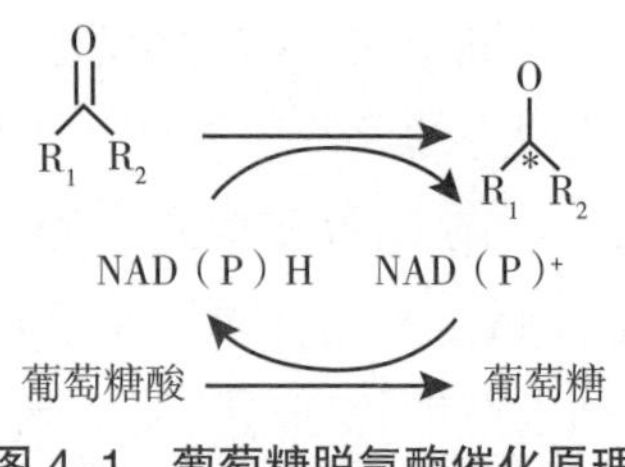

图 4–1　葡萄糖脱氢酶催化原理

多酚氧化酶是种末端氧化酶类，可将电子直接传递给分子氧。它在自然界中分布极广，可将土壤中的有机物和无机物转化为醌，随后再形成类腐殖质的大分子化合物。

过氧化氢酶广泛存在于土壤中和生物体内。土壤过氧化氢酶促进过氧化氢的分解有利于防止它对生物体的毒害作用。过氧化氢酶活性与土壤有机质含量有关，与微生物数量也有关。一般认为土壤催化过氧化氢分解的活性，有 30% 以上是耐热的，即非生物活性，常由锰、铁引起催化作用。土壤肥力因子与不耐热的过氧化氢酶活性成正比例。

在土壤中，氧化还原酶主要起催化氢的转移和电子传递功能，与土壤中有机质的转化和腐殖质的形成密切相关，对维持土壤生态系统和养分的循环过程起重要作用。

硝酸盐还原酶：硝酸还原酶和亚硝酸还原酶能促土壤硝态氮还原成氨。测定这些酶可了解土墩氮素转化中脱氮作用强度。硝酸还原酶还参与土壤中铁的还原作用。

过氧化氢酶：过氧化氢酶广泛存在于土壤中和生物体内。土壤过氧化氢酶促过氧化氢的分解有利于防止它对生物体的毒害作用。过氧化氢酶活性与土壤有机质含量有关，与微生物数量也有关。一般认为土壤催化过氧化氢分解的活性，有 30% 或 40% 以上是耐热的，即非生物活性，常由锰、铁引起催化作用。土壤肥力因子与不耐热的即过氧化氢酶活性成正比例。

2. 转移酶

转移酶是指催化化学基团的分子间或分子内的基团转移，同时产生化学键的能量传递的反应。即一种分子上的某基团转移到另一分子上的反应，不仅参与蛋白质、核酸和脂肪的代谢，还参与激素和抗生素的合成和转化，其中主要的酶有转氨酶、果聚糖蔗糖酶、蔗糖酶和转糖苷酶。土壤酶活性的高低和组成比例可以用来评价土壤肥力、监测重金属污染和防治植物病虫害等。

3. 水解酶

水解酶是催化水解反应的一类酶的总称，也可以说它们是一类特殊的转移酶，用水作为被转移基团的受体（图 4–2）。水解酶参与土壤中有机物的转化，能裂解有机化合物中糖苷键、脂键、肽键、酸酐键以及其他键，把高分子化合物水解成为植物和微生物可利用的营养物质。因此可将土壤酶原理应用于有机肥的生产，使用合适的有机肥有利于提高土壤中酶的活性，从而改善土壤肥力。与有机碳转化相关的水解酶主要有纤维素酶、脲酶、蛋白酶等。纤维素酶是催化土壤中最重要的糖类即纤维素的水解。植物残体主要成分是纤维素，在纤维素酶作用下，最初水解产物是纤维二糖，在葡萄糖苷酶作用下，纤维二糖分解成葡萄糖。所以，纤维素酶是碳循环中的一个重要酶。脲酶广泛存在于土壤中，是研究得比较深入的一种酶。其功能是水解尿素，生成氨、二氧化碳和水，产物二氧化碳和氨是植物碳和氮的重要来源。有机肥中也有游离脲酶存在；同时，脲酶与土壤其他因子（有机质含量、微生物数量）有关，研究土壤脲酶转化尿素的作用及其调控技术，对提高尿素氮肥利用率有重要意义。蛋白酶主要功能是将蛋白质、肽类等大分子物质水解为氨基酸。蛋白酶参与土壤中存在的氨基酸、蛋白质以及其他含蛋白质氮的有机化合物的水解，它们的水解产物是高等植物的碳和氮源的来源。土壤蛋白酶在剖面中的分布随剖面深度而减弱，并与土壤有机质含量、氮素及其他土壤性质有关。

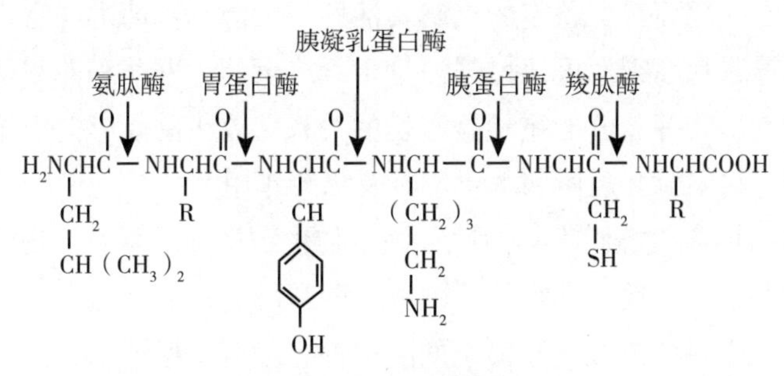

图 4–2 蛋白水解酶示意

（关松阴，1986）

4. 裂解酶

裂解酶是催化从底物上移去一个基团而形成双键的反应。裂解酶包括醛缩酶、水化酶及脱羧酶等。脱羧酶是能催化羧酸分子中的羧基脱去并产生二氧化碳的酶类，包括氨基酸类脱羧酶和有机酸类脱羧酶。氨基酸脱羧酶是催化脱去某种氨基酸的羧基，生成对应的胺的裂解酶之总称。例如，S- 腺苷酰甲酰硫氨酸脱羧酶、芳香氨基酸脱羧酶、谷氨酸脱羧酶、组氨酸脱羧酶、吲哚 –3– 甘油磷酸合酶、鸟氨酸脱羧酶、乳清酸核苷 5– 磷酸脱羧酶、磷酸烯醇式丙酮酸脱羧酶、尿卟啉原脱羧酶等。

四、土壤酶活性的影响因素

土壤酶活性的影响因素很多，诸如土壤理化性质、土壤生物区系、农业植被以及一些人为因素，其主要影响因素有土壤养分、土壤微生物、植物、施肥、耕作方式、农药与重金属等。

1. 土壤养分

土壤微生物和植物根系能够产生大量的酶，其活动能力受到土壤养分的直接影响。因此，土壤酶活性的增强与土壤养分含量的提高有密切联系。土壤中有机质的含量虽然不高，但是它能够增强土壤的通气性和孔隙度，是土壤微生物和酶的有机载体，其组成和含量会对土壤酶的稳定性造成影响。土壤中氮、磷、钾等营养元素的形态和含量也与土壤酶活性变化有关。土壤养分和土壤酶活性之间存在密切的关系。

2. 土壤微生物

近年来，关于土壤生物，尤其是土壤微生物与土壤酶活性关系的研究报道也很多。一般而言，特定的土壤酶活性与细菌和真菌类群密切相关。例如，真菌木霉属和腐霉属可以增强沙壤土纤维素酶、脲酶和磷酸酶活性，这些酶与碳、氮、磷等养分的循环有密切的关系。放线菌能够向土壤中释放氧化酶和酯酶，它们对腐殖质和木质素具有降解作用。

土壤酶活性与土壤微生物活性、微生物生物量和土壤微生物数量等显著相关。土壤微生物活性与蔗糖酶、脲酶、磷酸酶和过氧化氢酶活性有直接相关关系。不同草原植被碱化草甸土的酶活性，随着土壤微生物量的增加，纤维素酶、脲酶以及磷酸酶活性不断增强。土壤微生物生物量碳是土壤所有活微生物体中碳的总量，通常占微生物干物质的 40% ~ 50%，是重要的微生物学指标，也是土壤养分的灵敏指示剂。土壤微生物生物量氮是土壤有效氮活性库的主要部分，其基础含量能够反映土壤肥力状况及土壤的供氮能力。壤质褐土微生物生物量碳、氮与土壤氧化还原酶（过氧化氢酶）和水解酶（脲酶）活性均呈显著或极显著相关关系。澳大利亚东北部过度放牧导致土壤微生物生物量碳降低，从而使肽酶、酰胺酶的活性也明显降低。表层土和底层土的微生物数量与酶活性相关，土壤微生物数量增加，磷酸单脂酶和脱氢酶活性增强。

3. 植物

研究植物–土壤界面的土壤酶活性对于了解土壤生态过程具有重要作用。植物–土壤界面主要包括土壤–凋落物和根。土壤–凋落物界面是植被对土壤生态系统产生直接和间接影响的最为重要的生态过程之一，也是生态系统内物质循环最为活跃的场所。凋落物、土壤和土壤–凋落物界面的转化酶、木质素分解酶和蛋白酶活性，表明生态界面的土壤酶活性最高。这主要是由于土壤–凋落物界面的土壤通气性和水热条件相对较好，土壤动物和微生物活跃，因而土壤酶活性相对较高，有利于植物凋落物的分解和转化。由于根际土壤是植物与土壤直接进行物质交换的最为活跃的场所，而根际土壤酶在物质交换过程中扮演着重要的角色，所以研究植物根际土壤酶活性对于探索植物对土壤的作用过程和机理具有重要作用。目前，根–土壤界面生态研究主要集中于根际土壤酶、根际土壤微生物和根系分泌物等方面。例如，杉木根际土壤脲酶、过氧化氢酶、中性和酸性磷酸酶、过氧化物酶活性明显高于非根际土壤；杉木幼林的根际土壤酶活性低于非根际土壤，但随着林龄的增加，根际土壤酶活性显著高于根外土壤。由于根际土壤在根–土壤界面扮演着重要的角色，而土壤酶活性与土壤 C、N、P、S 等养分元素的转换密切相关，又受到根系分泌物的影响，所以根际土壤酶研究对于探讨植物对土壤生态系统的影响具有重要意义。

4. 土壤生态条件

土壤生态条件包括土壤理化性质、土壤水热状况等方面，对土壤酶活性具有深刻的影响。土壤黏粒含量、土壤有机质和腐殖质含量对土壤酶的特性具有明显的作用。由于土壤酶的稳定性普遍受到化学和物理因素的影响，所以土壤酶的稳定性和动力学特征一直是土壤酶学研究的重点和难点问题。尽管有几种理论试图解释土壤物质组成和结构（如高岭土和蒙脱石等）对土壤酶稳定性产生的保护作用，但仍然未能揭示土壤稳定性的机理。游离土壤酶在土壤酶中所占的比例很小，在0~1%，并且很容易降解或失活。土壤木聚糖酶和转化酶活性与土壤粒径密度相关。采用连续分级的方法研究了扰动和自然土壤在不同的分级处理过程中，酶–有机无机复合体的稳定性和定位特征。当采用自然分散法对土壤进行分级时，粒径小于50 μm的微团聚体土壤的β–葡萄糖苷酶活性占73%以上，这些微团聚体与腐殖化的有机质紧密相连；用中性焦磷酸分散后的不同粒径的土壤酶活性以团粒直径小于50 μm和团粒直径为100~2000 μm的土壤酶活性最高（分别为34.5%和36.0%），但采用微滤和超滤法过滤后的土壤，粒径小于50μm团粒的土壤酶活性明显升高，而粒径为100~2000 μm的团粒的土壤酶活性降低。土壤酶主要以酶–无机矿物胶体复合体、酶–腐殖质复合体和酶–有机无机复合体等形式存在于土壤中，土壤黏粒含量和腐殖质含量较高的土壤，酶活性的持续期相对较长。土壤酶是土壤一切生物化学过程的积极参与者，在生态系统中扮演着重要的角色，因而是生态系统的物质循环和能量流动等生态系统过程中最为活跃的生物活性物质。土壤酶系统又与土壤理化性质、土壤水热状况、土壤代谢及土壤生物（动物和微生物）区系、数量和生物多样性等密切相关。土壤酶的功能多样性还与土壤功能的多样性紧密相关。研究土壤酶系统分异规律，探讨土壤酶系统分异的机制，对于探索生态系统过程和功能具有研究其他土壤理化性质所不可替代的作用。

5. 人类活动

人类生产生活动向对土壤特性也有较大的影响，生产中的施肥、农产品种类、浇灌等其他生产方式使土壤特性发生变化。

五、土壤酶活性测定

（一）土壤样本的采集及储存

活的微生物是土壤酶的主要来源，土壤酶活性对外界环境的变化十分敏感，为了能有效地反映土壤实际状况，在试验之前采取有效、可靠的取样及储存方法是研究结果取得成功的前提保障。在土壤样品采集时，首先是根据试验需求确定样地及土层的深度，在所选择的样地中一般是采用五点取样法，然后混合同土层土样，根据试验设计需求设置重复，最少3个重复。

对采集的土壤样本立即进行试验分析是较为理想的情况，但在大多数情况下难以实现，因此如何储存土壤样品，一直以来是土壤酶研究者所关心的问题。土壤样品如果需要储藏可以视储藏时间、储藏条件等因素综合分析而定，几周内一般选择风干储藏；某些样品可在 4℃条件下储存，有些需在 −20℃环境中保存；要储藏几个月甚至更长时间的，由于一般酶在风干后对其酶活性影响不大的，应尽量选择风干处理，这样既方便又节约；此外，对于同一种酶的分析应尽量在同一天或几天内完成，以在最大程度上降低样品储存所造成的差异。

（二）土壤酶活性测定方法

土壤酶的测定是进行土壤酶学研究的基础。目前，土壤酶活性的测定方法较多，但并没有统一方法，有分光光度法、荧光分析法、放射性同位素标记法，以及部分物理方法如滴定法等，其中，常见的是传统的分光光度法、新型的荧光分析法、流体动力伏安法。

1. 分光光度法

分光光度法基本原理是酶与底物混合经培养后产生某种带颜色的生成物，可在某一吸收波长下产生特征性波峰，再用分光光度计测定设定的标准物及生成物的吸光值，由此确定酶活性的量。

2. 荧光分析法

荧光分析法是 20 世纪 90 年代国际上发展起的酶活性测量的新方法。其主要原理是以荧光团标记底物作为探针，通过荧光强度的变化来反映酶活性。传统的比色法测定一般首先是根据所测酶的种类制作对应的标准曲线，然后对土样进行处理后在同一波长下测其吸光值，再利用标准曲线确定土样中的酶活性。这种方法已得到普遍认可，长期以来被国内外学者采纳，但缺点是精准度不高、操作不够简易而且耗时较长。荧光分析法测定步骤与比色法基本一致，但与传统方法相比较，荧光分析技术是一种更为强大的分析手段，具有灵敏度高（比分光光度法高 2 ~ 3 个数量级）、耗时短、试样量少等优点，同时它也存在分析成本较高、底物难溶解等缺点。

3. 流体动力伏安法

它是通过转换在土壤酶反应中的底物，实现样品溶液有效的混合和对流，再大规模运输到电极表面，从而以 PAP 的电化学氧化快速检测土壤酶活性。这种测定方法灵敏度更高，对于土壤酶活性的定量分析意义重大。

4. 同位素标记法和物理方法

该方法应用较少，其原因可能是：目前酶的直接提取技术还不成熟，而且它本身操作复杂，成本又较高等。滴定法等一些物理方法由于准确度较差等原因已逐渐被淘汰。

5. 测定注意事项

（1）在目前常用的测定方式中，实验室所采用的底物浓度、缓冲液 pH、培养温度以及培养的时间还很不一致，但底物的选择应尽量与国际接轨。常见的底物主要有两类：一类是显色物质，另一类是荧光团光物质。显色物质中，硝基酚类衍生物是常见的选择；荧光团光物质有荧光素、香豆素、罗丹明的氨基或羟基取代物。

（2）土壤酶最适 pH 的确定，通常是依据不同缓冲液 pH 条件下其土壤酶活性的变化来实现，由于不同土壤酶活性有不同的最适 pH，且不同土壤各自的 pH 又不同，所以除了研究目的的需要，在酶活性测定过程中追求最适 pH 是不现实的。因此，对土壤不同酶活性测定过程中，应尽可能采用与土壤相近的 pH。

（3）温度对土壤酶反应物的影响主要体现在对反应速度上，酶的催化在一定温度范围内随着温度的升高逐渐提高，直至酶失活变性。虽然不同的酶都有其最适的反应温度，但在土壤酶试验中过分强调最适温度同样是不现实的，常见土壤酶的培养温度有 37℃和 25℃。目前水解酶的培养时间一般在 1～2h，而纤维二糖酶、β－乙酰氨基葡萄糖苷酶及 β－葡萄糖苷酶等的培养时间为 4h 等。总之，土壤酶的培养时间应该是在保证测定结果质量的前提下，适当缩短培养时间。

六、土壤酶学发展前景

土壤酶作为土壤中的生物催化剂，在土壤生态系统中扮演着极为重要的角色，研究土壤酶对提高土壤利用效率、土壤污染治理及土地科学化利用与管理等意义重大。目前随着科学的发展和新技术的引进，土壤酶的研究必将取得更大的进步。土壤酶学的研究已成为土壤科学、生态学及微生物科学等学科研究的重点内容之一，从根本上研究土壤酶的来源及功能，将土壤酶与农业生产和土壤环境生态保护、污染治理相结合，对处理农林业生产及生态环境的实际问题将发挥重要作用。土壤中微生物所引起的生物化学过程，即有机残余物质的分解、腐殖质的合成和某些无机化合物的转化，全是借助于它们所产生的酶来实现的。因此，土壤中酶的活性，可作为判断土壤生物化学过程强度、鉴别土壤类型、评价土壤肥力水平及鉴定农业技术措施的有效程度。另外，除了在机理上研究土壤酶的来源和功能，在应用上应该加强土壤酶的检测和提取两个方面同等重要。经过多年的发展，目前虽然土壤酶的测定方法不断有新的突破，但就其发展潜力及意义来说还远远不够，新的技术研发应不断向检测的简单化、快速化、低成本等方面靠拢；对于土壤酶成分的提取，相关技术攻关亦应有所提高，一旦提取技术成熟，土壤酶功能的应用将会有着质的飞跃，例如，直接利用其治理污染土地、改造土壤质量等。

第三节　土壤与植物根系

一、土壤对植物根系的影响

（一）土壤是植物根系的载体

土壤是植物赖以生长的基质，土壤质量是土壤供养、维持作物生长的能力，包括团聚作用、有机质含量、土壤深度、持水能力、渗透速率、pH 变化、养分能力等。任何现状植被都处于演替系列的某个阶段，植物群落的演替可以改变土壤性质，而土壤性质的改变又可导致群落类型的改变。植物群落的演替是群落对起初阶段异化的过程，不但体现在物种的竞争上，也体现在环境条件的改变上，使生境更适合于演替后续种。而不同植物对土壤条件的适应性以及在不同肥力下的植物种群拓殖能力也不同。土壤状况，尤其是肥力状况影响着群落优势种的拓殖和更替，土壤肥力提高有利于演替后续种的生长和发展，促进群落演替过程。

（二）土壤理化性质与植物根系

植物根系活力、土壤理化性质、土壤酶活性相互之间有着不同程度的相关性。群落生物量与土壤有机质含量、速效氮含量、速效磷含量、蛋白酶活性、蔗糖酶活性正相关；群落盖度与土壤含水量、全氮含量正相关，与 pH

负相关；群落高度与土壤含水量、有机质含量、全磷含量、脲酶活性、蛋白酶活性正相关，与土壤 pH 负相关；群落物种数与土壤有机质含量、全磷含量、速效磷含量、速效氮含量、脲酶活性、蔗糖酶活性、蛋白酶活性正相关。同时，群落生物量、高度、物种数与多酚氧化酶活性呈负相关。多酚氧化酶只有在土壤贫瘠时才会被激活，可将土壤中的酚类物质氧化为醌，而后形成类腐殖质的大分子化合物，所以可将多酚氧化酶活性作为植被恢复过程中土壤生物学的一个指标。土壤中全磷能够促进植物根系扩大，提高植物磷的营养效率，脲酶和蛋白酶活性的提高加快了氮素转化和含氮有机物的积累，酶作用底物的增加有力激发了水解酶类的活性，因此土壤肥力的逐渐提高，为更多植物入侵提供了养分资源上的保障。

植物根系是植物与土壤环境接触的重要界面，对环境变化较为敏感，更易对环境改变做出快速反应。

植物根系活力与群落特征、土壤理化性质、土壤酶活性之间的相关性主要有：植物根系活力与土壤含水量、pH 及蛋白酶、碱性磷酸酶和多酚氧化酶活性负相关。土壤 pH 和含水量对植物根系活力有影响，建植人工草地后土壤含水量提高、pH 降低，植物根系活力也随之提高。因土壤中碱性磷酸酶和蛋白酶分别参与土壤中磷和氮的转化，碱性磷酸酶和蛋白酶活性降低影响到植物根系生长和分化所需的氮和磷，植物根系活力因逆境胁迫而降低。例如，黑土滩土壤质量下降使得土壤酶活性降低。6 年、10 年人工草地由于植物入侵，植被覆盖度逐步提高，植物群落结构和功能发生了明显改变。土壤微环境改变使得植物间对于土壤资源利用竞争增大，优势种垂穗披碱草生物量分配因土壤环境的改变而发生变化，即 6 年人工草地植物根系活力较高，而 10 年人工草地群落组成、丰富度增加，植物生物量组成比例下降，其根系活力低于 6 年人工草地。

二、植物根系对土壤的影响

（一）植物根系与土壤有机碳

植物根系是植物个体与土壤环境进行物质交换和能量输送的关键器官，对植物吸收水分和养分，以及生态系统碳分配格局具有重要影响。植物种类及其根系影响有机碳的利用率、转移及转换，一方面，植物种类直接决定土壤有机碳输入的种类和数量，另一方面，植物根系从土壤吸收矿质元素的同时向土壤输入分泌物。同时，根系本身也是一种重要碳源，植物不同根系的细根形态和功能引起学者的广泛重视，对植物根系结构和功能已有较为清晰的认识，但植物与土壤有机碳的互作关系尚处于初步研究阶段，且大部分是针对非岩溶地区不同植物根系的影响范围，是对土壤有机碳的影响以及矿质营养的吸收等的研究，而对岩溶地区植物根系生长及其碳积累的研究鲜有报道。而同种植物在岩溶地区土壤与非岩溶地区土壤的根系生长和碳贡献差别较大，基于此，本研究从岩溶地区土壤碳积累和植物根系的关系出发，揭示不同土壤条件下，根系生长过程中根系碳沉积特征，以进一步探究岩溶生态系统不同植物根系生长及碳汇效应，以期为岩溶地区土壤资源的开发与合理利用及岩溶生态系统的恢复提供理论依据。

根系作为植物体重要组成部分，在植物生命活动中发挥着重要作用，包括水分的吸收与运输、矿质营养的溶解与运输和物质储藏等。植物体为了吸收满足其生长与发育所需的营养就必须构筑强大的根系与其他植物个体竞争，尤其在贫瘠的土地上。但是根系的发育受很多因素制约，比如植物种类、气候、小生境等。改变根系形态以获得更多的营养及分泌特殊物质、改变根际土壤营养形态以利于吸收利用是植物适应不利环境的主要方式。岩溶地区的生态环境脆弱，对环境的调节能力较弱，表现为岩溶干旱、土壤瘠薄（低营养）、高重碳酸盐以及钙镁浓度。岩溶地区植物的生长必须克服这些极端恶劣的生长环境因素，而根系生长动态的变化是植物应对这些环境因素的重要响应因子。

（二）植物根系提高土壤微生物丰度

根际是直接受植物根系和分泌物影响的土壤区域，是土壤微生物作用于植物的重要场所。根际包括 3 部分：根内、根表和外根际。根际土壤微生物对植物的生长和健康发挥着重要作用，根际微生物能够活化根际养分并促进植物根系吸收养分，也能提高植物的免疫力以抵抗生物和非生物的胁迫。另外，植物通过根系分泌物为根际微生物提供养分，根系分泌物中的某些组分还能作为信号分子调控根际微生物的行为。根际微生物研究的最终目标是充分利用根际微生物资源，促进植物生长、保持植物健康、减少农用化学品的投入，从而促进农业可持续发展。我国根际微生物研究主要围绕有益微生物资源（植物根际共生和非共生）收集、根际土壤接种应用等进行了大量研究工作。近年来，随着分子生物学和组学技术的发展，围绕着调控根际微生物促进植物生长和保持植物健康，在增强有益菌根际定殖、调控根际微生物群落结构、培育高生物肥力及抑病型土壤微生物区系等基础科学问题方面开展了研究。对人工接种的根际有益菌，在根际的有效定殖是其充分发挥功能的前提，对这一根际定殖过程及调控机理的研究至关重要。国内学者以解淀粉芽孢杆菌为材料，证明了全局性调控因子 AbrB、DegU、SinR 及代谢产物均能调控有益菌的根际定殖，也发现植物根系分泌的小分子有机酸可以促进特定有益菌的根际定殖。虽然单个根际有益微生物对植物非常重要，但根际微生物群体对宿主植物发挥着更为重要的作用。植物通过根系分泌物等形成了自己特有的根际微生物群落结构，也被称为植物的第二个基因组。因此，从根际微生物区系的水平上，研究整个植物根际的微生物群体组成特征，以及如何通过农业措施调控整个根际微生物群落，使其更利于宿主植物的生长等，是近几年植物根际微生物研究的重要方向。新一代高通量测序技术的发展，使植物根际微生物区系的研究进展迅速。

（三）植物根系防止水土流失

1. 植物根系网的固土作用

植物根系在土壤中的分布具有一定的水平幅度和垂直深度，有横向生长和纵向生长。植物根系在土壤中相互交错，将土壤颗粒束缚在一起，在一定程度上形成根系网。对土壤的水土保持有很大作用。植物根系在土壤中穿插，与土壤团粒、水分等形成活性有机体施于土壤的力有承载植物个体重量成为挤压土壤的挤压力，以及与土壤团粒、水分、微生物、矿质营养元素的相互吸引产生吸附力，根系越多越深越长，吸附面积越大、吸附力越大、固土能力越强。

植物根系固土作用的机制：由根系和土壤组成的特殊复合材料是由强度相对较低的土壤及嵌合于土壤基质中的具有较高抗张强度和聚合能力的根系组成的。在密集的根系影响下，疏松的土壤得到加固。根面积比、根重量比与根际土层增加的抗张强度呈正比关系。例如，龙须草根系生长量增多、根系固土量显著加大，根系数量与固土量呈极显著正相关（相关系数为 0.9985）。植物根系的刚性代表根系网的材料的刚性，刚性越强说明根系网越能抵御外来力的作用，说明植物软措施根系网的固土潜能是很大的。

2. 植物根系提高土壤的抗剪强度

活性根系与土壤团粒形成有机复合体，提高土壤抗剪强度。土壤的物理性质对土壤的抗剪切强度影响很大。土壤的抗剪强度与土壤的颗粒组成、土壤容重、土壤含水率等因素密切相关。植物根系的存在能明显地改善土壤的物理性质，因而在一定条件下，可以把土壤抗剪强度的增加归结为植物根系存在的结果。土壤－草本植被根系复合体原型结构式样的直剪实验发现，复合体抗剪强度随含根量增加而增大，抗剪强度指标也与含根量呈正相关。例如，嫩江大堤护坡各植物地不同土层的抗剪强度测定表明，表层土的抗剪性能较好、稳定性大，不易被外营力位移破坏。土壤稳定性与植物根量关系密切，根量大，其抗剪强度就大，土体的抗剪强度与根量呈显著的正相关（$r^2 = 0.9814$）。根系在土体中穿插，能明显地增大土壤的剪切强度。其中草本植物由于根密度大，须根数量多，每一单位草根密度的剪切强度增加值是树木根系的 2～3 倍。有根系的土壤比没有根系的土壤在达到土体破坏前，能承受较大的剪切位移。

（四）植物根系对土壤团聚体的影响

1. 植物根系对土壤团聚体形成和稳定性有重要作用

根系还可以间接地通过对土壤微生物或土壤中小型动物的影响来提高土壤团聚体的数量和稳定性。特别是在物理机制被证明无效的条件下，生物体自身能够在矿物基质中诱导出一个新的微观结构，这种结构通过对水的吸附会产生相应的吸力，进而促进生物细胞周围黏土颗粒的重组和重新定向，最终实现团聚体结构稳定性的强化。

2. 菌根对土壤团聚体的影响

近几年随着人们对土壤侵蚀问题的关注，越来越多的学者将菌根与团聚体的稳定性联系到一起。根系作为宿主所形成的菌根，在不同尺度上对微团聚体和大团聚体的形成有着一定的促进作用。丛枝菌根可有效提高土壤团聚体稳定性，且土壤团聚体稳定性与丛枝菌根的菌丝总长度和菌丝密度值呈正相关，主要作用于小尺寸的大团聚体（< 0.5 mm），但菌丝真菌必须与植物根系结合形成共同体，才能对土壤团聚体的形成和稳定起到积极作用。

此外，不同种类丛枝菌根真菌因其形态结构、生理特性、代谢产物等区别对土壤结构的影响不尽相同，甚至同一种真菌在形成与稳定土壤团聚体的效率上也可能存在差异。菌根真菌对土壤团聚体的影响机制可以总结为以下几个方面：

① 菌丝可包围和缠绕土壤初级颗粒、有机物质和小团聚体，促进大团聚体的形成，并且菌丝的形态特征也会对真菌稳定土壤团聚体的程度和规模产生强烈的影响。

② 真菌菌丝具有一定的抗拉强度，由菌丝体充当“柔性绳袋”可以调动一定的可塑性来承受孔隙水压力，以此来预防脆性断裂。

③ 菌根真菌的生理代谢活动可分泌黏性物质，使周围粒径较小的微团聚体聚集成较大的团聚体。

④ 菌根真菌可以为土壤“胶结剂”（土壤有机碳等）提供物理保护，防止其被土壤生物分解。

⑤ 菌根真菌可以影响根际周围的水分关系，增加水稳团聚体数量；感染菌根真菌会导致根形态的变化，进而影响土壤团聚体的稳定过程。

菌根真菌在影响土壤团聚体形成和稳定过程中具有物种特异性，即不同菌种对土壤团聚体的作用不同，并且同一种真菌在形成土壤团聚体和稳定土壤团聚体的效率上可能存在差异。因此，如果充分发挥菌根真菌的固土作用，就需选择特定地点的、兼容的植物和菌根真菌，这样才能保证其成功和效率的前景最大化。

3. 植物根系分泌物对土壤团聚体的影响

（1）植物根系的微生物本身或生理活动的分泌物对土壤有胶结作用，可将根系附近较小的团聚体黏聚成较大的团聚体，且在微生物的作用下，有机质分解产生的稳定高分子聚合有机酸可防止团聚体消散，从而提高了团聚体的稳定性。植物根系通过影响微生物活性及多样性来间接影响土壤团聚体的形成和稳定。例如，刺槐造林后细根参数和根际微生物群落组成的变化，研究发现细根的存在可以有效地影响根际土壤系统中根际微生物群落的组成。这主要是因为根系的脱落物或植物根系向土壤中分泌的某些无机和有机物质，是微生物重要的物质和能量来源，并且植物相应的次生代谢产物，以及根系分泌物中的低分子量化合物、聚合糖、根缘细胞和死根冠细胞，也会影响地下微生物的多样性和根际微生物群落的构成。植物除了为微生物提供养分，其所选择的根际生物群落种类也有所不同。古老的小麦品种被系统发育多样的根瘤菌定殖，而现代的作物品种的根际则以快速生长的变形菌为主，这是因为根系分泌物具有高度的植物物种特异性，但有关这种特异性的研究还很有限，需要进一步扩展加深。

（2）植物产生和分泌的某些次生代谢产物对微生物具有毒性，可能会抑制根际微生物群落的形成与发展。例如，人参根系分泌的酚酸类物质对纤维素分解菌等功能微生物类群有较强烈的抑制作用，其数量和活性随根系分泌物积累而显著降低。但根际微生物的结构不只受根系的影响，还受植物生长阶段的气候和季节、食草动物、农药处理、土壤的类型和结构等诸多因素的影响，因此需要综合考虑生境条件对微生物活性的影响。

拓展阅读

An ecosystem is a collection of organisms and the local environment with which they interact. For the soil scientist studying microbiological processes, ecosystem boundaries may enclose a single soil horizon or a soil profile. When nutrient cycling or the effects of management practices on soils are being considered, the ecosystem may be as large as an entire plant community and soil polypedon system.

【Soils and global warming】Soils are dynamic, open habitats that provide plants with physical support, water, nutrients, and air for growth. Soils also sustain an enormous population of microorganisms such as bacteria and fungi that recycle chemical elements, notably carbon and nitrogen, as well as elements that are toxic. The carbon and nitrogen cycles are important natural processes that involve the uptake of nutrients from soil, the return of organic matter to the soil by tissue aging and death, the decomposition of organic matter by soil microbes (during which nutrients or toxins may be cycled within the microbial community), and the release of nutrients into soil for uptake once again. These cycles are closely linked to the hydrologic cycle, since water functions as the primary medium for chemical transport.

Nitrogen (N), one of the major nutrients, originates in the atmosphere. It is transformed and transported through the ecosystem by the water cycle and biological processes. This nutrient enters the biosphere primarily as wet deposition to the soil surface (throughfall), where plants, microbial decomposers, or nitrifiers (microbes that convert ammonium [NH_4^+] to nitrate [NO_3^-]) compete for it. This competition plays a major role in determining the extent to which incoming nitrogen will be retained within an ecosystem.

Carbon (C) also enters the ecosystem from the atmosphere—in the form of carbon dioxide (CO_2) —and is taken up by plants and converted into biomass. Organic matter in the soil in the form of humus and other biomass contains about three times as much carbon as does land vegetation. Soils of arid and semiarid regions also store carbon in inorganic chemical forms, primarily as calcium carbonate ($CaCO_3$). These pools of carbon are important components of the global carbon cycle because of their location near the land surface, where they are subject to erosion and decomposition. Each year, soils release 4–5 percent of their carbon to the atmosphere by the transformation of organic matter into CO_2 gas, a process termed soil respiration. This amount of CO_2 is more than 10 times larger than that currently produced from the burning of fossil fuels (coal and petroleum), but it is returned to the soil as organic matter by the production of biomass.

A large portion of the soil carbon pool is susceptible to loss as a result of human activities. Land-use changes associated with agriculture can disrupt the natural balance between the

production of carbon-containing biomass and the release of carbon by soil respiration. One estimate suggests that this imbalance alone results in an annual net release of CO_2 to the atmosphere from agricultural soils equal to about 20 percent of the current annual release of CO_2 from the burning of fossil fuels. Agricultural practices in temperate zones, for example, can result in a decline of soil organic matter that ranges from 20 to 40 percent of the original content after about 50 years of cultivation. Although a portion of this loss can be attributed to soil erosion, the majority is from an increased flux of carbon to the atmosphere as CO_2. The draining of peatlands may cause similarly large losses in soil carbon storage.

Soils and climate have always been closely related. The predicted temperature increases due to global warming and the consequent change in rainfall patterns are expected to have a substantial impact on both soils and demographics. This anticipated climatic change is thought to be driven by the greenhouse effect—an increase in levels of certain trace gases in the atmosphere such as carbon dioxide (CO_2), methane (CH_4), and nitrous oxide (N_2O). The conversion of land to agriculture, especially in the humid tropics, is an important contribution to greenhouse gas emissions. Some computer models predict that CH_4 and N_2O emissions will also be very important in future global change. About 70 percent of the CH_4 and 90 percent of the N_2O in the atmosphere are derived from soil processes. But soils can also function as repositories for these gases, and it is important to appreciate the complexity of the source-repository relationship. For example, the application of nitrogen-containing fertilizers reduces the ability of the soil to process CH_4. Even the amount of nitrogen introduced into soil from acid rain on forests is sufficient to produce this effect. However, the extent of net emissions of CH_4 and N_2O and the microbial trade-off between the two gases are undetermined at the global scale.

Perhaps the most notable and pervasive role of soils in global warming is the regulation of the CO_2 budget. Carbon that is stored in terrestrial plants mainly through photosynthesis is called net primary production or NPP and is the dominant source of food, fuel, fibre, and feed for the entire population of Earth. Approximately 55 billion metric tons (61 billion tons) of carbon are stored in this way each year worldwide, most of it in forests. About 800 million hectares (20 billion acres) of forestland have been lost since the dawn of civilization; this translates to about 6 billion metric tons of carbon per year less NPP than before land was cleared for agriculture and commerce. This estimated decrease in carbon storage can be compared to the 5–6 billion metric tons of carbon currently released per year by fossil fuel burning. One is left with the sobering conclusion that reforestation of the entire planet to primordial levels would have only a temporary counterbalancing effect on carbon release to the atmosphere from human consumption of natural resources.

Carbon in terrestrial biomass that is not used directly becomes carbon in litter (about 25 billion metric tons of carbon annually) and is eventually incorporated into soil humus. Soil respiration currently releases an average of 68 billion metric tons of this carbon back into the atmosphere. The natural cycling of carbon is directly and indirectly affected by land-use changes through deforestation, reforestation, wood products decomposition, and abandonment of agricultural land. The current estimate of carbon loss from all these changes averages about 1.7 billion metric tons per year worldwide, or about one-third the current loss from fossil fuel burning. This figure could as much as double in the first half of the 21st century if the rate of deforestation is not controlled. Reforestation, on the other hand, could actually reduce the current carbon loss by up to 10 percent without exorbitant demands on management practices.

【Climate change】Climate change, periodic modification of Earth's climate brought about as a result of changes in the atmosphere as well as interactions between the atmosphere and various other geologic, chemical, biological, and geographic factors within the Earth system.

The atmosphere is a dynamic fluid that is continually in motion. Both its physical properties and its rate and direction of motion are influenced by a variety of factors, including solar radiation, the geographic position of continents, ocean currents, the location and orientation of mountain ranges, atmospheric chemistry, and vegetation growing on the land surface. All these factors change through time. Some factors, such as the distribution of heat within the oceans, atmospheric chemistry, and surface vegetation, change at very short timescales. Others, such as the position of continents and the location and height of mountain ranges, change over very long timescales. Therefore, climate, which results from the physical properties and motion of the atmosphere, varies at every conceivable timescale.

思考题

1. 简述土壤微生物和土壤性质的关系。
2. 土壤酶有哪些来源？其作用有哪些？
3. 植物根系与土壤的相互作用有哪些？

参考文献

[1] 施昊坤，吴次芳，张茂鑫，等．土地整治对工业区周边土壤微生物多样性和群落结构影响分析[J]．环境科学学报，2020，40(1)：212-223.

[2] 罗俊，林兆里，李诗燕，等．不同土壤改良措施对机械压实酸化蔗地土壤理化性质及微生物群落结构的影响[J]．作物学报，2020，46(4)：596-613.

[3] 袁仁文，刘琳，张蕊，等．植物根际分泌物与土壤微生物互作关系的机制研究进展[J]．国农学通报，2020，36(2)：26-35.

[4] 褚海燕，冯毛毛，柳旭，等．土壤微生物生物地理学：国内进展与国际前沿[J]．土壤学报，2020，57(3)：515-529.

[5] 张莉，王长庭，刘伟，等．不同建植期人工草地优势种植物根系活力、群落特征及其土壤环境的关系[J]．草业学报，2012，21(5)：185-194.

[6] 李勇，徐晓琴，朱显谟，等．植物根系与土壤抗冲性[J]．水土保持学报，1993，3：11-18.

[7] 王庆成，程云环．土壤养分空间异质性与植物根系的觅食反应[J]．应用生态学报，2004，6：1063-1068.

[8] 蒋静，张超波，张雪彪，等．土壤水分对植物根系固土力学性能的影响综述[J]．中国农学通报，2015，31(11)：253-261.

[9] 贺红早，周运超，张春来．土壤与植物根系特征及碳积累探究[J]．中国岩溶，2017，36(4)：463-469.

[10] 刘均阳，周正朝，苏雪萌．植物根系对土壤团聚体形成作用机制研究回顾[J].

水土保持学报，2020，34（3）：267-273.
[11] 刘定辉，李勇．植物根系提高土壤抗侵蚀性机理研究[J]．水土保持学报，2003，3：34-37+117.
[12] 徐炜杰，郭佳，赵敏，等．重金属污染土壤植物根系分泌物研究进展[J]．浙江农林大学学报，2017，34（6）：1137-1148.
[13] 毛瑢，孟广涛，周跃．植物根系对土壤侵蚀控制机理的研究[J]．水土保持研究，2006，2：241-243.
[14] 郭庆荣，张秉刚，钟继洪．植物根系吸收土壤水分的研究综述[J]．热带亚热带土壤科学，1996，3：173-179.
[15] 关松阴．土壤酶及其研究方法[M]．北京：农业出版社，1986.

第五章

土壤环境污染

第一节　土壤环境污染物与污染源

一、土壤污染物

（一）土壤污染物概念

凡是妨碍土壤正常功能，降低作物产量和质量，还通过粮食、蔬菜，水果等间接影响人体健康的物质，都可称为土壤污染物。

（二）土壤污染物类型

进入土壤的污染物，因其类型和性质的不同而主要有固定、挥发、降解、流散和淋溶等不同去向，可以分为以下几类：

1. 有机污染物

农药是主要有机污染物，目前大量使用的农药种类繁多，主要分为有机氯和有机磷两大类，例如，DDT、六六六、狄氏剂（有机氯类）、马拉硫磷、对硫磷、敌敌畏（有机磷类）。这些直接进入土壤的农药，大部分被植物吸附，此外还有石油、化工、制药、油漆、染料等工业排出的三废中的石油、多环芳烃、多氯联苯、酚等，也是常见的有机污染物。有些有机污染物能在土壤中长期残留，并在生物体内富集，其危害是严重的。

2. 无机污染物

主要来自进入土壤中的工业废水和固体废物。硝酸盐、硫酸盐氯化物、可溶性碳酸盐等是常见的且大量存在的无机污染物。这些无机污染物有会使土壤板结、改变土壤结构、土壤盐渍化和影响水质等危害。

3. 重金属污染物

汞、镉、铅、砷、铬、锌等重金属会引起土壤污染。这些重金属污染物主要来自冶炼厂、矿山、化工厂等工业废水渗入和汽车废气沉降。公路两侧易会被铅污染；砷被大量用作杀虫剂和除草剂；磷肥中含有镉；废旧电池随意丢弃。土壤一旦被重金属污染，是较难彻底清除的，对人类危害严重。

4. 固体废物

主要指城市垃圾及矿渣、煤渣、煤矸石和粉煤灰等工业废渣。固体废物的堆放占用大量土地，而且废物中含有大量的污染物，污染土壤、恶化环境，尤其城市垃圾中的废塑料包装物已成为严重的“白色污染”物。

5. 病原微生物

生活和医院污水、生物制品、制革与屠宰的工业废水、人畜的粪便等是土壤中病原微生物的主要来源。

6. 放射性污染物

主要有两个方面，一是核试验；二是原子能工业中所排出的“三废”。由于自然沉降、雨水冲刷和废弃物堆积而污染土壤。土壤受到放射性污染是难以排除的，只能靠自然衰变达到稳定元素时才结束。这些放射性污染物会通过食物链进入人体进而危害健康。

（三）土壤污染物的主要危害

（1）导致农作物减产。目前对于各种土壤污染造成的经济损失，尚缺乏系统的调查资料。仅以土壤重金属污染为例，全国每年就因重金属污染而造成粮食减产 1000 多万吨，另外被重金属污染的粮食每年也多达 1200 万吨，合计经济损失至少 200 亿元。

当土壤中的污染物含量超过植物的忍耐限度时，会引起植物的吸收和代谢失调；一些残留在植物体内的有机污染物，会影响植物的生长发育，甚至会导致遗传变异；铜、镍、钴、锰、锌等重金属和类重金属以及砷等会引起植物生长发育障碍。油类、苯酚等有机污染物会使植物生长发育受到障碍，导致作物矮化、叶尖变红、不抽穗或不开花授粉；三氯乙醛能破坏植物细胞原生质的极性结构和分化功能，使细胞和核的分裂产生紊乱，形成病态组织，阻碍正常生长发育，甚至导致植物死亡。

（2）土壤污染导致其他环境问题。土地受到污染后，含重金属浓度较高的污染表土容易在风力和水力的作用下分别进入大气和水体中，导致大气污染、地表水污染、地下水污染和生态系统退化等其他次生态环境问题。

（3）土壤污染导致生物品质不断下降。我国大多数城市近郊土壤都受到了不同程度的污染，有许多地方粮食、蔬菜、水果等食物中镉、铬、砷、铅等重金属含量超标和接近临界值。土壤污染除影响食物的卫生品质外，也明显地影响到农作物的其他品质。有些地区污染已经使得蔬菜的味道变差，易烂，甚至出现难闻的异味；农产品的储藏品质和加工品质也不能满足深加工的要求。

（4）土壤污染对人体健康造成影响。在被污染土壤中生长的作物吸收和积累了大量有毒物质（植物残毒），这些有毒物质通过食物链最终影响人体健康（如汞、镉、铅、六六六、DDT 等）。另外，病原体污染，包括寄生虫、传染性细菌和致病病毒等，可以把疾病直接传染给人，对人体健康的危害更为严重。

二、土壤主要污染源

（一）土壤污染源的来源

1. 污水排放

生活污水和工业废水中，含有氮、磷、钾等许多植物所需要的养分，所以合理地使用污水灌溉农田一般有增产效果，但污水中还含有重金属、酚、氰化物等许多有毒有害的物质，如果污水没有经过必要的处理而直接用于农田灌溉，会将污水中有毒有害的物质带至农田，污染土壤。例如，冶炼、电镀、燃料、汞化物等的工业废水能引起镉、汞、铬、铜等重金属污染；石油化工及肥料、农药制造等的工业废水会引起酚、三氯乙醛等有机物的污染。

2. 废气

大气中的有害气体主要是工业中排出的有毒废气，它的污染面大，会对土壤造成严重污染。工业废气的污染大致分为两类：气体污染，如二氧化硫、氟化物、臭氧、氮氧化物、碳氢化合物等；气溶胶污染，如粉尘、烟尘、烟雾、雾气等粒子，它们通过沉降或降水进入土壤，造成污染。例如，有色金属冶炼厂排出的废气中含有铬、铅、铜、镉等重金属，对附近的土壤造成污染；生产磷肥、氟化物的工厂会对附近的土壤造成粉尘污染和氟污染。

3. 化肥

施用化肥是农业增产的重要措施，但不合理的使用，也会引起土壤污染。长期大量使用氮肥，会破坏土壤结构，造成土壤板结、生物学性质恶化，影响农作物的产量和质量。过量地使用硝态氮肥，会使饲料作物含有过多的硝酸盐，妨碍牲畜体内氧的输送，使其患病，严重的可导致死亡。

4. 农药

农药能防治病、虫、草害，如果使用得当，可保证作物的增产，但它是一类危害性很大的土壤污染物，施用不当，会引起土壤污染。喷施于作物体上的农药（粉剂、水剂、乳液等），除部分被植物吸收或逸入大气外，有一半左右散落于农田，这一部分农药与直接施用于田间的农药（如拌种消毒剂、地下害虫熏蒸剂和杀虫剂等）构成农田土壤中农药的基本来源。农作物从土壤中吸收农药，在根、茎、叶、果实和种子中积累，通过食物、饲料危害人体和牲畜的健康。此外，农药在杀虫、防病的同时，也使有益于农业的微生物、昆虫、鸟类遭受危害，破坏了生态系统，使农作物遭受间接损失。

5. 固体污染

工业废物和城市垃圾是土壤的固体污染物。例如，各种农用塑料薄膜作为大棚、地膜覆盖物被广泛使用，如果管理、回收不善，大量残膜碎片散落田间，会造成农田“白色污染”。这样的固体污染物既不易蒸发、挥发，也不易被土壤微生物分解，是一种长期滞留土壤的污染物。

（二）土壤主要污染源的特点

土壤污染具有隐蔽性和滞后性。大气污染、水污染和废弃物污染等问题一般都比较直观，通过感官就能发现。而土壤污染则不同，它往往要通过对土壤样品进行分析化验和农作物的残留检测，甚至通过研究对人、畜健康状况的影响才能确定。因此，土壤污染从产生污染到出现问题通常会滞后较长的时间。如日本的“痛痛病”经过了10～20年才被人们所认识。

1. 累积性

污染物质在大气和水体中，一般都比在土壤中更容易迁移。这使得污染物质在土壤中并不像在大气和水体中那样容易扩散和稀释，因此容易在土壤中不断积累而超标，同时也使土壤污染具有很强的地域性。

2. 不可逆转性

重金属对土壤的污染基本上是一个不可逆转的过程，许多有机化学物质的污染也需要较长的时间才能降解。例如，被某些重金属污染的土壤可能要100～200年时间才能够恢复。

3. 难治理

如果大气和水体受到污染，切断污染源之后通过稀释作用和自净化作用也有可能使污染问题不断逆转，但是积累在污染土壤中的难降解污染物则很难只靠稀释作用和自净化作用来消除。土壤污染一旦发生，仅仅依靠切断污染源的方法则往往很难消除，有时要靠换土、淋洗土壤等方法才能解决问题，其他治理技术可能见效较慢。因此，治理污染土壤通常成本较高、治理周期较长。鉴于土壤污染难于治理，而土壤污染问题的产生又具有明显的隐蔽性和滞后性等特点，因此土壤污染问题一般都不太容易受到重视。

4. 高辐射

大量的辐射污染了土地，使被污染的土地含有了一种毒质，这种毒质会使植物停止生长。焚烧树叶里含有一种有毒物质，在一般情况下是不会散发出来的。但一遇火，就会蒸发毒物。人呼吸，就会中毒。

5. 土壤污染的间接危害性

土壤中污染物一方面通过食物链危害动物和人体健康；另一方面还能危害自然环境。例如，一些能溶于水的污染物，可从土壤中淋洗到地下水里而使地下水受到污染；另一些悬浮物及土壤所吸附的污染物，可随地表径流迁移，造成地表水污染；而污染的土壤被风吹到远离污染源的地方，扩大了污染面。所以土壤污染又间接污染水和大气，成为水和大气的污染源。

第二节　土壤环境背景值和环境容量

土壤环境指连续覆被于地球陆地地表的土壤圈层。土壤环境要素组成有农田、草地和林地等，是人类的生存环境——四大圈层（大气圈、水圈、土壤－岩石圈和生物圈）的一个重要的圈层，连接并影响着其他圈层。

一、土壤环境背景值

（一）概念及特点

1. 概念

土壤环境背景值是指在不受或很少受人类活动影响、现代工业污染与破坏的情况下，土壤原来固有的化学组成和结构特征，又称环境本底值。它反映土壤质量的原始状态。环境背景值实际上只是一个相对的概念，只能是相对不受污染情况下，环境要素的基本化学组成。化学元素含量超过了环境背景值且能量分布异常，表明环境可能受到了污染。但在人类的长期活动，特别是现代工农业生产活动的影响下，自然环境的化学成分和含量水平发生了明显的变化，要找到一个区域的环境要素的背景值是很困难的。因此，环境背景值实际上是相对不受直接污染情况下环境要素的基本化学组成。

2. 特点

（1）时间上的相对性。土壤的发展演变过程中，其组成一直在不断发生变化。而由于生物对环境的适应性，目前的土壤的组成才适合当前生物的生长。

（2）空间上的相对性。地球上的不同区域，从岩石成分到地理环境和生物群落都有很大的差异，其间生长的生物也都各自适应所在的环境，所以，其背景值因地理位置而有所差异。

（二）土壤环境背景值研究

1. 国外土壤环境背景值研究

土壤元素环境背景值研究以美国的研究规模最大，最为系统完整，从20世纪60年代起，美国地质调查所为建立土壤中元素的基线值，开展了一系列的区域土壤背景值调查工作。1975年提出大陆岩石、沉积物、土壤、植物及蔬菜的元素背景值；美国大陆本土以80 km × 80 km布设一个采样点，报道了46个元素的背景值，之后又在阿拉斯加州采集35个样品，分析测试了35个元素，至今，美国完成了全国土壤背景值的调查研究。

加拿大也从1975年和1976年分别列出了曼尼巴省和安大略省土壤中若干元素的背景值；日本在1978年报告了水稻土的元素背景值。

2. 我国土壤环境背景值研究

我国的土壤环境背景值研究始于20世纪70年代后期，是国家“七五”重点科技攻关项目课题之一，其目的在于获得中国主要土类60多种元素准确可比的背景值，编制中国土壤环境背景值图集，探讨土壤背景值的区域分异规律及影响因素、土壤背景值的区域分异性，还探讨了其在环境健康、环境评价和农业利用等方面的应用前景。包括北京、南京、广州、重庆，以及华北平原、东北平原、松辽平原、黄淮海平原，西北黄土、西南红黄壤等的土壤背景值。

土壤元素背景值是检验过去和预测未来土壤环境演化的基础性资料，也是判断土壤中化学物质与环境质量的必要的基础数据。

（三）土壤环境背景值与地方病和污染病的关系

地球上的生物度都是在地壳物质生长繁育起来的。研究表明，人体血液与地壳中的多种元素（Fe、Zn、I、Co、V、Mn、Cr、Mo、Sn、Cu、Al、As、Sb、Pb、Cd、Ni、Hg）呈显著正相关，而与海水无相关性。我国学者的研究也发现，在一定的环境单元内，岩石、土壤与植物和水下底泥之间，Cu、Zn、Ni、Mn、Pb、Cd元素含量呈极显著正相关。水体中的元素含量与土壤、植物和底泥都不相关，只与岩石成分有正相关趋势，说明土壤与环境和生物的密切关系（表5-1）。

表5-1　Cu、Zn、Mn、Ni、Pb、Cd在各环境要素之间含量相关矩阵

	岩石	土壤	植物	底泥	水体
岩石	1	0.9995	0.9956	0.9987	0.5009
土壤		1	0.9937	0.9970	–0.2904
植物			1	0.9985	–0.2629
底泥				1	–0.2963
水体					1

注：岩石：岩石中Cu、Zn、Mn、Ni、Pb、Cd的含量；土壤：土壤中Cu、Zn、Mn、Ni、Pb、Cd的含量；植物：植物中Cu、Zn、Mn、Ni、Pb、Cd的含量；底泥：底泥中Cu、Zn、Mn、Ni、Pb、Cd的含量；水体：水体中Cu、Zn、Mn、Ni、Pb、Cd的含量。

土壤中各元素与生命活动的密切关系，是通过食物链组建起来的。根据土壤元素含量及其对生物的作用，可将土壤分为两大类：生物必需元素和非

必需元素。在必需元素中，有的对所有生物（动、植物和人类）都必需，有的只对植物必需，如硼；有的只对动物和人类需要，如钴、硒。不过，必需与非必需元素的界限，是随着生物与环境之间的相互作用的发展而转变的，也是随着科学技术水平提高而逐渐被发现或认识的，从现在必需元素的确定历史过程可以说明这一点。例如，就对植物的元素来说，最早只认识为碳、氢、氧、磷、钾、硫、镁、钙、铁等10种元素是必需的，后来才逐渐认识锰、硼、锌、铜、钼、氯对植物的必需性。必需元素含量过低时，生命活动不能正常进行；过高时，对生命活动又不利，它们只能维持在一定的浓度范围之内，才能使生命活动正常运行。非必需元素在土壤环境中含量过低时，对生命尚无明显不利作用，但稍稍升高会导致严重的后果，例如汞、镉等。因此，土壤元素背景含量的波动都会在生物（包括植物、动物和人类）体上反映出来，土壤中某些元素含量的变化已经引起了明显的病变，即所谓的地方性疾病。目前已经基本明确病因的地方性疾病有甲状腺肿、氟病、大骨节病及克山病等，它们都是由于土壤中某一个或几个元素背景含量异常（过高或过低）而引起的。另外，现代人为活动引起的环境污染所导致的污染也很突出。

1. 地方性甲状腺肿

此病是由地区性土壤环境中碘元素含量过低（如山区），或含量过高（如沿海）所造成的。表现为地方性甲状腺组织增生与肥大，因病变位于颈部，又叫大脖子病。土壤中的碘常以阴离子态存在，因此迁移能力强，容易淋溶损失。在高温多雨与淋溶性地区容易缺碘。在有机质含量丰富的土壤中，容易被吸附固定，难以参与生物循环，因此有的地方土壤中并不缺碘，粮食中碘含量却较少。世界上许多国家都有这种病，全球约有2亿患者。主要流行于亚洲的喜马拉雅山、非洲的刚果河流域、南美洲的安第斯山区等，我国西北、东北、华北和西南等地区的山区及丘陵地区最重，另外渤海湾南部、山东日照市、广西北海市等沿海或平原区也有病例。我国学者曾提出国内土壤碘的地理分布与地方性甲状腺肿分布的一般模式：从湿润地区到干旱地区，从内陆到沿海，从山岳到平原，从河流上游到下游，土壤环境中的碘由淋溶转为积累。因此，缺碘的地方性甲状腺肿的流行强度由山地丘陵到平原渐减，最后消失。相反，干旱半干旱气候和沿海地区，又往往发生高碘的地方性甲状腺肿。

2. 地方性氟病

地方性氟病包括龋齿与地方性氟中毒。由于氟的水迁移性强，所以在高温多雨与淋溶性地区易于产生缺氟病，如山地、丘陵、酸性淋溶的林地等区域，氟的积累则往往是相对干燥地带，它们或是干旱与半干旱的富钙地球化学环境，或是半湿润的富铁地球化学环境。

3. 克山病

为一种地方性心肌病，最早在我国黑龙江克山县发现，故名为克山病。我国东北、华北、西北及西南等地 15 个省区 309 个县都有克山病流行，形成东北—西南走向的“病带”。“病带”土壤硒、钼含量低，硒含量小于 0.17 mg/kg。据研究这是与钼和硒含量有关的地方性疾病。病区的土壤环境是气候湿润多雨的低山丘陵，土壤为棕壤、褐土系列，富含腐殖质。

4. 水俣病

因人体摄入过量的汞尤其是甲基汞所引起的脑损伤，于 1953 年在日本九州岛水俣湾首次发现。最初是在动物体上发现的，后来在人体上发现。水俣病是以脑组织损伤为特征，轻度患者症状为鼻、唇、舌、足麻木，语言不清，记忆力减退，动作笨拙，步态不稳；严重患者全身瘫痪、痉挛、吞咽困难，最后死亡。这种病的发生是水环境中汞污染物通过水生生物进入人体引起的（图 5–1）。

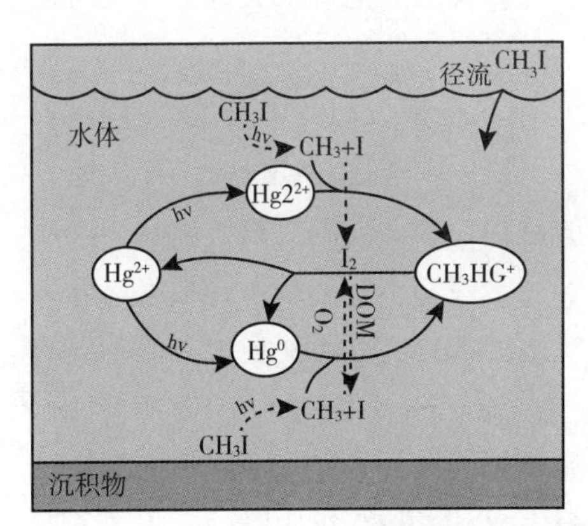

图 5–1　汞循环与进入人体的途径

（闵九康，2013）

合成醋酸过程中采用的催化剂氯化汞和硫酸汞，随废水排入邻近的水俣湾内，沉淀在底泥里。氯化汞和硫酸汞在海底泥里被一种叫甲基钴胺素的细菌作用变成毒性更强的甲基汞。甲基汞每年能以 1% 速率释放出来，对上层海水形成二次污染，长期生活在这里的鱼虾贝类最易被甲基汞所污染，据测定水俣湾里的海产品含有汞的量已超过可食用量的50倍，居民长期食用此种含汞的海产品，就成为甲基汞的受害者。一旦甲基汞进入人体就会迅速溶解在人的脂肪里，并且大部分聚集在人脑部，黏着在神经细胞上，使细胞中的核糖核酸减少，引起细胞分裂死亡。

5. 大骨节病

属于变形性骨关节病，主要侵害生长发育期的儿童，其基本病变是软骨的变性、坏死。轻者关节增粗、疼痛，重者身材矮小、关节畸形、终身残疾，丧失劳动能力。

我国分布于黑龙江、吉林、辽宁、河北、河南、山东、山西、陕西、甘肃、四川、台湾、内蒙古、西藏等省区。

此病的病因尚未明确，具体有以下几种说法：

（1）生物地球化学说。最初由苏联学者提出，认为本病由1种或几种元素过多、不足或不平衡所引起。我国科学家发现大骨节病与环境低硒有密切关系：我国本病病区分布与低硒土壤地带大体上一致，大部分病区土壤硒总量在0.15 mg/kg以下，粮食硒含量多低于0.02 mg/kg；病区人群血、尿、头发硒含量低于非病区人群，患者体内可查出与低硒相联系的一系列代谢变化；病区人群头发硒水平上升时，病情下降；补硒后能降低大骨节病的新发率，促进干骺端病变的修复。

（2）不支持低硒是本病的病因。有些地区低硒，但并不发生大骨节病，如陕西省的榆林、洛南以及四川省、云南省的一些克山病病区；有些地方硒并不很低，却有本病发生，如山东省的益都，山西省的左权、霍县，陕西省的安康，青海省的班玛等；补硒后不能完全控制本病的新发；细胞培养表明，软骨细胞生长对硒并无特殊需要；低硒的动物实验不能造成类似本病的软骨坏死。

（3）真菌毒素说。认为病区谷物被某种镰刀菌污染并形成耐热的毒性物质，居民因食用含此种霉素的食物而得病。20世纪60年代以后，我国学者杨建伯等继续进行这一方面的研究，病区玉米中检出最多的真菌是尖孢镰刀菌；并在病区玉米粉和面粉中检出多量镰刀代谢产物苏糖醇和木糖醇，其含量与大骨节病病情之间存在“剂量效应”联系。用病区谷物分离的镰刀菌接种于非病区玉米制成菌粮，按10%比例加入正常饮料喂养雏鸡，可引起雏鸡膝关节骺板软骨带状坏死。

真菌霉素说当前面临的主要问题是：在流行病学上如何解释病区近距离

灶状分布问题，用温度、湿度、粮食收割储存条件等难以做出令人信服的解释；各病区分离出的菌种不尽相同，病区与非病区间的差别不够规律；细胞培养证明，镰刀菌毒素（如禾谷粉红色镰刀菌的 TDP-1、梨孢镰刀 T-2 等）对软骨细胞并无选择性毒性作用。

（4）有机物中毒说。认为本病系病区饮水被腐殖质污染所致。我国在1979—1982 年的陕西省永寿县大骨节病科学考察中，测得水中腐殖酸总量和羟基腐殖酸含量与大骨节病患病变率呈正相关。近年来对病区饮水中有机物的分离鉴定表明，病区与非病区腐殖酸结构的核心部分无明显差异，小分子有机物如酚醌类、含硫和氮的苯并噻唑类化合物在病区饮水中较多出现。

（5）近年来，有学者提出低硒、真菌毒素和饮水中有机物三者复合致病假说，即粮食受真菌污染和饮水受有机物污染的共同结果，引起发病。这一观点所面临的主要问题是，危害为何只选择性作用于软骨细胞，而对其他组织不带来明显损害。

6. 痛痛病

由镉中毒引起。表现为腰疼、背疼、膝关节疼，步行困难，呈摇摆状态；镉中毒，主要损害肾脏和骨骼，使人体内钙质排出体外，引起钙不足导致骨质疏松和软化。1931 年起，日本富山县神通川流域出现一种怪病，使许多妇女自杀。1960 年证实病因是镉中毒。又通过十几年的流行病学、临床、病理以及动物实验等方面的深入细致的研究工作，于 1968 年证实并指出“痛痛病”是由镉引起的慢性中毒。它的化学性质使它取代钙离子与体内的负离子结合，导致骨骼中因镉的含量增加而脱钙，造成严重的骨骼疏松。它还会使肾脏受损，继而引起骨软化症，是在妊娠授乳、内分泌失调、老年化和钙不足等诱因作用下形成的疾病。发病是由于神通川上游某铅锌矿的含镉选矿废水和尾矿渣污染了河水，使其下游用河水灌溉的稻田土壤受到污染，产生了“镉米”，人们长期食用“镉米”和饮用含镉的水而得病。

7. 砷中毒

砷中毒是由人体摄入过量砷所致，现已成为一个世界环境问题，各国都非常重视。砷的来源很广，如开矿、冶炼、农药使用和高背景区物质迁移影响所致。砷主要危害神经细胞使细胞代谢失调，主要表现为食欲不振、恶心、眩晕、肝肿大、皮肤色素高度沉着，还可致癌。

8. 铅中毒

人体摄入过量的铅，会引起神经系统、造血系统和消化系统的综合症状，表现为食欲减退、头晕、失眠、记忆力减退、贫血及便秘等。幼儿铅中毒还会影响智力。

（四）土壤背景值的确定

1. 土壤中元素背景值的检验方法

由于背景值具明显的区域性特征和全球污染普遍存在，元素的背景浓度一般只能由分析当地土样获得。必须对样品分析数据进行检验，判断土壤及其层次、样点是否被污染，找到并剔出受污染之样品，客观地推断元素的自然本底值。主要有以下几种检验判断方法：

（1）地球化学异常值法。以样品中元素浓度大于平均值 2～3 倍标准差为污染样品。此法源于地球化学异常值与背景值之判断。有些研究者认为应注意“异常”是否高浓度自然背景值。

（2）污染样品或含量过高样品别出法。对污染源调查后别出明显受污染或含量过高的样品，再计算背景值更为合理。

（3）表、底土元素浓度对比检验法。污染可通过多种渠道，但主要是由土壤表面进入，污染物被表层土壤吸收并积累，因而污染元素在表土中的浓度大于底土。由此，表土某元素浓度大于底土即可认为是污染样品或土壤层次（或表土某元素浓度与底土该元素浓度之比显著大于 1）。或用 Fisher 氏表、底土元素浓度差异性对比法来检验，其公式为：

$$t=\frac{\bar{x}\sqrt{n}}{s}$$

式中　n——样品数；

$\bar{x}$——各样点表、底土间浓度差的平均值；

S——各样点表、底土间浓度差的标准偏差。

由 t 分布表查概率 ρ，若 $\rho<0.1$，则表、底土平均浓度有显著差异。此法可判断区内土壤是否污染而不能判断具体样点。元素可因风化成土过程而在土壤表层相对富集，这种判断法易将此种富集误判为污染。

（4）TiO_2 富集系数法。含 TiO_2 矿物一直为土壤学中的指示矿物，用以判断风化程度及元素的移动性。风化使某些元素淋失或相对富集时，TiO_2 因高抗风化难移性也相对富集，它在土壤中含量高易测定，又较少外来污染，被选作参比元素，用以检测土壤及各层次中元素是否有外来污染或被淋溶及其程度。方法是以 TiO_2 的含量作参比求其他元素的富集系数：

$$某元素的富集系数=\frac{土壤中某元素浓度/土壤中TiO_2含量}{岩石中该元素浓度/岩石中TiO_2含量}$$

若富集系数 > 1，则该元素有污染，< 1 则该元素淋失。显然，此法要求每一个土壤剖面的土层和下伏基岩确属同一来源。

（5）元素相关性检验法。由于某些元素的地球化学特性相近或有一定的相关性，所以它们在母质来源相同的土壤中，其浓度值之间也就有一定的相关性。找出一种无污染来源、能代表自然背景浓度而又与其他一些元素有一定相关性之元素作为参比元素，求出其他元素与参比元素浓度的线性回归方程：

$$\ln（某元素浓度）= b + a\ln（参比元素浓度）$$

式中 a——该元素与参比元素的自然比率；

e——自然对数底；

b——回归系数。

再求出其相关系数 r。以 e 为底的回归方程其 $r = \pm 0.7$ 可认为相关性较显著，$r < 0.7$ 有一定中相关，r 过小为不相关，r 负值为负相关。可再用 t 检验或查相关系数显著性限表来检验 r 的显著性。

上述几种方法考虑了元素浓度与污染和土壤之相互关系，比单纯用统计方法直接计算的元素背景值更合乎客观实际。但土壤是极其复杂的自然体，这些方法也各具局限性和缺陷。我国北京、南京、广州等市郊土壤环境背景值研究中也引用或做方法的探索性研究。

2. 土壤环境背景值的统计方法

任何一批土壤样品分析所得的数据，总带有倾向性的含量系统变化特征，而目前还没有表征土壤中元素来源、迁移与扩散聚集的数学模型，为准确描述自然背景值的正常范围，必须研究和采用统计分析方法。

土壤中元素浓度分布及产生原因的研究比岩石中的研究要少得多。部分元素初步研究表明，土壤中元素浓度往往具有正态、对数正态和偏态等多态分布特性。

土壤地球化学测量找矿实践中，常见微量元素的浓度具有对数正态分布的倾向。自然界元素最常见的是多态分布，天然物质中的元素尤其是微量元素有表现为正偏斜频率分布的趋势。澳大利亚昆士兰不同气候与成土母质的多种土壤中 118 个表土样 14 种元素的专门研究得出：Ca、Co、Cu、Fe、Mg、Mn、Na、Zn 为 Gamma 分布；Ti、Zr 为对数正态分布；Ni 为 Beta-2 型分布。日本 15 个道县 155 个水稻田表土样的研究得出：Pb、Zn、Cu、Ni、C

呈对数正态分布；V 介于正态与对数正态分布之间。认为元素浓度如果由随机及互不相关的若干决定性因子一次结合所决定时，可产生正态分布；如果是由无数有积成性的、互为因果关系的各种因子所决定（自然界发生的各种让程均可视为许多因果关系的联结）就可呈对数正态分布；元素浓度在自然界一般趋向于受无规则增大（值增加）原理所制约，就呈 Gamma 分布。而自然界造成对数正态分布和 Gamma 分布的原因可能都同时存在，实际上究竟是哪一种或是两者组合成的介于中间的类型难以得出结论，且两者差别不大，因目的是推断自然本底值，方可将 Gamma 分布作为对数正态分布而论。我国南京市郊土壤中（见前）14 种元素由 51 个土壤剖面样本研究得出：Cr、La、Se 为正态分布；Pb、As、Hg、Mu、Cd、Mo 为对数正态分布；Co、Ni、Zn、Cu、Se 呈正偏分布。同样本中不同元素有不同分布类型，同分布类型中不同元素的置信水平相差较大，这主要是由于元素地球化学行为和不同成土母质中元素含量差别较大所致。

3. 土壤中元素自然背景值的计算方法

早期多以地球化学克拉克值为环境背景值，前不久则常用算术平均值 ± 标准差。目前国内外重要研究中多采用与元素浓度频数分布类型相适应的统计方法来计算平均浓度和标准差，有数字计算和图算两类方法。

（五）土壤环境背景值的应用

1. 土壤环境背景值是制定土壤环境质量标准的依据

（1）土壤环境质量标准。土壤环境质量标准是为了保护土壤环境质量，保障土壤生态平衡，维护人体健康而对污染物在土壤环境中的最大允许含量所做的规定，是环境标准的重要组成部分，是国家环境法规之一。

土壤环境质量基准值：土壤污染物对生物与环境不产生不良或有害影响的最大剂量或浓度。由污染物同特定对象之间的剂量–反应关系确定。

土壤环境质量标准以土壤环境质量基准值为依据，并考虑社会、经济和技术等因素，经综合分析制定。一般具法律强制性。原则上，土壤环境质量标准≤土壤环境质量基准值。

（2）利用土壤背景值确定土壤环境质量基准值方法。

① 利用背景值代替基准值，如加拿大安大略省 1978 年规定的 Cd、Ni、Mo。

② 土壤背景值加标准差等于基准值，如：我国 1970 年，荷兰。

③ 以高背景区土壤元素平均值作为基准值。

2. 反映土壤中化学元素的丰度

土壤环境背景值为制定施肥规划、方案提供基础数据。

3. 土壤环境背景值是土壤污染评价不可缺少的依据

为土壤质量评价、划分质量等级和土壤污染评价、划分污染等级提供基础参数和标准。

4. 反映区域土壤化学元素的组成和含量

通过对元素背景值的分析，可以找到土壤、植物、动物和人群之间某些异常元素的相互关系。

二、土壤环境容量

在生物生存和自然生态不受害的前提下，某一环境单元所能容纳的污染物的最大负荷量总是一定的，也就是环境容量。

（一）概念

土壤环境容量是指在一定的环境单元、一定时限内遵循环境质量标准，既保证农产品质量和生物学质量，也不使环境受污染时，土壤所能容纳污染物的最大负荷量。换句话说，不超过土壤中的有害物含量从背景值起到达污染水平值之间的浓度范围。

土壤污染水平也称土壤临界浓度，一般是指生物开始表现为受害症状时，土壤有害物质的浓度使作物减产 10% 时的元素含量；微生物或土壤动物的呼吸强度发生变化，微生物的群落发生变化，或者生物体有害物质的含量达到或超过卫生标准（此时植物生长仍可能正常）。

土壤从背景值开始到污染水平的浓度主要决定于两方面：一方面是生物的适应能力——种类、品种、生育期、生长势；另一方面是土壤对该物质的缓冲量与有效量——土壤保持、固定和释放等。因此，土壤的环境容量因土而异。

（二）土壤环境容量的确定

土壤环境容量的确定通常有两种方法：

1. 生物容量法

生物容量通常通过盆栽试验与田间实验实现。盆栽试验由于多在控制条件下进行，其与田间试验的结果悬殊甚大，土量、水分、作物长势都将对容量值产生很大的影响。田间试验其影响因素很多，结果需经多次重复方可靠。

一般情况下，经过生物试验取得土壤容量需要较长的时间，所得结果是因土因作物而异的。对于同一种作物，在不同土壤上，其临界值差异大；同一土壤，不同作物取得的临界值也不同。因此，一个区域的土壤环境容量应以最敏感而又常见的作物为试验。

2. 化学容量法

化学容量法是通过化学试剂提取法来实现的。以有害物在土壤中达到致害生物时的有效浓度为指标，确定土壤容量的方法。其方法简便易行，且指标易统一。常用的化学提取剂有稀酸溶液、弱碱溶液、缓冲溶液、中性盐溶液和螯合剂等。例如，0.1 mol/L HCl、0.05 mol/L HCl、1 mol/L HOAc 和 1 mol/L HNO_3 用于提取含专性吸附的成分；0.5 mol/L $NaHCO_3$、0.5 mol/L Na_2CO_3 用于提取石灰性土壤有效砷；1 mol/L NH_4OAc、1 mol/L $MgCl_2$、0.01 mol/L $CaCl_2$、1 mol/L NH_4NO_3 和 0.1 mol/L $NaNO_3$ 可以提取交换态金属；0.02 ~ 0.05 mol/L EDTA、0.005 mol/L DTPA 溶液和 EDTA + $(NH_4)_2CO_3$、DTPA + $CaCl_2$ + TEA 可以作为螯合剂提取部分金属。同样，应该考虑到土壤性质和提取条件对有效量提取的影响很大。

土壤环境容量也可以分为土壤静容量和土壤变动容量。土壤静容量的计算公式可用下式表示：

$$C_{so} = M(C_i - C_{bi})$$

式中 C_{so}——土壤静容量；

M——耕层土重（2250 t/hm^2）；

C_i——i 元素的土壤环境标准（mg/kg）；

C_{bi}——i 元素的土壤背景值（mg/kg）。

以静态观点表征土壤容纳能力，不是实际的土壤容量，但其参数简单，具有一定的应用价值。

（三）影响土壤环境容量的因素

（1）污染物质在土壤中的挥发、稀释、扩散和浓集使其移出土体之外。

（2）对于某些可呈离子态的污染物质，如重金属、化学农药进入土壤后，土壤胶体的吸附作用可以大大改变其有效含量。

（3）土壤中天然或人工合成的有机和无机配位体，可以跟几乎所有的金属离子形成络合物和螯合物。

（4）土壤的氧化还原作用影响有机物质存在的状态（可溶性和不溶性），从而影响到它们的迁移转化。

（5）土壤微生物对有机污染物质具有生物转化作用，使污染物形态改变。

（四）土壤环境容量的应用

（1）制定土壤环境质量标准。

（2）制定灌溉水水质标准和污泥农用标准。

第三节 土壤环境污染与人类健康

土壤环境污染简称土壤污染，系指人类活动产生的污染物进入土壤并积累到一定程度，引起土壤质量恶化的现象。随着现代工农业生产的发展，化肥、农药的大量使用，工业生产废水排入农田，城市污水及废物不断排入土体，这些环境污染物其数量和速度超过了土壤的承受容量和净化速度，从而破坏了土壤的自然动态平衡，使土壤质量下降，造成土壤的污染。土壤污染就其危害而言，比大气污染、水体污染更为持久，其影响更为深远。因此也表明了土壤污染具有复杂、持久、来源广、防治困难等特点。

一、我国土壤污染现状

根据国务院决定，2005 年 4 月至 2013 年 12 月，我国开展了首次全国土壤污染状况调查。调查范围为我国境内（未含香港特别行政区、澳门特别行政区和台湾地区）的陆地国土，调查点位覆盖全部耕地，部分林地、草地、未利用地和建设用地，实际调查面积约 630 万 km^2。调查采用统一的方法、标准，基本掌握了全国土壤环境质量的总体状况。

（一）总体污染情况

全国土壤环境状况总体不容乐观，部分地区土壤污染较重，耕地土壤环境质量堪忧，工矿业废弃地土壤环境问题突出。工矿业、农业等人为活动以及土壤环境背景值高是造成土壤污染或超标的主要原因。

全国土壤总的超标率为 16.1%，其中轻微、轻度、中度和重度污染点位比例分别为 11.2%、2.3%、1.5% 和 1.1%。污染类型以无机型为主，有机型次之，复合型污染比重较小，无机污染物超标点位数占全部超标点位的 82.8%。

从污染分布情况看，南方土壤污染重于北方；长江三角洲、珠江三角洲、东北老工业基地等部分区域土壤污染问题较为突出，西南、中南地区土壤重金属超标范围较大；镉、汞、砷、铅 4 种无机污染物含量分布呈现从西北到东南、从东北到西南方向逐渐升高的态势。

（二）污染物超标情况

1. 无机污染物

镉、汞、砷、铜、铅、铬、锌、镍 8 种无机污染物点位超标率分别为 7.0%、1.6%、2.7%、2.1%、1.5%、1.1%、0.9%、4.8%。无机污染物的具体超标情况如表 5-2 所示。

表 5-2　无机污染物超标情况（%）

污染物类型	点位超标率	不同程度污染点位比例			
轻微	轻度	中度	重度（Ⅰ）	重度（Ⅱ）	重度（Ⅲ）
镉	7.0	5.2	0.8	0.5	0.5
汞	1.6	1.2	0.2	0.1	0.1
砷	2.7	2.0	0.4	0.2	0.1
铜	2.1	1.6	0.3	0.15	0.05
铅	1.5	1.1	0.2	0.1	0.1
铬	1.1	0.9	0.15	0.04	0.01
锌	0.9	0.75	0.08	0.05	0.02
镍	4.8	3.9	0.5	0.3	0.1

2. 有机污染物

主要有六六六、滴滴涕、多环芳烃 3 类有机污染物点位超标率分别为 0.5%、1.9%、1.4%。有机污染物超标情况如表 5-3 所示。

表 5–3　有机污染物超标情况（%）

污染物类型	点位超标率	不同程度污染点位比例			
轻微	轻度	中度	重度（Ⅰ）	重度（Ⅱ）	重度（Ⅲ）
六六六	0.5	0.3	0.1	0.06	0.04
滴滴涕	1.9	1.1	0.3	0.25	0.25
多环芳烃	1.4	0.8	0.2	0.2	0.2

（三）不同土地利用类型土壤的环境质量状况

1. 耕地

土壤点位超标率为 19.4%，其中轻微、轻度、中度和重度污染点位比例分别为 13.7%、2.8%、1.8% 和 1.1%，主要污染物为镉、镍、铜、砷、汞、铅、滴滴涕和多环芳烃。

2. 林地

土壤点位超标率为 10.0%，其中轻微、轻度、中度和重度污染点位比例分别为 5.9%、1.6%、1.2% 和 1.3%，主要污染物为砷、镉、六六六和滴滴涕。

3. 草地

土壤点位超标率为 10.4%，其中轻微、轻度、中度和重度污染点位比例分别为 7.6%、1.2%、0.9% 和 0.7%，主要污染物为镍、镉和砷。

4. 未利用地

土壤点位超标率为 11.4%，其中轻微、轻度、中度和重度污染点位比例分别为 8.4%、1.1%、0.9% 和 1.0%，主要污染物为镍和镉。

（四）典型地块及其周边土壤污染状况

1. 重污染企业用地

在调查的 690 家重污染企业用地及周边的 5846 个土壤点位中，超标点位占 36.3%，主要涉及黑色金属、有色金属、皮革制品、造纸、石油煤炭、化工医药、化纤塑料、矿物制品、金属制品、电力等行业。

2. 工业废弃地

在调查的 81 块工业废弃地的 775 个土壤点位中，超标点位占 34.9%，主要污染物为锌、汞、铅、铬、砷和多环芳烃，涉及化工业、矿业、冶金业等行业。

3. 工业园区

在调查的146家工业园区的2523个土壤点位中，超标点位占29.4%。其中，金属冶炼类工业园区及其周边土壤主要污染物为镉、铅、铜、砷和锌，化工类园区及周边土壤的主要污染物为多环芳烃。

4. 固体废物集中处理处置场地

在调查的188处固体废物处理处置场地的1351个土壤点位中，超标点位占21.3%，以无机污染为主，垃圾焚烧和填埋场有机污染严重。

5. 采油区

在调查的13个采油区的494个土壤点位中，超标点位占23.6%，主要污染物为石油烃和多环芳烃。

6. 采矿区

在调查的70个矿区的1672个土壤点位中，超标点位占33.4%，主要污染物为镉、铅、砷和多环芳烃。有色金属矿区周边土壤镉、砷、铅等污染较为严重。

7. 污水灌溉区

在调查的55个污水灌溉区中，有39个存在土壤污染。在1378个土壤点位中，超标点位占26.4%，主要污染物为镉、砷和多环芳烃。

8. 干线公路两侧

在调查的267条干线公路两侧的1578个土壤点位中，超标点位占20.3%，主要污染物为铅、锌、砷和多环芳烃，一般集中在公路两侧150 m范围内。

二、土壤污染危害人体健康

土壤污染途径多，原因复杂，控制难度大。由土壤污染引发的农产品质量安全问题和群体性事件逐年增多，成为影响人体健康和社会稳定的重要因素。其影响主要有以下几方面。

（一）病原体对人体健康的影响

病原体是由土壤生物污染带来的污染物，包括肠道致病菌、肠道寄生虫、破伤风杆菌、肉毒杆菌、霉菌和病毒等。病原体能在土壤中生存较长时间，如痢疾杆菌能在土壤中生存22 ~ 142 d，结核杆菌能生存365 d左右，蛔虫卵能生存 315～420 d，沙门氏菌能生存 35～70 d。被有机废弃物污染的土壤，往往是蚊蝇滋生和鼠类繁殖的场所，而蚊、蝇和鼠类又是许多传染病的媒介。

（二）重金属污染物对人体健康的影响

土壤重金属被植物吸收以后可通过食物链危害人体健康。例如，1955 年日本富山县发生的“镉米”事件，即“痛痛病”事件。其原因是农民长期使用神通川上游铅锌冶炼厂的含镉废水灌溉农田，导致土壤和稻米中的镉含量增加。当人们长期食用这种稻米，使得镉在人体内蓄积，从而引起全身性神经痛、关节痛、骨折，甚至死亡。

（三）放射性污染物对人体健康的影响

放射性物质主要是通过食物链经消化道进入人体，其次是经呼吸道进入人体。90 锶和 137 铯是对人体危害较大的长寿命放射性核素。放射性物质进入人体后，可造成内照射损伤，使受害者头昏、疲乏无力、脱发、白细胞减少或增多，发生癌变等。此外，长寿命的放射性核素因衰变周期长，一旦进入人体，其通过放射性裂变，而产生的 α 、β 、γ 射线将对机体产生持续的照射，使机体的一些组织细胞遭受破坏或变异。此过程将持续至放射性核素蜕变成稳定性核素或全部被排出体外为止。

（四）有机污染物对人体健康的影响

有机污染物通过污染土壤进入食物链，从而影响人类身体健康。这样的例子有很多：

江苏省盐城市阜宁县古河镇洋桥村（《江南时报》2004 年报道）：因为靠近一家农药厂、两家化工厂，该村于 2001—2004 年有 20 多人死于癌症（以肺癌、食道癌为主）。因空气和水污染，村民睡觉时以湿毛巾捂口鼻，鸭子不在水边而在猪圈里放养。

江西省南昌市新建县望城镇璜溪垦殖场（《江南都市报》2004 年报道）：从化工厂里外漏的污水流进水稻田，将田里的水稻苗全部染黑。2004 年，80 户人家近 20 人患癌，以喉癌、肺癌为主。

湖南省隆回县金湖村（长沙政法频道 2006 年报道）：20 年间，这个总人口 285 人的村落里竟有 29 人接连暴病而亡，主要是胆癌、肺癌患者。村民怀疑井水被农药污染。

四川省德阳什邡市双盛镇亭江村（《中国经济时报》2008 年报道）：该村躲过了地震却难逃污染，至 2008 年，癌症致死者达五六十人。

陕西省华县瓜坡镇龙岭村（《北京青年周刊》报道）：1974 年以来，该村民小组共死亡 58 人，死于癌症的 29 人，死于肺心病、脑血管病的 2 人，仅 1 人属于自然死亡。中国地质科学研究院林景星等专家根据环保志愿人士采回的样本，得出惊人发现：该村的土壤、所产面粉和蔬菜均受到剧毒元素的污染。

第四节　土壤污染物迁移转化

污染物进入土壤后会发生一系列物理、化学和生物过程，影响污染物在土壤中的含量、形态和毒性。

按照进入土壤污染物的种类不同，阐述主要污染物在土壤中的迁移转化，主要包括重金属和农药。

一、重金属在土壤中的迁移转化形式

除铁等少数元素之外，多数重金属在地壳中丰度很小，但广泛存在于各种矿物和岩石，可经过风化、成土等各种途径进入土壤，因此土壤中一般都含一定量重金属。此外，一些重金属，如 Mn、Cu、Zn 等，也是植物和其他生物生长所必需的微量营养元素。因此，只有当土壤中重金属含量超过了作物的生长需要和忍受程度，使作物中毒，影响其正常生长、发育和繁殖，或者作物的生长虽未受影响，但其产品中重金属含量较高，对人、畜造成危害时才认为土壤受到重金属污染。

土壤中重金属的迁移转化主要形式包括机械迁移和转化，化学、物理迁移和转化，以及生物迁移转化 3 种。

（一）机械迁移和转化

重金属被包含于矿物颗粒或有机胶体内，或被吸附于无机、有机悬浮物上，随土壤水分流动而被迁移转化。也有随空气而运动的，如元素汞可转化

为汞蒸气扩散，也有因其本身比值较大而发生沉淀，或闭蓄于其他无机、有机沉淀之中。

（二）化学、物理迁移和转化

1. 物理迁移

水溶性重金属离子或配合离子在土壤中可随土壤水分从土壤表层迁移到深层，从地势高处迁移到地势低处，甚至发生淋溶，随水流迁移出土壤而进入地表或地下水体。包裹在土壤颗粒内部或吸附在土壤胶体表面的重金属，可以随着土粒一起被水流冲刷流动而发生迁移，也可以飞扬尘土的形式随风迁移。

2. 化学转化

（1）吸附作用。土壤胶体对重金属离子有强烈的吸附作用。土壤胶体对金属离子的吸附能力与金属离子的性质及胶体种类等有关，前面有关章节已经进行了较深入的论述。

（2）配合作用。土壤中重金属可与土壤中的各种无机配位体和有机配位体发生配合作用。这种配合作用可提高难溶重金属化合物的溶解度，减弱土壤胶体对重金属的吸附，从而影响重金属在土壤中的迁移转化（表 5–4）。

① 形成配位离子发生迁移（使沉淀溶解）。

② 夺取表面积累的金属（减弱土壤胶体的吸附）。

其作用大小取决于所形成配合物的可溶性。

表 5–4　汞的反应方程式与 $\lg K^0$

化学反应式	$\lg K^0$	化学反应式	$\lg K^0$
$Hg^{2+}+H_2O \longleftrightarrow [HgOH]^{+}+H^{+}$	−3.04	$Hg^{2+}+4Br^{-} \longleftrightarrow [HgBr_4]^{2-}$	20.96
$Hg^{2+}+3H_2O \longleftrightarrow [Hg(OH)_3]^{-}+H^{+}$	−21.41	$Hg^{2+}+Br^{-}+Cl^{-} \longleftrightarrow [HgBrCl]^{0}$	15.93
$Hg^{2+}+Cl^{-} \longleftrightarrow [HgCl]^{+}$	6.76	$Hg^{2+}+Br^{-}+I^{-} \longleftrightarrow [HgBrI]^{0}$	21.05
$Hg^{2+}+3Cl^{-} \longleftrightarrow [HgCl_3]^{-}$	14.05	$Hg^{2+}+Br^{-}+3I^{-} \longleftrightarrow [HgBrI_3]^{2-}$	28.19
$Hg^{2+}+4Cl^{-} \longleftrightarrow [HgCl4]^{2-}$	14.47	$Hg^{2+}+2Br^{-}+2I^{-} \longleftrightarrow [HgBr_2I_2]^{2-}$	26.35
$Hg^{2+}+3I^{-} \longleftrightarrow [HgI_3]^{-}$	27.77	$Hg^{2+}+3Br^{-}+I^{-} \longleftrightarrow [HgBr_3I]^{2-}$	24.08
$Hg^{2+}+4I^{-} \longleftrightarrow [HgI_4]^{2-}$	29.79	$Hg^{2+}+2S_2O_3^{2-} \longleftrightarrow [Hg(S_2O_3)_2]^{2-}$	29.91
$Hg^{2+}+Br^{-} \longleftrightarrow [HgBr]^{+}$	9.74	$Hg^{2+}+2CNS^{-} \longleftrightarrow [Hg(CNS)_2]^{0}$	16.14
$Hg^{2+}+3Br^{-} \longleftrightarrow [HgBr_3]^{-}$	19.69	$Hg^{2+}+H_2Y^{2-} \longleftrightarrow HY^{2-}+2H^{+}$	21.83

（3）沉淀溶解作用。重金属的沉淀和溶解作用是土壤中重金属迁移的重要形式，可以根据溶度积的一般原理，结合环境条件（如 pH、pE、配体浓度等）了解其变化规律。

① $\boldsymbol{E}_h$。对于 Cr、V，$\boldsymbol{E}_h$ ↑，形成阴离子状态（酸根），有溶解性；对于 Fe、Mn，$\boldsymbol{E}_h$ ↑，形成高价难溶化合物。

② pH。酸度高，则金属离子浓度高。pH 条件对土壤中汞的沉淀—溶解过程的效应，土壤 pH 小于 2.2 时，土壤中汞主要是溶解状态；土壤 pH 在 2.2 ~ 3.8 时，溶解态的 Hg^{2+} 可转化为 $HgOH^{+}$；土壤 pH 在 6.0 时，化学反应向 $Hg(OH)_2$ 沉淀方向转化。

（4）氧化还原作用。氧化还原条件变化会使土壤溶液中金属形态发生变化，从而影响重金属在土壤中的迁移和对植物的有效性。

（三）生物迁移

生物迁移转化主要是植物通过根系吸收土壤中某些重金属并在植物体内富集，并可能发生一些生物化学反应和形态变化。这种迁移既可认为是植物对土壤的净化，也可认为是污染土壤对植物的侵害。特别是当植物富集的重金属通过食物链进入人体时，其危害更严重。微生物对重金属的吸收，以及土壤中动物对土壤的啃食、搬运，也是造成土壤中重金属生物迁移转化的一个比较重要的途径。

重金属在植物体富集的过程，植物富集能力各不相同，豆类＞小麦＞水稻＞玉米；植物体不同部位富集能力不同，根＞茎＞叶＞果壳。

二、几种主要重金属在土壤中的迁移转化

（一）汞的迁移转化

土壤中汞的污染来自工业污染、农业污染及某些自然因素。自然界汞的天然释放是土壤中的汞的重要来源，农业污染大部分是有机汞农药所致，工业污染主要是含汞废水、废气、废渣排放引起。汞进入土壤后 95% 以上能迅速被土壤吸持或固定，这主要是土壤中的黏土矿物和有机质对汞有强烈的吸附作用，因此汞容易在表层累积，并沿土壤的纵深垂直方向递减分布。

汞在土壤中最重要的非微生物反应之一是：

$$2Hg^{+} \rightleftharpoons Hg^{2+} + Hg^{0} \quad \lg K = -1.94$$

此外，各种化合物中的 Hg^{2+} 也可被土壤微生物转化还原为金属汞，并由于汞的挥发而向大气中迁移。汞以下列转化使其在土壤中持留：

$$Hg \rightarrow Hg^{2+} \rightarrow HgS$$

土壤中汞的化合物还可被微生物作用转化成甲基汞，它可通过食物链的作用进入人体，也可自行挥发使汞由土壤向大气迁移。土壤中的汞按其形态可分为金属汞、无机化合态汞和有机合化态汞。在正常的土壤 $\boldsymbol{E}_h$ 和 pH 范围内，汞能以零价状态存在是土壤中汞的重要特点。植物能直接通过根系吸收汞，在很多情况下，汞化合物可能是在土壤中先转化为金属汞或甲基汞后才被植物吸收的。植物吸收和累积汞同样与汞的形态有关，挥发性高、溶解度大的汞容易被植物吸收，植物吸收和积累汞的顺序：氯化甲基汞＞氯化乙基汞＞氯化汞＞氧化汞＞硫化汞。汞在植物各部分的分布：根＞茎、叶＞籽粒。这种趋势是由于汞被植物吸收后，常与根中的蛋白质反应沉积于根上，从而阻碍了向地上部分的运输。

（二）镉的迁移转化

镉一般在土壤表层 0～15 cm 处累积，而 15 cm 以下含量显著减少。在土壤中，镉主要以 $CdCO_3$、$Cd_3(PO_4)_2$ 及 $Cd(OH)_2$ 的形态存在，其中以 $CdCO_3$ 为主，尤其是在 pH ＞ 7 的石灰性土壤中。土壤对镉的吸附率为 80%～95%。土壤中镉的形态亦可划分为可溶态、交换态和不溶态。可溶态和交换态易于迁移转化，而且能够被植物吸收。不溶态在土壤中累积，不被植物所吸收。镉是植物体不需要的元素，但许多植物均能从水和土壤中摄取镉，并在体内累积。累积量取决于环境中镉的含量和形态以及镉在土壤中的活性和植物种属等。镉在植物各部分的分布规律：根＞叶＞枝杆、皮＞花、果、籽粒。水稻实验研究表明，镉在根部累积量占总累积量的 82.5%，地上部分仅占 17.5%，其顺序：根＞茎叶＞稻壳＞糙米。

（三）铬的迁移转化

铬是动物和人必需的元素，但高浓度时对植物有害。冶炼、燃烧、耐火材料及化学工业等排放、含铬灰尘的扩散、堆放的铬渣、含铬废水污灌等都造成土壤铬污染。土壤中三价铬和六价铬之间能够相互转化。铬进入土壤后，90% 以上迅速被土壤吸附固定，在土壤中难以再迁移。土壤胶粒对三价

铬有强烈的吸附作用，并随 pH 的升高而增强。土壤对六价铬的吸附固定能力较低，一般情况下溶液中的铬仅有 8.5% ~ 36.2% 可被土壤吸附、固定。不过普通土壤中可溶性六价铬的含量很小，这是因为进入土壤中的六价铬很容易还原成三价铬。

在土壤中将六价铬还原成三价铬，有机质起着重要作用，并且这种还原作用随环境 pH 的升高而降低。值得注意的是，实验已证明，在 pH 为 6.5 ~ 8.5 的条件下，土壤中的三价铬能被氧化成六价铬。

植物在生长发育过程中，可从外界环境中吸收铬，通过根和叶进入植物体内。有的植物如黑麦、小麦亦可通过根冠吸收三价铬，而不需要通过根毛。植物从土壤中吸收的铬绝大部分累积在根中，其吸收转移系数很低，可能是由于如下两个原因。

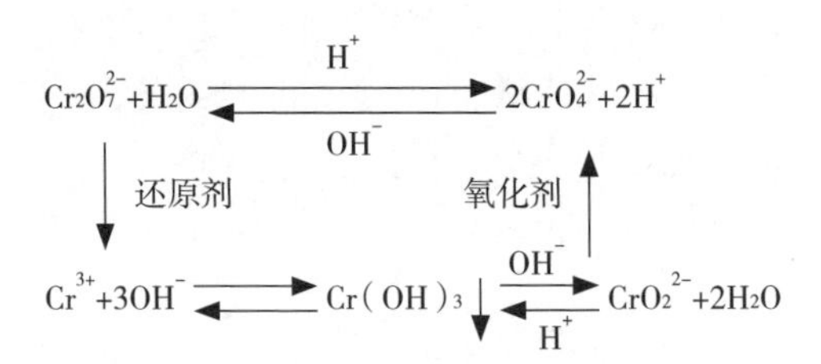

① 三价铬还原成二价铬再被植物吸收的过程在土壤 - 植物体系中难以发生，三价铬的化学性质和三价铁相似，但 Fe^{3+} 还原成 Fe^{2+} 比 Cr^{3+} 还原为 Cr^{2+} 容易得多，因此，植物中铁含量显然要比铬高几百倍。

② 六价铬是有效铬，但植物吸收六价铬时受到硫酸根等阴离子的强烈抑制，所以铬是重金属元素中最难被吸收的元素之一。铬在蔬菜体内不同部位分布顺序：根＞叶＞茎＞果。

（四）砷的迁移转化

砷尾矿水可能会造成农田污染，由于土壤中 Ca、Fe、Al 均可固定砷，通常砷集中在表土层 10 cm 内，只有在某些情况下可淋洗至较深土层，如施磷肥可稍增加砷的移动性。

土壤中砷形态若按植物吸收难易划分，一般可分为水溶性砷、吸附性砷和难溶性砷。环境的 pH、pE 对土壤中溶解态、吸附态和难溶态砷的相对含量以及砷的迁移能力有很大影响。一般 pH 升高，可显著增加砷的溶解度。水溶性砷和吸附性砷（总称为可溶性砷），是可被植物吸收利用的部分。植物在生长过程中，可从外界环境吸收砷，并且有机态砷被植物吸收后，可在体内逐渐降解为无机态砷。砷可通过植物根系及叶片吸收并转移至体内各部分，主要集中在生长旺盛的器官中。不同含砷量小区栽培试验表明，作物根、茎叶、籽类含砷量差异很大，植物吸收 As 的难易程度：水溶性砷＞吸附性砷＞难溶性砷。如水稻含砷量分布顺序：稻根＞茎叶＞谷壳＞糙米，呈现自下而上递降的变化规律。

（五）铅的迁移转化

土壤中铅的污染主要来自汽油燃烧、冶炼烟尘以及矿山和冶炼废水等。在矿山、冶炼厂附近土壤含铅量都比较高，如英国阿冯茅斯的大型锌冶炼厂附近，土壤含铅量高达 1500 mg/kg 以上。土壤中铅主要以 $Pb(OH)_2$、$PbCO_3$ 和 $PbSO_4$ 的固体形式存在，土壤溶液中可溶性铅含量极低；Pb^{2+} 可置换黏土矿物上吸附的 Ca^{2+}，在土壤中很少移动。

土壤的 pH 增加，使铅的可溶性和移动性降低，影响植物对铅的吸收。大气中的铅一部分经雨水淋洗进入土壤，一部分落在叶面上，可通过张开的气孔进入叶内。

（六）铜的迁移转化

土壤铜污染主要来自铜矿山和冶炼排出的废水。此外，工业粉尘、城市污水以及含铜农药，都能造成土壤的铜污染。土壤铜含量为 2 ~ 100 mg/kg，平均在 10 mg/kg 左右。污染土壤的铜主要在表层累积，并沿土壤的垂直方向向下递减分布。这主要是由于进入土壤的铜会迅速被表层土壤中的黏土矿物持留的缘故。

此外，表层土壤的有机质多与铜结合成螯合物参与土壤中的各种作用。在酸性土壤中，由于土壤对铜的吸附减弱，被土壤固定的铜易解吸出来，因而容易淋溶迁移。沙质土壤由于对铜的吸附固定力较弱，也容易使铜从土壤中流失。植物可从土壤中吸收铜，但作物中铜的累积与土壤中总铜无明显相关关系，而与有效态铜含量密切相关。有研究表明，土壤中有效铜含量高，作物中铜的累积就较多。

土壤中铜一般被划分为 6 种形态，即水溶态铜，交换态铜，铁、锰氧化物结合态铜，有机结合态铜，碳酸盐结合态铜和残渣态铜，有效态铜主要指能为植物直接吸收利用的水溶态铜和交换态铜。铜的有效性随土壤 pH 的降低而增加，这是由于低 pH 时铜离子的活性增加以及有机质吸着铜的能力下降，使铜易呈离子状态而被植物吸收。铜在植物各部分的累积分布多数情况下遵循根>茎、叶>果实的规律，但少数植物体内铜的分布与此相反，如丛枝桦的情况则是果>枝>叶，小叶樟则是茎>根>叶。

三、农药在土壤中的迁移

土壤的农药污染是由施用杀虫剂、杀菌剂及除草剂等引起的。农药大多是人工合成的分子质量较大的有机化合物（有机氯、有机磷、有机汞、有机砷等）。

农药在土壤中保留时间较长。它在土壤中的行为主要受降解、迁移和吸附等作用的影响。降解作用是农药消失的主要途径，是土壤净化功能的重要表现。农药的挥发、径流、淋溶以及作物的吸收等，也可使农药从土壤转移到其他环境要素中去。吸附作用使一部分农药滞留在土壤中，并对农药的迁移和降解过程产生很大的影响。

（一）农药在土壤中的扩散

农药在土壤中的扩散是指农药分子自发地由浓度较高的地方向浓度较低的地方迁移的过程。扩散包括两种形式，即气态扩散和非气态扩散。非气态扩散可以发生在溶液中、汽－液或液－固界面。

农药在土壤中的扩散能力主要取决于农药本身的物理化学性质及土壤的环境条件。

1. 土壤含水量对农药扩散的影响

农药的蒸发与土壤含水量有密切关系。土壤干燥时，农药不易扩散，主要是被土壤吸附。随着土壤水分的增加，由于水的极性大于有机农药，因此水占据了土壤矿物质表面把农药从土壤表面赶走，使农药的挥发性大大增加。研究表明，当土壤含水量达 4% 时，扩散最快，以后逐渐减慢。溶解于有机质中的农药不受土壤含水量的影响，因此含水量增加时，土壤中残留的农药主要是溶解在土壤有机质中的部分。

以林丹在含水量不同的土壤中的扩散为例：

在干燥土壤中没有扩散。当土壤含水量在 4%～20% 时气相与非气相扩散作用基本相当；当含水量超过 30% 时非气相扩散作用占主导。当含水量为 4% 时总扩散和非气态扩散作用都达最大值；含水量小于 4% 时总扩散和非气态扩散作用都随含水量增加而增强；含水量大于 4% 时总扩散作用随水分含量增大而减少，非气态扩散作用则在水气相分含量在 4%～16% 时随水分含量增加而减少（图 5-2）。

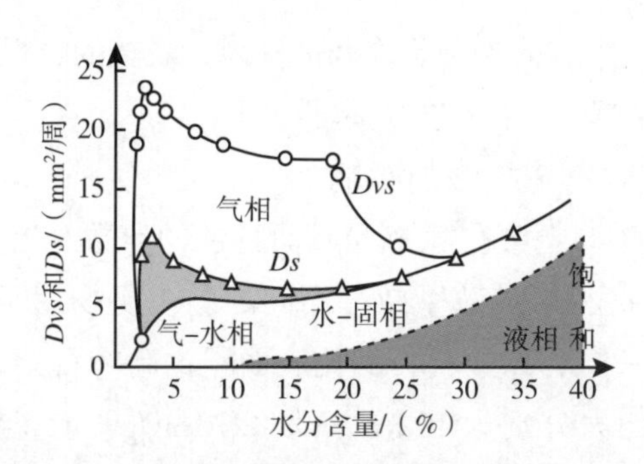

图 5-2　林丹在含水量不同的基拉粉沙壤土中的扩散

（能势和夫，1982）

注：Ds 为非气相扩散系数，Dvs 为总扩散系数。

2. 吸附作用对农药扩散的影响

农药一旦进入土壤，就会发生吸附、迁移和分解等一系列作用。吸附作用是农药与土壤固相之间相互作用的主要过程，并直接或间接地影响着其他过程。

土壤吸附农药的主要作用机制：离子吸附与交换、配位体交换、范德华力、疏水性结合、氢键结合、电荷转移。

土壤对农药的吸附以离子交换吸附为主，土壤质地和土壤有机质含量对农药的吸附具有显著影响。物理吸附的强弱决定于土壤胶粒比表面的大小。例如，土壤黏土矿物中，蒙脱石对丙体六六六的吸附量为 10.3 mg/g，而高岭土只有 2.7 mg/g。土壤有机胶粒比矿物胶粒对农药有更强的吸附力，许多农药如林丹、西玛津等大部分吸附在有机胶粒上。土壤腐殖质对马拉硫磷的吸附力较蒙脱石大 70 倍，并能吸附水溶性差的农药如滴滴涕，能提高滴滴涕的溶解度。滴滴涕在 0.5% 的腐殖酸钠溶液中溶解度为在水中的 20 倍。因此可知，腐殖质含量高的土壤吸附有机氯的能力强。

农药被土壤吸附后，由于存在形态的改变，其迁移、转化能力和生物毒性也随之变化。例如，除草剂百草枯和杀草快被土壤黏土矿物强烈吸附后，它们在溶液中的溶解度和生物有效性就大大降低。所以土壤对化学农药的吸附作用从某种意义上讲就是土壤对污染毒物的净化和解毒作用。土壤的吸附能力越强，农药在土壤中的有效性越弱，净化效果越好，但这种净化作用是相对不稳定且有限的，只是在一定条件下具有暂时的净化和解毒效果。

土壤对农药的吸附有效抑制了农药的扩散，农药的吸附系数与扩散系数呈负相关，吸附作用越强，扩散能力越弱。

3. 土壤紧实度对农药扩散的影响

土壤紧实度是影响土壤孔隙率和界面特性的参数。增加土壤紧实度的影响是降低土壤中农药的扩散系数。不同的黏土矿物由于比表面积不同，对农药的吸附也不一样。如蒙脱石的比表面积比高岭石大，两者对丙体 66（γ-BHC）的吸附能力分别为 10.3 mg/g 和 2.70 mg/g，前者比后者大。但一些农药在土壤中的吸附作用具有选择性，如高岭土对除草剂 2,4-D 的吸附能力比蒙脱石要高，杀草快及百草枯可被黏土矿物强烈吸附，而有机质对它们的吸附能力却较弱。

对于以蒸汽形式进行扩散的化合物来说，增加紧实度就减少了土壤的充气孔隙率，扩散系数自然随之降低。

4. 温度对农药扩散的影响

温度升高，分子运动加快，且农药分子会更易于以气态形式存在，因此扩散系数显著提高。如林丹的表观扩散系数随温度增高而呈指数增大。当温度由 20℃升高到 40℃时，林丹的表观扩散系数增加 10 倍。

除了以上几类因素的影响，气体流速（风和湍流）、农药种类等对农药扩散也都有影响。

（二）农药在土壤中的淋溶

土壤中农药的淋溶，主要取决于它们在水中的溶解度。溶解度大的农药淋溶能力强，在土壤中的迁移主要以水扩散形式进行。

农药的水迁移方式有两种：一是直接溶于水中，一些水溶性大的农药，如三氯杂苯类的敌草隆、灭草隆等可随水移动；二是一些难溶性农药被吸附在土壤固体细粒表面上，随水分移动而进行机械迁移。如滴滴涕则吸附在土壤颗粒表面，通过地表径流和泥沙等一起移动。除水溶性大的农药易淋溶外，由于农药被土壤有机质和黏土矿物强烈吸附，一般在土体内不易随水向下淋移，因而大多累积在0～30 cm的土层内。农药在土壤中的移动性能除与农药本身的溶解度有关，还与土壤的吸附性能有关。据研究，一般农药在土壤中的移动性能都比较慢，其中最慢的是氯化了的烃基化合物，如滴滴涕、BHC等，其次是三氯杂苯类除草剂，如西玛津。而酸性化合物如三氯醋酸（TCA）、茅草枯等的移动性最大。

由于农药在土壤中的移动性能弱，所以残留于土壤中的农药多集中于耕层，故农药对地下水的影响一般不大。农药对地下水污染并不严重，但由于土壤侵蚀，农药可通过地表径流的方式进入水体，造成水体污染。

（三）残留农药对生物体的危害

农药在施用过程中易通过皮肤、呼吸道、消化道等途径进入人体，同时茎叶、果实、水和土壤中的农药残留也会间接进入人体，主要途径有：土壤→陆生植物→食草动物；土壤→土壤中无脊椎动物→脊椎动物→食肉动物；土壤→水中浮游生物→鱼和水生生物→食鱼动物。

不同类型的农药进入人体后产生的毒性不一样。

1. 有机氯农药（OCPs）

影响中枢神经系统，引起大脑超兴奋、惊厥、震颤、超反射和共济失调，同时还可能与雌激素和雄激素等内分泌受体相互作用，其中毒症状包括头痛、恶心、头晕、呕吐、震颤、身体不协调及精神错乱。

2. 有机磷农药（OPs）

OPs在人类中引起4种主要的神经毒性疾病：胆碱能综合征、中间综合征、有机磷诱导的迟发性多神经病和慢性有机磷诱导的神经精神疾病。OPs进入人体后会与体内的胆碱酯酶结合，形成较稳定的磷酰化胆碱酯酶，使胆碱酯酶失去活性，丧失对乙酰胆碱的分解能力，造成体内乙酰胆碱的蓄积，引起神经传导生理功能的紊乱。

3. 氨基甲酸酯类农药（CMs）

与免疫反应改变相关疾病的日益流行有关，如过敏反应和癌症等，并且直接免疫毒性、内分泌干扰和酯酶活性抑制是CMs诱导免疫失调的主要机制。CMs中毒的持续时间往往较短，因为对神经组织乙酰胆碱酯酶的抑制是可逆的，氨基甲酸酯代谢更快。与OPs中毒相比，CMs的严重中毒概率小得多，患者存活的机会也要高得多。

4. 拟除虫菊酯类农药

拟除虫菊酯类农药的毒性主要针对神经系统，其作用机制主要是通过抑制脑突触膜上的腺苷三磷酸酶（ATPs），使突触后膜上的乙酰胆碱酯酶（AChE）等神经递质大量聚集，从而引起脑部 AChE 被抑制，但对人类的毒性作用很低，通常短期内可以得到恢复。

拓展阅读

【Soil Pollution: Xenobiotic chemicals】The presence of substances in soil that are not naturally produced by biological species is of great public concern. Many of these so-called xenobiotic (from Greek xenos, "stranger," and bios, "life") chemicals have been found to be carcinogens or may accumulate in the environment with toxic effects on ecosystems (see the table of major soil pollutants). Although human exposure to these substances is primarily through inhalation or drinking water, soils play an important role because they affect the mobility and biological impact of these toxins.

The abundance of xenobiotic compounds in soil has been increased dramatically by the accelerated rate of extraction of minerals and fossil fuels and by highly technological industrial processes. Most of the metals were typically found at very low total concentrations in pristine waters—for this reason they often are referred to as trace metals. Rapid increases of trace metal concentrations in the environment are commonly coupled to the development of exploitative technologies. This kind of sudden change exposes the biosphere to a risk of destabilization, since organisms that developed under conditions with low concentrations of a metal present have not developed biochemical pathways capable of detoxifying that metal when it is present at high concentrations. The same line of reasoning applies to the organic toxic compounds.

The mechanisms underlying the toxicity of xenobiotic compounds are not understood completely, but a consensus exists as to the importance of the following processes for the interactions of toxic metals with biological molecules: (1) displacement by a toxic metal of a nutrient mineral (for example, calcium) bound to a biomolecule, (2) complexation of a toxic metal with a biomolecule that effectively blocks the biomolecule from participating in the biochemistry of an organism, and (3) modification of the conformation of a biomolecule that is critical to its biochemical function. All of these mechanisms are related to complex formation between a toxic metal and a biomolecule. They suggest that strong complex-formers are more likely to induce toxicity by interfering with the normal chemistry of biomolecules.

Not all soil pollutants are xenobiotic compounds. Crop production problems in agriculture are encountered when excess salinity (salt accumulation) occurs in soils in arid climates where the rate of evaporation exceeds the rate of precipitation. As the soil dries, ions released by mineral weathering or introduced by saline groundwater tend to accumulate in the form of carbonate, sulfate, chloride, and clay minerals. Because all Na (sodium) and K (potassium) and many Ca (calcium) and Mg (magnesium) salts of chloride, sulfide, and carbonate are readily soluble, it is this set of metal ions that contributes most to soil salinity. At sufficiently high concentrations, the salts pose a toxicity hazard from Na^+, HCO_3^- (bicarbonate) and Cl (chloride) and interfere with water uptake by plants from soil. Toxicity from B (boron) is also common because of the accumulation of boron-containing minerals in arid soil environments.

The sustained use of a water resource for irrigating agricultural land in an arid region requires that the applied water not damage the soil environment. Irrigation waters are also salt solutions; depending on their particular source and post withdrawal treatment, the particular salts present in irrigation water may not be compatible with the suite of minerals present in the soils. Crop utilization of water and fertilizers has the effect of concentrating salts in the soil; consequently, without careful management irrigated soils can become saline or develop toxicity. A widespread example of irrigation-induced toxicity hazard is NO_3^- (nitrate) accumulation in groundwater caused by the excess leaching of nitrogen fertilizer through agricultural soil. Human infants receiving high-nitrate groundwater as drinking water can contract methemoglobinemia ("blue baby syndrome") because of the transformation of NO_3^- to toxic NO_2^- (nitrite) in the digestive tract. Costly groundwater treatment is currently the only remedy possible when this problem arises.

【Soil Pollution Causes】All soils, whether polluted or unpolluted, contain a variety of compounds (contaminants) which are naturally present. Such contaminants include metals, inorganic ions and salts (e.g. phosphates, carbonates, sulfates, nitrates), and many organic compounds (such as lipids, proteins, DNA, fatty acids, hydrocarbons, PAHs, alcohols, etc.). These compounds are mainly formed through soil microbial activity and decomposition of organisms (e.g., plants and animals). Additionally, various compounds get into the soil from the atmosphere, for instance with precipitation water, as well as by wind activity or other types of soil disturbances, and from surface water bodies and shallow groundwater flowing through the soil. When the amounts of soil contaminants exceed natural levels (what is naturally present in various soils), pollution is generated. There are two main causes through which soil pollution is generated: anthropogenic (man-made) causes and natural causes.

【Types of Soil Pollutants】Soil pollution consists of pollutants and contaminants. The main pollutants of the soil are the biological agents and some of the human activities. Soil contaminants are all products of soil pollutants that contaminate the soil. Human activities that pollute the soil range from agricultural practices that infest the crops with pesticide chemicals to urban or industrial wastes or radioactive emissions that contaminate the soil with various toxic substances.

【Examples of Soil Contaminants】There is a large variety of pollutants that could poison the soil. Examples of the most common and problematic soil pollutants can be found below.

LEAD (Pb): Potential sources-lead paint, mining, foundry activities, vehicle exhaust, construction activities, agriculture activities.

MERCURY (Hg): Potential sources-mining, incineration of coal, alkali and metal processing, medical waste, olcanoes and geologic deposits, accumulation in plants & vegetables grown on polluted soils.

ARSENIC (As): Potential sources-mining, coal-fired power plants, lumber facilities, electronics industry, foundry activities, agriculture, natural accumulation.

COPPER (Cu): Potential sources-mining, foundry activities; construction activities.

ZINC (Zn) : Potential sources-mining; foundry activities; construction activities.

NICKEL (Ni): Potential sources-mining; foundry activities; construction activities.

PAHS (POLYAROMATIC HYDROCARBONS): Potential sources-coal burning, vehicle emissions, accumulation in plants & vegetables grown on polluted soils; cigarette smoke; wildfires, agricultural burning; wood burning, constructions.

HERBICIDES/INSECTICIDES: Potential sources-agricultural activities; gardening.

【The Effects of Soil Pollution】Soil pollution affects plants, animals and humans alike.

While anyone is susceptible to soil pollution, soil pollution effects may vary based on age, general health status and other factors, such as the type of pollutant or contaminant inhaled or ingested. However, children are usually more susceptible to exposure to contaminants, because they come in close contact with the soil by playing in the ground; combined with lower thresholds for disease, this triggers higher risks than for adults. Therefore, it is always important to test the soil before allowing your kids to play there, especially if you live in a highly industrialized area.

【Diseases Caused by Soil Pollution】Humans can be affected by soil pollution through the inhalation of gases emitted from soils moving upward, or through the inhalation of matter that is disturbed and transported by the wind because of the various human activities on the ground. Soil pollution may cause a variety of health problems, starting with headaches, nausea, fatigue, skin rash, eye irritation and potentially resulting in more serious conditions like neuromuscular blockage, kidney and liver damage and various forms of cancer.

【Soil Pollution Facts】Soil acts as a natural sink for contaminants, by accumulating and sometimes concentrating contaminants which end up in soil from various sources. Tiny amounts of contaminants accumulate in the soil and - depending on the environmental conditions (including soil types) and the degradability of the released contaminant - can reach high levels and pollute the soil. If the soil is contaminated, home-grown vegetables and fruits may become polluted too. This happens because most of the soil pollutants present in the soil are extracted by the plants along with water every time they feed. Thus, it is always prudent to test the soil before starting to grow anything edible. This is especially important if your garden is located near an industrial or mining area, or within 1 mile of a main airport, harbor, landfill, or foundry.

思考题

1. 简述土壤背景值概念。
2. 简述土壤背景值与环境质量的关系。
3. 简述土壤环境容量的概念。
4. 如何确定土壤临界含量?
5. 简述土壤环境容量的应用。

参考文献

[1] 陈年，徐茂其，尹启后. 关于土壤环境背景值的研究现状[J]. 重庆环境保护，1981，3：9-16.

[2] 魏复盛，陈静生. 中国土壤环境背景值研究[J]. 环境科学，1991，12(4)：12-19.

[3] 胡舸，彭帅，张胜涛. 土壤环境下污染物运移问题的数值模拟研究[J]. 环境工程学报，2010，4(7)：1659-1663.

[4] 廖启林，华明，金洋，等. 江苏省土壤重金属分布特征与污染源初步研究[J]. 中国地质，2009，36(5)：1163-1174.

[5] 魏复盛，陈静生. 中国土壤环境背景值研究[J]. 环境科学，1991，12(4)：12-19.
[6] 郑春江. 中华人民共和国土壤环境背景值图集[M]. 北京：中国环境科学出版社，1994.
[7] 周启星. 用土壤环境背景值资料订立土壤 Hg·Cd 的环境基准[D]. 沈阳：中国科学院沈阳应用生态研究所，1989.
[8] 叶嗣宗. 土壤环境背景值在容量计算和环境质量评价中的应用[J]. 中国环境监测，1993，3：54-56.
[9] 李廷芳. 土壤环境背景值分级统计图制图单元的划分[J]. 北京师院学报(自然科学版)，1986，4：54-58.
[10] 蔡诗文. 土壤环境与人体健康[J]. 环境保护，1982，10：19-22.
[11] 李培军，殷培杰. 土壤，食物安全和人类健康[C]//中国土壤学会. 2020年的中国土壤科学学术研讨会论文集. 重庆：2005.
[12] 闵九康. 土壤与人类健康[M]. 北京：中国农业科学技术出版社，2013.
[13] 王国庆，骆永明，宋静，等. 土壤环境质量指导值与标准研究：Ⅳ. 保护人体健康的土壤苯并[a]芘的临界浓度[J]. 土壤学报，2007，44(4)：603-611.
[14] 雷停，孙传敏. 重金属镍的土壤污染及迁移转化[J]. 地球科学进展，2012，1：13-18.
[15] 易秀，杨胜科，胡安焱. 土壤化学与环境[M]. 北京：化学工业出版社，2008.
[16] 陈禹欣. 环境农药残留的人体毒效应和修复技术综述[J]. 环境科学与技术，2020，43(11)：180-187.
[17] 能势和夫，周伟金. 土壤中农药的转移和持留[J]. 土壤学进展，1982(5)：36-46.

第六章

土壤环境调查与修复管理体系

第一节　土壤环境污染调查方案与监测技术

一、土壤环境污染调查方案

（一）土壤采样准备

1. 组成采样组

由具有野外调查经验且掌握土壤采样技术规程的专业技术人员组成采样组，采样前组织学习有关技术文件，了解调查技术规范。

2. 资料收集

资料收集包括收集监测区域的交通图、土壤图、地质图、大比例尺地形图等资料，供制作采样工作图和标注采样点位用；收集包括监测区域土类、成土母质等土壤信息资料；收集工程建设或生产过程对土壤造成影响的环境研究资料；收集造成土壤污染事故的主要污染物的毒性、稳定性以及如何消除等资料；收集土壤历史资料和相应的法律（法规）；收集监测区域工农业生产及排污、污灌、化肥农药施用情况资料；收集监测区域气候资料（温度、降水量和蒸发量）和水文资料；收集监测区域遥感与土壤利用及其演变过程方面的资料等。

3. 现场调查

现场踏勘，将调查得到的信息进行整理和利用，丰富采样工作图的内容。

4. 采样器具准备

（1）工具类。铁锹、铁铲、圆状取土钻、螺旋取土钻、竹片以及适合特殊采样要求的工具等。

（2）器材类。GPS、罗盘、照相机、胶卷、卷尺、铝盒、样品袋、样品箱等。

（3）文具类。样品标签、采样记录表、铅笔、资料夹等。

（4）安全防护用品。工作服、工作鞋、安全帽、药品箱等。

（5）采样用车辆。

5. 监测项目与频次

监测项目分常规项目、特定项目和选测项目；监测频次与其相应。

（1）常规项目。原则上为《土壤环境质量标准》（GB 15618—2018）中所要求控制的污染物。

（2）特定项目。《土壤环境质量标准》（GB 15618—2018）中未要求控制的污染物，但根据当地环境污染状况，确认在土壤中积累较多、对环境危害较大、影响范围广、毒性较强的污染物，或者污染事故对土壤环境造成严重不良影响的物质，具体项目由各地自行确定。

（3）选测项目。一般包括新纳入的在土壤中积累较少的污染物、由于环境污染导致土壤性状发生改变的土壤性状指标以及生态环境指标等，由各地自行选择测定。

土壤监测项目与监测频次如表 6–1 所示，常规项目可按当地实际适当降低监测频次，但不可低于 5 年一次，选测项目可按当地实际适当提高监测频次。

表 6–1　土壤调查监测项目与频次

项目类别		监测项目	监测频次
常规项目	基本项目	pH、阳离子交换量	每 3 年一次 农田在夏收或秋收后采样
	重点项目	镉、铬、汞、砷、铅、铜、锌、镍 六六六、滴滴涕	
特定项目（污染事故）		特征项目	及时采样，根据污染物变化趋势决定监测频次
选测项目	影响产量项目	全盐量、硼、氟、氮、磷、钾等	每 3 年监测一次 农田在夏收或秋收后采样
	污水灌溉项目	氰化物、六价铬、挥发酚、烷基汞、苯并 [a] 芘、有机质、硫化物、石油类等	
	POPs 与高毒类农药	苯、挥发性卤代烃、有机磷农药、PCB、PAH 等	
	其他项目	结合态铝（酸雨区）、硒、钒、氧化稀土总量、钼、铁、锰、镁、钙、钠、铝、硅、放射性比活度等	

（二）布点与样品数容量

1.“随机”和“等量”原则

样品是由总体中随机采集的一些个体所组成，个体之间存在变异，因此样品与总体之间，既存在同质的“亲缘”关系，样品可作为总体的代表，但同时也存在着一定程度的异质性的，差异越小，样品的代表性越好；反之亦然。为了达到采集的监测样品具有好的代表性，必须避免一切主观因素，使组成总体的个体有同样的机会被选入样品，即组成样品的个体应当是随机地取自总体。另外，在一组需要相互之间进行比较的样品应当有同样的个体组成，否则样本大的个体所组成的样品，其代表性会大于样本少的个体组成的样品。所以“随机”和“等量”是决定样品具有同等代表性的重要条件。

2. 布点方法

（1）简单随机。将监测单元分成网格，每个网格编上号码，决定采样点样品数后，随机抽取规定的样品数的样品，其样本号码对应的网格号，即为采样点。随机数的获得可以利用掷骰子、抽签、查随机数表的方法。关于随机数骰子的使用方法可见《利用随机数骰子进行随机抽样的办法》（GB/T 10111—2018）。简单随机布点是一种完全不带主观限制条件的布点方法。

（2）分块随机。根据收集的资料，如果监测区域内的土壤有明显的几种类型，则可将区域分成几块，每块内污染物较均匀，块间的差异较明显。将每块作为一个监测单元，在每个监测单元内再随机布点。在正确分块的前提下，分块布点的代表性比简单随机布点好，如果分块不正确，分块布点的效果可能会适得其反。

（3）系统随机。将监测区域分成面积相等的几部分（网格划分），每网格内布设一采样点，这种布点称为系统随机布点。如果区域内土壤污染物含量变化较大，系统随机布点比简单随机布点所采样品的代表性要好（图 6–1）。

简单随机布点

分块随机布点

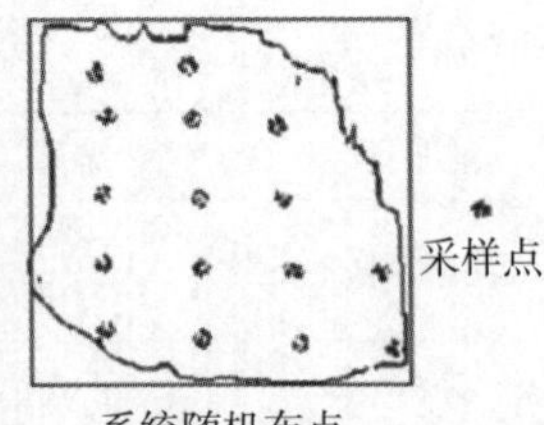

系统随机布点

图 6–1　布点方式示意

（国家环境保护总局，2004）

3. 土壤监测的布点数量

要满足样本容量的基本要求，即上述由均方差和绝对偏差、变异系数和相对偏差计算样品数是样品数的下限数值，实际工作中土壤布点数量还要根据调查目的、调查精度和调查区域环境状况等因素确定。一般要求每个监测单元最少设 3 个点。区域土壤环境调查按调查的精度不同可从 2.5 km、5 km、10 km、20 km、40 km 中选择网距网格布点，区域内的网格结点数即为土壤采样点数量。

（三）样品采集

1. 采样单元的划分

全国土壤环境背景值监测一般以土类为主，省、自治区、直辖市级的土壤环境背景值监测以土类和成土母质母岩类型为主，省级以下或条件许可或特别工作需要的土壤环境背景值监测可划分到亚类或土属。

网格间距 L 按下式计算：

$$L = 1/2\left(A/N\right)$$

式中 L——网格间距；

A——采样单元面积；

N——采样点数。

A 和 L 的量纲要相匹配，如 A 的单位是千米^2（km^2）则 L 的单位就为千米（km）。根据实际情况可适当减小网格间距，适当调整网格的起始经纬度，避开过多网格落在道路或河流上，使样品更具代表性。

2. 野外选点

首先采样点的自然景观应符合土壤环境背景值研究的要求。采样点选在被采土壤类型特征明显的地方，地形相对平坦、稳定、植被良好的地点；坡脚、洼地等具有从属景观特征的地点不设采样点；城镇、住宅、道路、沟渠、粪坑、坟墓附近等处人为干扰大，失去土壤的代表性，不宜设采样点，采样点离铁路、公路至少 300 m 以上；采样点以剖面发育完整、层次较清楚、无侵入体为准，不在水土流失严重或表土被破坏处设采样点；选择不施或少施化肥、农药的地块作为采样点，以使样品点尽可能少受人为活动的影响；不在多种土类、多种母质母岩交错分布、面积较小的边缘地区布设采样点。

3. 采样

采样点可采表层样或土壤剖面。一般监测采集表层土，采样深度

0 ~ 20 cm，特殊要求的监测（土壤背景、环评、污染事故等）必要时选择部分采样点采集剖面样品。剖面的规格一般为长 1.5 m、宽 0.8 m、深 1.2 m。挖掘土壤剖面要使观察面向阳，表土和底土分两侧放置。

采样次序自下而上，先采剖面的底层样品，再采中层样品，最后采上层样品。测量重金属的样品尽量用竹片或竹刀去除与金属采样器接触的部分土壤，再用其取样。

剖面每层样品采集 1 kg 左右，装入样品袋，样品袋一般由棉布缝制而成，如潮湿样品可内衬塑料袋（供无机化合物测定）或将样品置于玻璃瓶内（供有机化合物测定）。采样的同时，由专人填写样品标签、采样记录；标签一式两份，一份放入袋中，一份系在袋口，标签上标注采样时间、地点、样品编号、监测项目、采样深度和经纬度。

4. 采样结束

需逐项检查采样记录、样袋标签和土壤样品，如有缺项和错误，及时补齐更正。将底土和表土按原层回填到采样坑中，方可离开现场，并在采样示意图上标出采样地点，避免下次在相同处采集剖面样。

（四）样品运输、处理和保存

1. 样品运输

在采样现场样品必须逐件与样品登记表、样品标签和采样记录进行核对，核对无误后分类装箱。运输过程中严防样品的损失、混淆和沾污。对光敏感的样品应有避光外包装。

由专人将土壤样品送到实验室，送样者和接样者双方同时清点核实样品，并在样品交接单上签字确认，样品交接单由双方各存一份备查。

2. 样品制备

（1）分设风干室和磨样室。风干室朝南（严防阳光直射土样），通风良好，整洁，无尘，无易挥发性化学物质。

（2）制样工具及容器。风干用白色搪瓷盘及木盘；粗粉碎用木槌、木碌、木棒、有机玻璃棒、有机玻璃板、硬质木板、无色聚乙烯薄膜；磨样用玛瑙研磨机（球磨机）或玛瑙研钵、白色瓷研钵；过筛用尼龙筛，规格为 2 ~ 100 目。

（3）样品分装。用具塞磨口玻璃瓶，具塞无色聚乙烯塑料瓶或特制牛皮纸袋，规格视量而定。

（4）制样程序。制样者与样品管理员同时核实清点，交接样品，在样品交接单上双方签字确认。

（5）风干。在风干室将土样放置于风干盘中，摊成 2 ~ 3 cm 的薄层，适时地压碎、翻动，拣出碎石、沙砾、植物残体。

（6）样品粗磨。在磨样室将风干的样品倒在有机玻璃板上，用木槌敲打，用木碾、木棒、有机玻璃棒再次压碎，拣出杂质，混匀，并用四分法取压碎样，过孔径 0.25 mm（20 目）尼龙筛。过筛后的样品全部置无色聚乙烯薄膜上，并充分搅拌混匀，再采用四分法取其两份，一份交样品库存放，另一份作样品的细磨用。粗磨样可直接用于土壤 pH、阳离子交换量、元素有效态含量等项目的分析。

（7）细磨样品。用于细磨的样品再用四分法分成两份，一份研磨到全部过孔径 0.25 mm（60 目）筛，用于农药或土壤有机质、土壤全氮量等项目分析；另一份研磨到全部过孔径 0.15 mm（100 目）筛，用于土壤元素全量分析。

（8）样品分装。研磨混匀后的样品，分别装于样品袋或样品瓶，填写土壤标签一式两份，瓶内或袋内一份，瓶外或袋外贴一份。

（9）注意事项。制样过程中采样时的土壤标签与土壤始终放在一起，严禁混错，样品名称和编码始终不变；制样工具每处理一份样后擦抹（洗）干净，严防交叉污染；分析挥发性、半挥发性有机物或可萃取有机物无须上述制样，用新鲜样按特定的方法进行样品前处理。

3. 样品保存

按样品名称、编号和粒径分类保存。新鲜样品的保存对于易分解或易挥发等不稳定组分的样品要采取低温保存的运输方法，并尽快送到实验室分析测试。测试项目需要新鲜样土样品，采集后用可密封的聚乙烯或玻璃容器在 4℃以下避光保存，样品要充满容器。避免用含有待测组分或对测试有干扰的材料制成的容器盛装保存样品，测定有机污染物用的土壤样品要选用玻璃容器保存。预留样品在样品库造册保存。分析取用后的剩余样品分析取用后的剩余样品，待测定全部完成数据报出后，也移交样品库保存。保存时间分析取用后的剩余样品一般保留半年，预留样品一般保留 2 年。特殊、珍稀、仲裁、有争议样品一般要永久保存。样品库要求保持干燥、通风、无阳光直射、无污染；要定期清理样品，防止霉变、鼠害及标签脱落。样品入库、领用和清理均需记录。

二、土壤环境污染监测技术

（一）土壤分析测定

土壤分析测定项目分常规项目、特定项目和选测项目。

1. 样品处理

土壤与污染物种类繁多，不同的污染物在不同土壤中的样品处理方法及测定方法各异。同时要根据不同的监测要求和监测目的，选定样品处理方法。仲裁监测必须选定《土壤环境质量标准》（GB 15618—2018）中选配的分析方法中规定的样品处理方法，其他类型的监测优先使用国家土壤测定标准，如果《土壤环境质量标准》（GB 15618—2018）中没有的项目或国家土壤测定方法标准暂缺项目则可使用等效测定方法中的样品处理方法。样品处理方法，按选用的分析方法中规定进行样品处理。由于土壤组成的复杂性和土壤物理化学性状（pH、E_h 等）差异，造成重金属及其他污染物在土壤环境中形态的复杂和多样性。金属不同形态，其生理活性和毒性均有差异，其中以有效态和交换态的活性、毒性最大，残留态的活性、毒性最小，而其他结合态的活性、毒性居中。一般区域背景值调查和《土壤环境质量标准》（GB 15618—2018）中重金属测定的是土壤中的重金属全量（除特殊说明外，如六价铬），其测定土壤中金属全量的方法见相应的分析方法。测定土壤中有机物的样品处理方法见相应分析方法。

2. 分析方法

第一方法：标准方法（即仲裁方法），按土壤环境质量标准中选配的分析方法（表 6–2）；第二方法：由权威部门规定或推荐的方法；第三方法：根据各地实情自选等效方法，但应作标准样品验证或比对实验，其检出限、准确度、精密度不低于相应的通用方法要求水平或待测物准确定量的要求。土壤监测项目与分析第一方法、第二方法和第三方法汇总见表 6–3。

表 6–2　土壤常规监测项目及分析方法

监测项目	监测仪器	监测方法	方法来源
镉	原子吸收光谱仪	石墨炉原子吸收分光光度法	GB/T 17141—1997
	原子吸收光谱仪	KI–MIBK 萃取原子吸收分光光度法	GB/T 17140—1997
汞	测汞仪	冷原子吸收法	GB/T 17136—1997

续表

监测项目	监测仪器	监测方法	方法来源
砷	分光光度计	二乙基二硫代氨基甲酸银分光光度法	GB/T 17134—1997
	分光光度计	硼氢化钾 - 硝酸银分光光度法	GB/T 17135—1997
铜	原子吸收光谱仪	火焰原子吸收分光光度法	GB/T 17138—1997
铅	原子吸收光谱仪	石墨炉原子吸收分光光度法	GB/T 17141—1997
	原子吸收光谱仪	KI-MIBK 萃取原子吸收分光光度法	GB/T 17140—1997
铬	原子吸收光谱仪	火焰原子吸收分光光度法	GB/T 17137—1997
锌	原子吸收光谱仪	火焰原子吸收分光光度法	GB/T 17138—1997
镍	原子吸收光谱仪	火焰原子吸收分光光度法	GB/T 17139—1997
六六六和滴滴涕	气相色谱仪	电子捕获气相色谱法	GB/T 14550—1993
六种多环芳烃	液相色谱仪	高效液相色谱法	GB/T 13198—1991
稀土总量	分光光度计	对马尿酸偶氮氯膦分光光度法	GB/T 6262—1998
pH	pH 计	森林土壤 pH 测定	GB 7859—1987
阳离子交换量	滴定仪	乙酸铵法	①

注：①中国科学院南京土壤研究所,《土壤理化分析》，1978。

表 6-3　土壤监测项目与分析方法

监测项目	推荐方法	等效方法
砷	COL	HG-AAS、HG-AFS、XRF
镉	GF-AAS	POL、ICP-MS
钴	AAS	GF-AAS、ICP-AES、ICP-MS
铬	AAS	GF-AAS、ICP-AES、XRF、ICP-MS
铜	AAS	GF-AAS、ICP-AES、XRF、ICP-MS
氟	ISE	
汞	HG-AAS	HG-AFS
锰	AAS	ICP-AES、INAA、ICP-MS
镍	AAS	GF-AAS、XRF、ICP-AES、ICP-MS
铅	GF-AAS	ICP-MS、XRF
硒	HG-AAS	HG-AFS、DAN 荧光、GC
钒	COL	ICP-AES、XRF、INAA、ICP-MS
锌	AAS	ICP-AES、XRF、INAA、ICP-MS
硫	COL	ICP-AES、ICP-MS

续表

监测项目	推荐方法	等效方法
pH	ISE	
有机质	VOL	
PCBs、PAHs	LC、GC	
阳离子交换量	VOL	
VOC	GC、GC-MS	
SVOC	GC、GC-MS	
除草剂和杀虫剂剂类 L43	GC、GC-MS、LC	
POPs	GC、GC-MS、LC、LC-MS	

注：ICP-AES：等离子发射光谱；XRF：X-荧光光谱分析；AAS：火焰原子吸收；GF-AAS：石墨炉原子吸收；HG-AAS：氢化物发生原子吸收法；HG-AFS：氢化物发生原子荧光法；POL：催化极谱法；ISE：选择性离子电极；VOL：容量法；POT：电位法；INAA：中子活化分析法；GC：气相色谱法；LC：液相色谱法；GC-MS：气相色谱-质谱联用法；COL：分光比色法；LC-MS：液相色谱-质谱联用法；ICP-MS：等离子体质谱联用法。

（二）分析记录与监测报告

1. 分析记录

一般要设计成记录本格式，页码、内容齐全，用碳素墨水笔填写翔实，字迹要清楚，需要更正时，应在错误数据（文字）上画一横线，在其上方写上正确内容，并在所画横线上加盖修改者名章或者签字以示负责。分析记录也可以设计成活页，随分析报告流转和保存，便于复核审查。分析记录也可以是电子版本式的输出物（打印件）或存有其信息的磁盘、光盘等。记录测量数据，要采用法定计量单位，只保留一位可疑数字，有效数字的位数应根据计量器具的精度及分析仪器的示值确定，不得随意增添或删除。

2. 数据运算

有效数字的计算规则按《数值修约规划与极限数》（GB/T 8170—2018）执行。采样、运输、储存、分析失误造成的离群数据应剔除。结果表示平行样的测定结果用平均数表示，一组测定数据用 Dixon 法、Grubbs 法检验剔除离群值后以平均值报出；低于分析方法检出限的测定结果以“未检出”报出，参加统计时按 1/2 最低检出限计算。土壤样品测定一般保留三位有效数字，含量较低的镉和汞保留两位有效数字，并注明检出限数值。分析结果的精密度数据，一般只取一位有效数字，当测定数据很多时，可取两位有效数字。表示分析结果的有效数字的位数不可超过方法检出限的最低位数。

3. 监测报告

包括报告名称，实验室名称，报告编号，报告每页和总页数标识，采样地点名称，采样时间、分析时间，检测方法，监测依据，评价标准，监测数据，单项评价，总体结论，监测仪器编号，检出限（未检出时需列出），采样点示意图，采样（委托）者，分析者，报告编制、复核、审核和签发者及时间等内容。

（三）土壤环境质量评价

土壤环境质量评价涉及评价因子、评价标准和评价模式。评价因子数量与项目类型取决于监测的目的和现实的经济和技术条件。评价标准常采用国家土壤环境质量标准、区域土壤背景值或部门（专业）土壤质量标准。评价模式常用污染指数法或与其有关的评价方法。

1. 污染指数、超标率（倍数）评价

土壤环境质量评价一般以单项污染指数为主，指数小污染轻，指数大污染则重。当区域内土壤环境质量作为一个整体与外区域进行比较或与历史资料进行比较时，除用单项污染指数外，还常用综合污染指数。土壤由于地区背景差异较大，用土壤污染累积指数更能反映土壤的人为污染程度。土壤污染物分担率可评价确定土壤的主要污染项目，污染物分担率由大到小排序，污染物主次也同此序。除此之外，土壤污染超标倍数、样本超标率等统计量也能反映土壤的环境状况。污染指数和超标率等计算公式如下：

$$\text{土壤单项污染指数}=\frac{\text{土壤污染物实测值}}{\text{土壤污染物质量标准土壤污染累积指数}}$$

$$=\frac{\text{土壤污染物实测值}}{\text{污染物背景值土壤污染物分担率（\%）}}$$

$$=\frac{\text{土壤某项污染指数}}{\text{各项污染指数之和}}\times 100\%$$

$$\text{土壤污染超标倍数}=\frac{\text{（土壤某污染物实测值－某污染物质量标准）}}{\text{某污染物质量标准土壤污染样本超标率（\%）}}$$

$$= \frac{\text{土壤样本超标总数}}{\text{监测样本总数}} \times 100\%$$

2. 内梅罗污染指数评价

$$\text{内梅罗污染指数（PN）} = \sqrt{\frac{\left(\overline{p}\right)^2 + p_{imax}^2}{2}}$$

式中，$\bar{p}$ 和 Pimax 最大分别是平均单项污染指数和最大单项污染指数。

内梅罗指数反映了各污染物对土壤的作用，同时突出了高浓度污染物对土壤环境质量的影响，可按内梅罗污染指数划定污染等级。内梅罗指数土壤污染评价标准见表 6–4。

表 6–4　土壤内梅罗污染指数评价标准

等级	内梅罗污染指数	污染等级
Ⅰ	PN ≤ 0.7	清洁（安全）
Ⅱ	0.7 < PN ≤ 1.0	尚清洁（警戒线）
Ⅲ	1.0 < PN ≤ 2.0	轻度污染
Ⅳ	2.0 < PN ≤ 3.0	中度污染
Ⅴ	PN > 3.0	重污染

（四）土壤监测质量保证和质量控制

质量保证和质量控制的目的是保证所产生的土壤环境质量监测资料具有代表性、准确性、精密性、可比性和完整性。质量控制涉及监测的全部过程。实验室质量控制主要有：

1. 精密度控制

（1）测定率。每批样品每个项目分析时均须做 20% 平行样品；当样品在 5 个以下时，平行样不少于 1 个。

（2）测定方式。由分析者自行编入的明码平行样，或由质控员在采样现场或实验室编入的密码平行样。

（3）合格要求。平行样测定结果的误差在允许误差范围之内者为合格。允许误差范围见表 6–5。

表 6–5　土壤监测平行双样测定值的精密度和准确度允许误差

监测项目	样品含量范围 /（mg/kg）	精密度		准确度			适用的分析方法
		室内相对标准偏差 /%	室间相对标准偏差 /%	加标回收率 /%	室内相对误差 /%	室间相对误差 /%	
镉	＜ 0.1	± 35	± 40	75 ~ 110	± 35	± 40	原子吸收光谱法
	0.1 ~ 0.4	± 30	± 35	85 ~ 110	± 30	± 35	
	＞ 0.4	± 25	± 30	90 ~ 105	± 25	± 30	
汞	＜ 0.1	± 35	± 40	75 ~ 110	± 35	± 40	冷原子吸收法 原子荧光法
	0.1 ~ 0.4	± 30	± 35	85 ~ 110	± 30	± 35	
	＞ 0.4	± 25	± 30	90 ~ 105	± 25	± 30	
砷	＜ 10	± 20	± 30	85 ~ 105	± 20	± 30	原子荧光法 分光光度法
	10 ~ 20	± 15	± 25	90 ~ 105	± 15	± 25	
	＞ 20	± 15	± 20	90 ~ 105	± 15	± 20	
铜	＜ 20	± 20	± 30	85 ~ 105	± 20	± 30	原子吸收光谱法
	20 ~ 30	± 15	± 25	90 ~ 105	± 15	± 25	
	＞ 30	± 15	± 20	90 ~ 105	± 15	± 20	
铅	＜ 20	± 30	± 35	80 ~ 110	± 30	± 35	原子吸收光谱法
	20 ~ 40	± 25	± 30	85 ~ 110	± 25	± 30	
	＞ 40	± 20	± 25	90 ~ 105	± 20	± 25	
铬	＜ 50	± 25	± 30	85 ~ 110	± 25	± 30	原子吸收光谱法
	50 ~ 90	± 20	± 30	85 ~ 110	± 20	± 30	
	＞ 90	± 15	± 25	90 ~ 105	± 15	± 25	
锌	＜ 50	± 25	± 30	85 ~ 110	± 25	± 30	原子吸收光谱法
	50 ~ 90	± 20	± 30	85 ~ 110	± 20	± 30	
	＞ 90	± 15	± 25	90 ~ 105	± 15	± 25	
镍	＜ 20	± 30	± 35	80 ~ 110	± 30	± 35	原子吸收光谱法
	20 ~ 40	± 25	± 30	85 ~ 110	± 25	± 30	
	＞ 40	± 20	± 25	90 ~ 105	± 20	± 25	

对未列出允许误差的方法，当样品的均匀性和稳定性较好时，参考表 6–6 的规定。当平行样测定合格率低于 95% 时，除对当批样品重新测定外再增加样品数 10% ~ 20% 的平行样，直至平行样测定合格率大于 95%。

表 6-6　土壤监测平行样最大允许相对偏差

含量范围 /（mg/kg）	最大允许相对偏差 /%
＞100	±5
10～100	±10
1.0～10	±20
0.1～1.0	±25
＜0.1	±30

2. 准确度控制

使用标准物质或质控样品例行分析中，每批要带测质控平行双样，在测定的精密度合格的前提下，质控样测定值必须落在质控样保证值（在 95% 的置信水平）范围之内，否则本批结果无效，需重新分析测定。

（1）加标回收率的测定。当选测的项目无标准物质或质控样品时，可用加标回收实验来检查测定准确度。

① 加标率。在一批试样中，随机抽取 10%～20%试样进行加标回收测定。样品数不足 10 个时，适当增加加标比率。每批同类型试样中，加标试样不应小于 1 个。

② 加标量。加标量视被测组分含量而定，含量高的加入被测组分含量的 0.5～1.0 倍，含量低的加 2～3 倍，但加标后被测组分的总量不得超出方法的测定上限。加标浓度宜高，体积应小，不应超过原试样体积的 1%，否则需进行体积校正。

③ 合格要求。加标回收率应在加标回收率允许范围之内。当加标回收合格率小于 70% 时，对不合格者重新进行回收率的测定，并另增加 10%～20%的试样作加标回收率测定，直至总合格率大于或等于 70% 以上。

（2）质量控制图。必测项目应作准确度质控图，用质控样的保证值 X 与标准偏差 S，在 95% 的置信水平，以 X 作为中心线、$X \pm 2S$ 作为上下警告线、$X \pm 3S$ 作为上下控制线的基本数据，绘制准确度质控图，用于分析质量的自控。每批所带质控样的测定值落在中心附近、上下警告线之内，则表示分析正常，此批样品测定结果可靠；如果测定值落在上下控制线之外，表示分析失控，测定结果不可信，检查原因，纠正后重新测定；如果测定值落在上下警告线和上下控制线之间，虽分析结果可接受，但有失控倾向，应予以注意。

（3）土壤标准样品。土壤标准样品是直接用土壤样品或模拟土壤样品制得的一种固体物质。土壤标准样品具有良好的均匀性、稳定性和长期的可保存性。土壤标准物质可用于分析方法的验证和标准化，校正并标定分析测定仪器，评价测定方法的准确度和测试人员的技术水平，进行质量保证工作，实现各实验室内及实验室间、行业之间、国家之间数据可比性和一致性。我国已经拥有多种类的土壤标准样品，如ESS系列和GSS系列等。使用土壤标准样品时，选择合适的标样，使标样的背景结构、组分、含量水平应尽可能与待测样品一致或近似。如果与标样在化学性质和基本组成差异很大，由于基体干扰，用土壤标样作为标定或校正仪器的标准，有可能产生一定的系统误差。

（4）监测过程中受到干扰时的处理。检测过程中受到干扰时，按有关处理制度执行。一般要求：停水、停电、停气等，凡影响到检测质量时，全部样品重新测定；仪器发生故障时，可用相同等级并能满足检测要求的备用仪器重新测定；无备用仪器时，将仪器修复，重新检定合格后重测；实验室间质量控制参加实验室间比对和能力验证活动，确保实验室检测能力和水平，保证出具数据的可靠性和有效性。

3. 测定不确定度

一般土壤监测对测定不确定度不作要求，但如有必要仍需计算。土壤测定不确定度来源于称样、样品消化（或其他方式前处理）、样品稀释定容、稀释标准及由标准与测定仪器响应的拟合直线。对各个不确定度分量的计算合成得出被测土壤样品中测定组分的标准不确定度和扩展不确定度。测定不确定度的具体过程和方法见国家计量技术规范《测量不确定度评定和表示》（JJF 1059.1—2017）。

第二节　土壤修复管理需求分析

一、土壤修复管理概论

（一）污染土壤管理现状

在国务院于2016年印发《土壤污染防治行动计划》（国发［2016］31号）之前，我国的土壤环境调查评估和修复还处于尝试阶段，国家将重

点放在污染土壤一次性修复达标的目标上，较少关注修复后土壤的处置及其产生的二次污染问题。为规范土壤修复工程的土壤管理，借鉴法国较成熟的土壤质量管理体系框架，生态环境部发布的行业标准中有规定关于污染地块修复后土壤外运处置的一些技术和监管措施，如在评估修复效果是否达到标准的工作中，提出按照实际情况选择土壤迁入地人体健康风险参数所确定的评估标准值、土壤背景浓度或对应建设用地类型的土壤污染风险筛选值作为评估修复效果的依据。由于是全国通用性技术文件，技术指导未对修复土壤迁入地的合理化利用方式做具体规定，通常情况下，修复后的外运土壤除了达到相关环境标准，在迁入地的规划条件下使用仍存在环境风险因素，普遍缺少相应的工程管控措施。

1. 地方污染土壤消纳难

在土壤污染防治行动实施初期，很多地市在工业地块土壤修复后的最终去向问题上陷入困局，比较多的做法是选择消纳场进行处置。但随着土壤修复工程数量逐年增加，消纳场数量和容量有限，大批量修复后的土壤无处可去。为解决污染地块修复治理后出现土方不平衡需外运处置的问题，北京市生态环境局出台了土壤再利用的相关技术导则，并加强了再利用土壤质量监管的力度。目前，国内只有北京市发布了正式的技术导则，其他地区暂时没有相关的文件。但是该导则作为地方标准很大程度上结合了北京的实际情况，所选择的土壤再利用筛选值也是来自本市的土壤风险筛选值标准，由于北京有大量的地下水饮用水源规划，环境主管部门对地下水对人体健康和生态的风险评估内容重点关注，所以在其他不开发利用地下水的地市实施起来较困难，不具备普适性。其次，导则的评估程序较烦琐，在实际应用中未能真正解决土壤消纳问题，且仅适用于土壤作为非环境敏感区基坑回填用土或覆盖材料时的风险评估，在合理化利用途径上有所局限。

2. 土壤形态的再利用方式单一

国家也在积极倡导改变土壤形态和功能的资源化利用方式，如将土壤当作固体废弃物烧制成建筑材料。在修复工程案例中使用较多的是利用水泥窑协同处置技术将污染土壤转化成可用的终端产品，但根据实际的工程经验，水泥厂协同处置的材料主要是大量的城市固体废弃物，而不是土壤。因此，在产能不变的情况下，能够提供水泥窑协同处置土壤的水泥厂日趋紧缺，多个地市的水泥厂处置负荷基本饱和，加之来自废气排放的环保压力和成本的增加，使得越来越多的水泥厂不再接收污染土壤处置。因此，改变土壤形态资源化利用的方式并不适合产生大量土壤外运需求的修复地块。

3. 农用地的土壤再利用受限

农用地的土壤利用管理较建设用地复杂，质量要求更严格。土壤肥力在很大程度上受到污染土壤修复方式的影响，目前大部分的工业污染土壤修复技术都会一定程度上降低土壤肥力，如土壤淋洗、化学氧化等可能改变土壤营养成分或导致土壤碱化，甚至会杀死大量微生物。因此修复后土壤的农用途径受到较大限制。国内目前尚未有对农用地提出土壤再利用的技术指引，但国家已出台了农用地土壤污染风险管控标准，可参考建设用地土壤管理的思路进行土壤合理化利用的延伸。

（二）土壤修复的需求

土壤污染已成为一个日益严重的问题。近年来，随着城市化进程的加速，许多原本位于城区的污染企业从城市中心迁出，产生了大量污染土壤（又称为“棕色地块”）。这些污染土壤的存在带来了环境和健康的风险，阻碍了城市建设和地方经济发展。要解决污染土壤问题，最直接方法的是土壤修复。然而，中国关于污染土壤环境修复的政策、法规和技术框架还不够完善，污染土壤的修复依然面临诸多挑战。污染企业、政府、公众和新的开发者，都是污染土壤修复的利益相关者。但这几个群体的职责及相互关系常常不明确，因而出现了责任界定的混乱及对责任的逃避。因此，加强和完善有关污染土壤修复与再开发的法律法规管理体系非常必要。此外，国家的污染土壤修复标准和技术导则对于建立全国统一的污染土壤管理体系也十分关键。

1. 我国污染土地的历史根源及程度

中国的城市和农村都面临着十分严峻的土地污染。自20世纪50年代以来，我国城市中逐渐出现了大量被工商业污染的土地，其具体数量目前还没有全面的统计数据。我国污染土壤的产生可追溯到50多年前的（甚至可能是共和国建立前的更早时期）一些高污染工业企业的建设，当时，大多数工厂建在城市周边。如今，这些生产历史悠久、工艺设备相对落后的老企业由于经营管理粗放、环保设施缺乏或很不完善，造成了十分严重的土地污染。有些土壤污染物浓度很高，有的甚至超过有关监管标准的数百倍甚至更多，污染深达地下十几米，有些有机污染物还以非水相液体的形式在地下土层中大量聚集，成为新的污染源，有些污染物甚至迁移至地下水并扩散导致更大范围的污染。

2. 污染土地类型

按照主要污染物的类型划分，我国城市工业污染土地大致可分为以下几类。

（1）重金属污染土壤。主要来自钢铁冶炼企业、尾矿以及化工行业固体废弃物的堆存场，代表性的污染物包括砷、铅、镉、铬等。

（2）持续性有机污染物（POPs）污染土壤。我国曾经生产和广泛使用过的杀虫剂类 POPs 主要有滴滴涕、六氯苯、氯丹及灭蚁灵等，有些农药尽管已禁用多年，但土壤中仍有残留。我国目前农药类 POPs 土壤较多。此外，还有其他 POPs 污染土壤，如含多氯联苯（PCBs）的电力设备的封存和拆解土壤等。

（3）以有机污染为主的石油、化工、焦化等污染土壤。污染物以有机溶剂类，如苯系物、卤代烃为代表，也常复合有重金属等其他污染物。

（4）电子废弃物污染土壤。粗放式的电子废弃物处置会对人群健康构成威胁。这类土壤污染物以重金属和 POPs（主要是溴代阻燃剂和二噁英类剧毒物质）为主要污染特征。

3. 城市发展压力和对污染土地问题的关注

由于土壤污染具有滞后性，加上过去在土壤污染物的识别和监测中还存在诸多困难，土地污染问题在过去极少受到关注。工业企业搬迁遗留和遗弃的土壤是近年来我国城市化进程加速的产物。污染企业搬迁在各大中城市得到了大力实施，比如海河流域的北京和天津、东北老工业基地、长江三角洲和珠江三角洲。污染土壤的环境问题已成为土地再开发的障碍。目前一些位于城市中的老工业区由于污染问题迟迟不能进行再开发。环境污染及土地所有者开发商的责任问题都成为原工业用地再开发及城市发展的障碍。城市中污染土壤的遗弃及其延迟再开发还会产生更为深远的社会影响，如生活环境变差、就业机会减少甚至社会不稳定因素的增加等。

4. 我国污染土壤修复与控制的开端

近年来，在快速城市化和污染土壤再开发过程中，发生了一些严重的土地污染事件。其中有些事件经过媒体报道，引起了社会关注。2004 年北京市宋家庄地铁工程施工工人中毒事件，已成为我国重视工业污染土壤的环境修复与再开发的开始。“宋家庄事件”发生后，国家环境保护总局于 2004 年发出通知，要求各地环保部门切实做好企业搬迁过程中的环境污染防治工作，一旦发现土壤污染问题，要及时报告总局并尽快制定污染控制实施方案。2004 年上海开始筹备 2010 年上海世界博览会后，专门成立了土壤修复中心，对世博会规划区域内的原工业用地污染土壤进行处理处置。到目前为止，我国已成功完成了多个土壤修复工作，如北京化工三厂、红狮涂料厂、北京焦化厂（南区）、北京染料厂等，为我国污染土地的修复和再开发提供了宝贵的技术和管理经验。同时，在老污染土壤的修复与再开发的过程中，工业标志物受到保护并得到重新利用。例如，上海南市发电厂的主厂房被成功转化为上海世博会的一个展馆。另外，北京市采纳了 2007 年北京市“两会”期间 50 多位市人大代表和政协委员提出的意见和建议，决定暂停对焦化厂的拆除，向全球公开征集工业遗产保护与开发利用规划方案。在中国，行之有效的针对污染土地管理的制度和法规，目前尚在逐步建立和完善的过程中，仍有一些问题需要解决。

（三）土壤修复对标准值的需求

根据以上我国土壤环境保护和综合治理主要任务，分析当前急需建立和发展的土壤环境监管能力包括：一是对未受污染土壤环境质量保护的监管。此类土壤主要包括受人为活动影响较小，污染物尚未出现明显累积趋势的农用地、饮用水源地和自然保护区等地土壤。二是对受污染土壤环境风险控制的监管。此类土壤主要包括受人为活动影响、土壤中污染物出现明显累积、土壤环境质量有所下降并可能对人体健康和 / 或生态环境产生风险的土壤，包括受工农业生产活动（含矿产资源开发）影响的农用地和建设用地等土壤。三是对高风险污染土壤治理与修复的监管。此类土壤是指经过环境调查和风险评估，认为对人体健康和 / 或生态环境存在显著危害，需要实施风险管控或治理修复措施的高风险污染土壤。

研究建立适宜的土壤环境标准值体系，是实施科学的土壤环境监管的重要前提和保障。现行《土壤环境质量标准》（GB 15618—1995）已不能满足对当前我国住宅、工业等不同利用方式土壤以及挥发性和半挥发性有机物污染土壤环境的监管。当前，急需对现行土壤环境质量标准进行修订完善，以保护人体健康（农产品质量安全、人居土壤环境安全等）为首要目标，保护陆生生态物种和生态功能，保护水体、大气等环境介质为长期目标，建立用于土壤环境标准值制定的科学方法，合理制定满足不同管理目标的土壤环境标准值。

土壤是重要的自然资源和环境介质，从保障土壤资源的可持续利用角度，国家应针对以农用地为代表的大面积未受污染土壤，建立和施行严格的土壤环境保护制度，制定和执行严格的土壤环境质量标准，防止人为活动造成土壤环境质量的恶化。另外，针对部分因历史原因造成的受污染土壤，从保障农产品质量和产量、人居环境安全角度，国家应制定实施基于风险的管理制度，研究制定基于风险的土壤环境标准值，保障受污染土壤的环境质量适合于特定土地利用方式的要求。已有研究提出我国土壤环境质量标准应包括土壤环境质量目标值、土壤环境质量指导值和土壤环境质量干预值 3 类标准值；土壤环境标准值制定应以保护人体健康和保护陆生生态安全为原则，针对陆生生态和人体健康等不同的保护目标，分别制定土壤环境质量标准值；应针对不同土地利用方式分别制定土壤环境标准值。

综合国内已有研究和当前国家土壤环境监管迫切需求，我国土壤环境标准值应当包括：土壤环境质量标准；土壤环境风险管控标准；污染土壤治理修复标准。上述“土壤环境质量标准”和“土壤环境风险管控标准”由国家统一制订标准值，“污染土壤治理修复标准”应综合考虑具体污染场地 / 土壤条件来确定，由国家制定发布统一的标准值确定技术（方法）导则，而非制定统一的标准值。此外，应探索制定肥料等土壤投入品中污染物的控制标准和基于提取态的土壤环境标准值的必要性和可行性。服务于土壤环境监管需求的土壤环境标准值及适用范围。针对不同污染程度土壤的环境监管需求，提出的土壤环境标准值框架体系。

土壤环境质量标准是旨在遏制人为活动造成土壤环境质量恶化，防止污染物进入并在土壤中累积，保护土壤环境质量处于初始状况（背景 / 本底值水平）的土壤中污染物的含量限值。土壤环境质量标准是可持续土壤环境保护与监管的目标。

（四）土壤修复的市场管理

目前，适合我国实际、费用效益好的修复技术开发仍然处于起步阶段。2008 年，环境保护部强调了我国目前土壤环境及管理面临的严峻形势，指出：我国部分地区土壤污染严重，其中以工业企业搬迁遗留遗弃场地为主；土壤污染类型多样，呈现出新老污染物并存、无机有机复合污染的局面；由土壤污染引发的农产品质量安全问题和群体性事件逐年增多，成为影响群众身体健康和社会稳定的重要因素；土壤污染途径多、原因复杂、控制难度大；土壤环境监督管理体系不健全，全社会土壤污染防治的意识不强；风险和“暴露”成为亟待解决的重要问题。与美国超级基金土壤修复之后不用于开发从事其他经济活动不同，我国由于土地资源紧缺，适于开发利用的新土地很难找到，因此，大量污染土壤面临再开发。这里面临的一个重要问题就是，土地清理后新的开发商购买和开发后的责任界定。如果场地被证实仍然存在污染或污染判定的标准变得更加严格，那么他们未来的职责范围是什么呢？对于污染土壤的历史污染者和未来开发商来说，责任问题都必须清楚地解决。而责任的界定对于清理后污染土壤的出让价格和开发都具有重要影响。责任界定不清楚，开发商在对污染土壤进行大规模投资时就会存有顾虑。

1. 我国的修复技术

近年来，在政府财政支持下，我国开展了多个类型土壤的修复技术设备研发与示范项目。尽管可以罗列的土壤及地下水污染的修复技术很多，但实际上经济实用的修复技术很少。我国目前已开展的修复与再开发试点和示范场地尚为数不多，已开展的土壤修复工作大多是借鉴国外相关经验，有些土壤的修复是国内有关机构联合国外环保公司、科研机构共同完成的。已开展的土壤修复类型已基本涵盖了目前已知的主要类型，如化工土壤、采矿业和冶金业土壤、石油污染土壤、农药类土壤和电子废弃物土壤等。从修复技术上看，使用比较成熟的技术主要是异位的处理处置，包括挖掘—填埋处理和水泥窑共处置技术等，还有相当一部分修复技术与设备在研究开发之中，如生物修复技术和气相抽提技术等，特别是一些原位的修复技术，都还处于试验和试点示范阶段。国内先行开展试验与示范项目的有北京市、上海市、重庆市、浙江省、江苏省和辽宁省市等。

2. 我国土壤修复市场

我国土壤修复市场目前尚处于实验阶段和市场培育阶段。一些国内及国外环保企业积极开展土壤修复工程实践，并对土壤修复市场进行培育。发达国家开展土壤修复早于我国几十年，在污染土地修复治理方面，已经开发了多种较为成熟的技术，积累了大量宝贵经验，形成了一个产业。我国应该充分利用世界先进的技术和设备，积极与土壤修复产业发达的国家开展技术合作，尽快推动土壤修复技术的进步与市场的完善。土壤环境修复和再开发在我国尚属新生事物。污染土地的预防、控制以及污染土地修复都还需要很大程度的完善与提高。构建相应的法律体系。有分析指出，我国在污染土地防治以及污染土地再开发方面的法律法规尚不完善。

（五）土壤修复的法律法规

有关土壤污染防治规范仅散见于一般性的环境保护法规中，且规定笼统，这使得利益相关方之间难以明确法律责任和义务。因此，需要一部土壤污染防治专门法来明确土地污染和修复中的责任和义务，以便对所有利益相关方提供清晰准确的指导。建立资金筹措机制污染土地修复治理费用很高，资金问题成为很多污染地块再开发的主要障碍。因此，污染土地治理和开发资金筹措有赖于合适的资金机制建立。一种包括激励机制和基金制度在内的合理的资金机制，对于污染土地的修复和再开发至关重要。一些财政手段，包括环境税收、清理补贴、贷款、担保和市场许可等，对于建立一套行之有效的管理体系都是十分必要的。

目前，我国还没有像超级基金和污染场地修复基金这样专门用于修复治理污染场地的基金计划。对于已知责任的污染场地，尚且没有明确用于治理的资金渠道；对于未明确责任的污染场地，更没有专门的配套资金用于这些污染场地的修复和综合整治，资金机制亟待完善。“污染者付费”原则在实践中应该加以深入研究，还可从美国超级基金法案到污染土地法案的转变中汲取经验教训，以便开发出一套合理的可操作的污染土地管理体系。尽管国家发布了一些临时的标准和指南，有的地方政府也出台了一些地方规定，相关政府部门和研究机构一直在使用或参考不同国家关于污染土壤健康风险评价的标准和方法。但是，缺乏统一的标准在客观上却导致了评价结论的不一致与不可比性，还使得法律法规体系的发展变得复杂化。

我国需要加速与土地污染预防和处理相关的国家标准和技术指南的官方批准、发布与实施进程。同时，还应该鼓励地方政府依据地方的情况发布更为严格的标准。在污染土壤修复实践方面，我国需要有效且实用的技术。在污染土地修复的技术方面，目前符合我国实际的程序标准，且技术可行、费用成本效益好的清理修复技术显得不足或仍在摸索之中。我国城市发展中由于土地的紧缺要求有效的土壤修复需在短时间内完成，因此对修复技术选择的要求很高。但是，先进而有效的实用技术匮乏无疑是污染土地再开发中的重要障碍。因为，根据每个场地的未来土地利用方式及其具体的环境条件来量身制定每个特定场地的修复目标，选择适宜的修复技术，制定相应的修复工作方案非常必要。这些工作需要经过专门技能训练的、经验丰富的专家来把关，而中国这方面的实践能力目前十分缺乏。

二、土壤修复管理的发展现状

（一）土壤修复制度设计

1. 土壤修复制度

土壤修复是采取物理、化学、生物等技术方法，使受到污染和破坏的土壤恢复正常功能的活动。土壤修复制度是法律对土壤修复活动所做的制度安排。修复污染土壤主要是基于两大基本考虑，一是消除土地上的污染及其不良影响，保障人体健康和环境安全。二是进行污染土壤的再开发利用。自 20 世纪 70 年代以来，由于土壤污染的加剧，土壤修复成为一项法律管理要求。从法律的角度来讲，土壤修复具有 3 个法律性质：一是土壤修复是一项法律义务。由于土壤污染侵害了公众的健康、财产以及环境的安全，基于污染者负担原则，土壤修复成为法律规定的一项义务，造成土壤污染的责任主体必须负起相应的义务。消除土壤上的污染危害，恢复土壤的功能和价值。二是土壤修复是一项法律制度。土壤修复工作技术复杂、耗时长、涉及面广，必须将其制度化，以保障其长远、普遍、规范地实施。作为一项制度，必须有可反复适用的普遍性要求、规范性的内容、强制性的法律后果。三是土壤修复是一项法律制裁措施。造成土壤污染后，土壤修复是法律救济措施之一，受害者可请求法院判决责任人承担土壤修复责任。

2. 社会广泛参与土壤修复的机制

土壤修复关系到许多人的利益，土壤修复法律制度应当建立相应的渠道，保障各个利益相关方可以参与到土壤修复的过程之中，公众参与是土壤修复中的重要一环，有效的公众参与可以保障公众的环境权，缓解污染场地周边的紧张关系，帮助寻求合适的修复方案，监督修复过程，补充政府执法力量的不足。应该在制定污染土壤管理政策、风险控制措施直至具体修复治理、资金筹措工作等不同决策层面上，全面开展利益相关各方的对话与磋商，促进形成共识的互动过程。目前污染土壤修复过程中的公众参与严重不足，主要原因是缺少相关法律依据、缺乏公众参与意识及相关渠道。建议在土壤环境保护法中明确规定公众参与制度，要求政府及污染土壤相关管理部门在土壤修复方案制定、修复验收等环节组织公众参与，设立专门的公众交流机构，建立良好的沟通机制。加强对公众的风险教育及参与能力建设。当公众参与权受到侵犯时及时提供法律救济。修复受损害的环境从某种程度上讲，也是一种公益事业，应当广泛动员吸引全社会的参与，政府发挥主导作用，企业是修复的主体，鼓励公众参与修复计划的制定、实施监督，鼓励社会各界参与土壤修复机制的科学研究、技术开发和奉献财力、物力等。

（二）土壤修复的模式管理

1. 土壤修复的商业模式

目前从事环境修复的企业有上百家，但是对于修复企业而言，土壤污染修复领域的资金壁垒和技术壁垒都很高，行业及市场发展缓慢。我国土壤污染防治的中期目标是："法规和标准体系初步建立，土壤污染修复基本实现市场化，农业土壤环境得到有效保护，工业污染场地开发依法有序，大部分地区土壤污染恶化趋势得到遏制，部分地区土壤环境质量得到改善，全国土壤环境总体状况稳中向好。"要实现这个目标，当前亟须在明确责任主体和质量标准的前提下，按照"谁污染，谁付费""谁投资，谁受益""环境污染第三方治理"等基本导向，尽快建立起新型的商业模式，鼓励与引导社会资本投入到土壤环境保护事业中，改变当前土壤污染防治主要由中央财政投入的单一局面。

2. 土壤修复的基金保障机制

土壤修复所需要的资金巨大，任何国家都难以通过责任人单一的资金来源来解决这个问题。建立社会化的多元资金途径是国际趋势。外部不经济性是生态问题的根源，解决这一问题必须从环境资源开发行为的经济成本设置入手，由开发利用生态资源、造成生态问题、获得经济利益的主体主要承担生态修复资金义务。同时，生态环境的改善属于公共利益的范畴，政府作为公共利益的当然代表，承担投入部分资金的义务亦属理所当然。因此，应当通过政府财政投入和转移支付、政府通过各种财源建立的修复基金、企业缴纳生态环境补偿费和生态修复保证金、社会捐助、银行贷款等方式建立生态修复资金来源渠道，形成有力的资金支撑机制。建立合理的资金机制也可以保证开发利用主体对土地资源的谨慎开发，以及避免发生生态事故之后一走了之的尴尬局面。建议在《土壤环境保护法》中规定环境基金制度支持土壤修复，还可以要求高危行业企业交纳土壤修复保证金的方式保证对受损环境的修复资金需要。建立不履行土壤修复责任追究机制。土壤修复既是一项管理制度，也是一项法律责任。在一些国家，如美国和欧盟国家，命令进行土壤修复，或者承担土壤修复的成本是最严厉的法律责任之一，因为土壤修复的行为可能持续很长时期，其费用也是巨大的。

（三）土壤修复的法律健全

为了顺应土壤修复的要求，我国的法律责任体系应进行革新：一是明确规定不履行修复责任的法律制裁措施。二是扩大损害赔偿范围。将法律救济的范围从传统损失扩大到生态损害，将环境恢复期间环境资源和环境服务价值暂丧失的损失纳入损害赔偿之列，并对其做出具体的规定。三是明确修复成本追偿机制。当政府或者其他单位和个人代替责任人履行了修复环境的责任后，有权向责任者追偿修复成本。四是延长诉讼时效。将责任人承担法律责任的时效延长，在特定情况下可溯及既往。五是在潜在责任主体之间建立连带责任。六是建立土壤修复责任社会化机制。土壤修复具有一定的社会性，也呼唤着我国尽快建立环境责任社会化机制，如环境保险制度、环境基金制度等来分化和分担土壤修复责任。

我国目前土壤修复的管理体制主要有两种类型，一种是环保部门主导，其他部门参与；一种是城市土壤修复由国土部门主导，农村耕地修复由农业部门主导，环保部门对污染治理实施监管。目前，土壤修复处于起步及试点阶段，管理形式尚未固定，无论治理修复由什么部门主导，环保部门对于环境污染治理修复相关活动的监管都不能缺位。

土壤修复工程技术复杂、隐蔽性强、时间跨度长，监管难度大。针对以上特点，政府对修复工程的监管应该体现如下特点：一是进行全过程监管。修复过程很长，包括污染场地环境调查和风险评估、修复计划和方案的制定、修复工程的开展、修复完工验收等，各个环节紧密相连，一个环节出问题，修复的效果可能大受影响。政府必须进行全过程监管，明确若干控制点进行重点审查。二是设立工程监理。土壤修复工程多为隐蔽工程，覆盖后难以观测，工程监理是质量的重要保障。三是技术审查和守法监督适当分离。对于技术性和专业程度高的工作由专业机构和专业人士把关，政府审查程序的完整性及结果的合规性。四是根据新出现的情况及时调整修复方案。修复过程长，随着调查的深入、技术的进步，可能会发现一些前期调查中未发现的污染和破坏，为此，应该要求修复责任单位适时调整修复方案，使新发现的问题一并得以解决，不留尾巴。五是进行工程验收。工程验收是对于各责任方履行义务情况所进行的核查及核证。修复不是一项无止境的工作，责任也要有一个终结。

国家立法应该建立统一的治理验收和管理程序，加强修复过程监管和结果监管。土壤修复的监管还包括对修复产业的监管。现阶段我国土壤修复产业是处于初期发展阶段的新兴行业，还没有很好的基础积累和技术储备，对于政府而言，既要培育、扶持这个产业，也需要对该产业的健康发展进行监管。首先应该明确的是修复行业是一个自由竞争的行业，市场应该尽可能地放开，以吸引更多的企业和投资者加入这个领域。修复工程大小及复杂程度差别巨大，设置统一的行业进入门槛没有意义。对于企业的要求主要看其是否能达到标准，而不是拥有多少技术人员。因此，对于土壤修复产业的监管，关键是建立完善法律法规和标准体系，通过有效的行为规范为产业活动提供清晰的指引，通过加强环境管理及严格执法来构建良好的发展环境。

第三节　土壤修复管理基本流程与切入点

一、土壤修复管理基本流程

（一）土壤修复准备

虽然我国土壤修复行业仍处于发展初期阶段，但是随着2016年《土壤污染防治行动计划》出台；2019年1月1日《土壤污染防治法》及其配套细则正式实施；《污染地块风险管控与土壤修复效果评估技术导则（试行）》等文件配套出台使我国土壤修复逐步走出了法律法规、标准规范不完善的境况。同时，因土壤修复市场需求的进一步释放，使土壤修复工作顺利且有效开展，在此基础上应明确土壤修复工作流程，更加重视土壤修复工作各环节质量。

土壤修复项目主要包括“谁污染，谁付费”（污染者付费）“谁受益，谁买单”（受益者付费）以及政府付费三种付费原则，并基于此三种原则延伸开发了多种修复模式与工作流程。目前，土壤修复项目资金来源仍主要依靠政府，特别是近些年中央财政投入力度更是增长迅速。其中，较为普遍采用的是政府付费原则下的常规修复模式，其工作流程如图6–2所示。

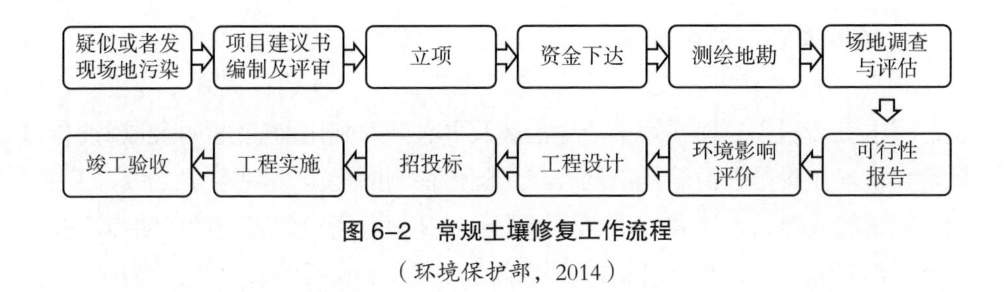

图 6–2　常规土壤修复工作流程

（环境保护部，2014）

（二）土壤修复过程及关键步骤

土壤修复各阶段工作紧密相关，环环相扣。为使土壤修复工作顺利且有效开展，应在法律法规、标准规范日趋完善的基础上更加重视土壤修复各阶段工作的质量和进度。

1. 项目建议书

由业主单位依据规划、政策等前提条件，就筹建项目提出的建议文件，是对拟建项目提出的框架性的总体设想。它要从宏观上论证项目建设的必要性和可行性，其建设方案和投资估算相对较粗，投资误差为 20% 左右。项目建议书直接决定了该项目能否被批准立项，减少政府专项资金投入的盲目性；同时，初步确定了项目建设方案并限定了整体投资（下达资金）最高额，为后续可行性研究及工程设计等工作打下基础。

2. 测绘地勘

测绘地勘工作阶段的主要内容包括地形测绘、工程地质勘查。地形测绘指的是测绘地形图的作业；工程地质勘查是为查明影响项目建设的地质因素而进行的地质调查研究工作，所需勘察的地质因素包括地形、地貌、地质构造、土和岩石的物理力学性质、不良地质现象以及水文地质条件等。土壤修复项目的测绘地勘工作须在场地调查与风险评估工作前完成，并为场地调查与风险评估、工程设计、施工等提供必要的依据及参数。没有准确的地形图和勘察资料，场地调查与风险评估工作阶段便无法确定适宜的工作量以及准确拟合土壤污染情况；工程设计阶段便难以完成精准、细致的设计、选址，且会影响各设计阶段造价；施工阶段会因地形及范围误差或不良地质情况等直接导致设计变更及签证，间接影响工程质量、延误工期、增加成本。

3. 场地调查与风险评估

根据现行政策法规要求，严禁未经治理的污染场地在规划、转让、开发过程中直接利用，而在污染场地治理及再次开发利用前应进行场地调查与风险评估。在我国，虽然场地调查与风险评估刚刚起步，但是与之相应的法制法规日趋成熟，方法和标准也逐渐明确。其中，场地调查先后经初步调查和详细调查等工作，最终分析确认场地是否存在潜在风险及关注污染物，并进一步确定污染物具体分布及污染程度；污染场地风险评估现阶段主要指健康风险评估，国家导则按照其工作流程将其划分为5部分：危害识别、暴露评估、毒性评估、风险表征和控制值计算，对已经调查过的场地进行整体的污染风险评价，判定场地的风险等级并提出治理修复意见或建议。场地调查与风险评估是污染场地土壤修复的前提和基础，只有做好全面的场地环境调查，才能给场地修复治理提供依据。经场地调查与风险评估可确认场地土壤污染危害超过人体健康可接受风险水平的情况，确定污染物、污染程度、污染范围及污染土壤量。因此，若土壤修复的场地调查与风险评估工作滞后或者不够规范、翔实，甚至缺失，将会对项目后续工作的推进及质量造成不良影响。首先，会导致针对土壤修复项目的环境影响评价对象出现严重偏差、潜在二次污染发生的可能性错估、治理/应急方案缺乏针对性或不全面；其次，致使土壤修复技术方案的可行性研究论证不充分，缺乏说服力；再次，场地调查与风险评估及其他工作质量得不到保证将影响工程设计准确性及细致程度，导致偏差与漏项，概算/预算无法满足项目建设实际需要；最后，工程实施阶段因自场评阶段起的各阶段工作质量不良，最终为保证工程质量，导致大量的设计变更、签证，甚至因实际投资超出招标控制价的10%而造成此阶段之前工作的重做及评审，与此同时，工期延长、资金浪费。

4. 可行性研究和环境影响评价

可行性研究是在项目建议书被批准后，对项目在技术上和经济上是否可行所进行的科学分析和论证。可行性研究报告相较定性性质的项目建议书更加充实、完善，具有更多的定量论证；对项目所需的各项费用进行比较详尽精确的计算，误差要求不应超过10%。土壤修复项目的环境影响评价是指对土壤修复项目实施过程给环境质量带来的影响进行分析、预测和评估，是强化环境管理的有效手段，保证填埋场、临时建（构）筑物等建设内容选址和布局的合理性，为工程设计提出环保要求和建议并指导环境保护措施的设计。可行性研究和环境影响评价是土壤修复项目建设的重要环节，虽已有部分地区（如广西）为进一步加强土壤污染防治专项资金管理，有序并加快推进项目实施，根据《污染场地环境管理办法》（环保部令第42号）等文件精神，考虑到土壤修复项目特殊性，不再要求单独编制项目可行性研究报告、环境影响评价报告、工程设计方案，但相关内容仍被要求必须在项目实施方案中体现。

5. **工程设计**

一般包括技术设计、初步设计（含初步设计概算）及施工图设计（含施工图预算），施工图设计的主要任务是满足施工要求，即在初步设计或技术设计的基础上深化完成工艺、结构、建筑、设备、电气等专业设计。在本阶段工作之前的前期工作优质且顺利完成的前提下，土壤修复项目逐步细化的优质工程设计以其设计内容全面、变更及签证少或无的优势，可直接决定工程实施的质量、安全、工期以及投资，使之在常规施工管理下即可优质、安全、按期完成。

（三）土壤修复后的质量控制

工程实施是土壤修复项目最后一个阶段的工作，是中标后在业主和监理的监督下合理组织人员、调配机械设备和材料按照合同要求的工期将项目建设前期的策划、设计转化为实际工程成果的行为过程。工程实施亦是土壤修复的核心内容，在合法、合规前提下满足合同要求及技术规范的项目组织与管理，合理划分施工顺序并按图施工，积极做好与业主、监理、设计及其他单位的协作配合，必要时按程序及时进行变更，才能够保证项目顺利、安全地实施并优质完成，最终顺利竣工验收。

虽然修复模式在常规的基础上按实按需进行多种延伸与创新，但土壤修复过程中各阶段工作均极其重要、不可或缺且紧密相关，前期工作为后续工作的基础依据，后续工作是前期工作现实体现与延伸。在土壤修复过程中须重视每一阶段的工作，专款专用，保证前期工作所需的合理时间及资金投入，以实现项目建设全过程的顺利推进，确保项目技术可行、经济合理、过程安全以及质量合格且无二次污染。

二、土壤修复管理切入点

（一）土壤修复管理的起点

我国土壤污染防治及修复技术及其管理仍属于起步阶段。

日本在20世纪90年代就已采取立法与土地使用类型相结合的污染防治办法，有效控制了土壤污染违法事件；欧洲国家大多采用生物处理技术，英国采取分层管理办法；加拿大采用10步管理流程等；美国用于污染土壤修复方面的投资近1000亿美元，建立"超级基金"管理清理或缴纳清理污染土壤的费用，通过设立污染清理鼓励性法案，优惠税费，刺激私人资本对棕色地块清洁等措施实施土壤防治及修复。从发达国家土壤防治及修复的整体经验不难看出：山、水、林、田、湖、草和湿地是动态平衡，遵循自然规律，运用物理、化学和生物的手段解决和修复土壤问题，同时应紧密结合土壤防治立法和机制建立。

1. 建立土壤大数据平台

通过采集土壤地形特征、土壤特性、耕作条件、健康状况、生物特性等指标建立土壤数据库，实施动态管理，并健全土壤数据监测预警机制，更好地改进和保护不同区域、不同土壤类型的土壤质量，提升土壤生物学特性。强化土壤修复技术土壤修复技术应采用综合治理阶段和综合保障阶段有步骤开展。

2. 建立科学高效土壤管理体制

科学合理的行政管理体制是有效防治土壤环境污染的基石。我国现行的土壤管理体制存在土壤面积数据过于陈旧、垃圾等固体废弃物随意倾倒无人监管、污灌区面积及污染物数据模糊等问题。理顺监管机制，实行统一监管与部门分工相结合，政府监督与广大公众积极参与相结合的原则，实行区域制管理、大数据统筹。同时，建立和加强土壤污染防治预警机制，实现对土地利用、规划和保护的目的。

（二）土壤修复管理的关键环节

1. 我国土壤修复工程实施迫切需要规范管理

我国污染土壤修复工程目前正处于初期发展阶段，即将迎来爆发式增长时期。但我国土壤修复工程的专业化水平和重视程度还有待提高，从业人员层次和专业技术能力尚需加强，对于土壤修复施工环节的技术优化控制和产业创新提升已形成掣肘。由于国内环境修复行业普遍缺乏扎实的理论基础和实践经验丰富的土壤修复施工现场专业技术人员，我国土壤修复工程的组织实施大多存在前期准备谋划设计不足、中期施工缺少弹性、后期验收导向不明等缺陷。从而导致较多修复工程的质控环节薄弱、工期拖延滞后、施工成本增加等问题，在某些情况下修复工程不得不搁置停滞，甚至造成了严重的二次污染并引发强烈的“邻避效应”。这些土壤修复施工所引发的二次环境污染问题，对人体健康的影响和对生态环境的破坏堪比修复之前的状况。修复工程的施工组织管理是土壤修复全过程中最核心、最重要的环节，做好土壤修复工程管理、监控和自控把关是促进土壤修复产业健康有序发展的基础工作，也是现阶段国内土壤修复管理中技术力量最薄弱和专业性相对欠缺的领域。

2. 加强土壤污染修复行业施工组织和管理能力

做好土壤修复施工组织管理是实现土壤修复预期效果，增加土壤修复综合效益和提升我国土壤修复技术装备水平的重要抓手。在施工一线探索出的最佳修复技术应用和工程实践组合，经过长期经验积累，反过来可以强化和优化土壤环境管理模式，改进修复工程技术标准和规范，实现修复技术的颠覆性创新发展和应用推广。无论是强化修复施工对二次污染防控的实际需求，还是促进产业健康快速发展的形势需要，当前阶段都迫切需要加强土壤修复施工组织管理和专业技术装备的推广应用。

健全施工组织管理是提升环境修复产业的中坚力量和重要基石。污染土壤修复施工环节的人力物力投入密集，是污染土壤管理中削减土壤污染物质通量和降低环境风险的最主要手段，也是土壤环境管理各环节人为活动扰动和控制的最主要对象。通过国内外修复施工管理实际案例的对比，可以发现我国目前的修复施工行业在技术能力、职业卫生防护、施工安全管理、人员意识水平、企业管理投入以及行业规范要求等方面都存在较大差距。加强修复行业管理以及修复施工从业人员的技术和安全培训，提高土壤修复施工组织人员的管理水平是确保修复产业发展壮大、促进产业可持续发展的最根本保障。

推广专业工程技术装备是促进环境修复产业壮大的关键支撑。当前国内修复工程的专业技术装备的实际应用效率不高，在施工过程中存在大量使用基建渣土设备、传统水文地质设备、建筑岩土工程设备、农业生产设备的情况，这些设备的针对性和适用性不强，存在资源浪费、能耗高和修复效果难以得到稳定保障等缺陷。专业土壤修复设备的推广应用又受到环境监管主管部门监管不严、环境产业政策调控不足、土壤修复效果评估体系不健全等因素的影响，导致专业设备的优势不明显、施工单价相对偏高等问题出现，难以适应行业竞争并立足市场。然而，使用非专业修复设备又可能导致修复成效难以稳定实现，并引发突出的二次污染控制和职业卫生暴露问题。因此，专业设备的普及使用是修复行业规范化和良性发展最重要的基石。提高和规范土壤修复专业技术装备的研发和推广应用是提升核心内容。我国环保产业中高端修复机械设备朝国产化和智能化发展，也是促进经济增长和绿色发展的重要组成部分。二次污染控制和绿色低碳修复是创新修复产业发展的核心动力。

土壤修复施工的核心目的是把几十年甚至上百年来人类活动导致的土地污染在较短的施工期内通过工程措施集中处置。由于大多数污染土壤往往涉及诸如危险化学品等存在环境污染风险的物质，因此针对修复过程的二次环境影响和特征污染物排放的控制十分重要。新一代的土壤修复技术和工程实施，必将更加紧扣土壤污染特征、水文特性、健康危害和未来土地再开发利用方式等，构建基于精细调查、精确评估和精准修复的绿色修复技术及工程应用，进而成为驱动污染土壤修复产业发展的重要动力。绿色可持续修复以实现修复活动环境、经济和社会效益最大化的新理念，从而减少修复活动能耗物耗或二次污染排放，采用创新的原位修复技术彻底去除污染物为核心目标，必将深刻影响土壤修复与管理的顶层设计、政策法规和技术途径选择。优化土壤修复全过程实施决策是实现土壤修复成效的基础保障。如何在现有修复技术和施工过程中，通过优化组织管理和综合决策，将污染土壤风险削减到可接受水平，减轻未利用绿地缩减的压力，在传统经济利益驱动和修复技术可行性分析的基础上，减少修复活动负面影响，获得额外的水环境和环境空气质量提升效益，降低二氧化碳等温室气体的排放，提升修复工程的可持续水平受到各方关注。

基于当前阶段土壤修复的施工现状与存在的问题，强化我国土壤修复施工管理，首先应规范土壤施工管理和人员防护，降低施工人员职业暴露水平，减少修复活动各环节可能产生的负面健康效应；其次，需制定各类土壤修复的技术装备标准并规范施工程序，以确保土壤修复效果能长期稳定地达到预期目标；最后，在满足以上条件的基础上，还要积极寻求管理、技术等促进手段，减少修复过程的二次环境影响，降低修复全过程的能源和材料消耗，探索绿色可持续修复工程实践经验。当前阶段进一步提升土壤修复施工专业化水平和施工管理能力已十分迫切，加强各方沟通协调、推动专业设备应用、做好修复工程整体谋划、把握修复工程核心环节，及时总结交流经验和加快制定工程技术标准是推动土壤修复工程发展和促进修复产业提升的重要保障。及时交流咨询总结汇报，确保修复工程实施效果和顺利验收。土壤中需修复的污染方量和范围，很有可能由于前期调查不够充分等原因，在修复施工过程中需要对治理修复方量进行调整。此外，修复施工往往持续数年，长时间的处理作业可能会发生一些新的状况，导致修复后污染土壤的性状发生改变、修复的周期可能会由于暴雨、干旱、降温等因素出现延长。因此，及时跟修复出资方、监管部门、开发商、分包商等进行有效沟通，及时交流工程进展情况，明确调整内容及依据，落实修复各环节多方责任对于保障验收顺利通过十分重要。

3. 加快制定工程技术标准，实现与国际接轨的修复成效和监管标准

严格实施土壤修复技术推荐和准入机制，在争取土壤修复效果稳定达标的同时，还要确保修复二次影响可控，减少修复作业的能耗物耗。除了需要监管部门全过程精细化管理，还需要修复施工机构的全程标准化实施和内部质控、修复咨询机构的精确评估和定量模拟。尽快制定我国土壤修复工程技术标准规范及配套手册，对于规范当前传统修复技术，创新原位、生物、绿色和高效的修复技术工程应用也十分重要。

拓展阅读

【Application of soils data】Soil survey data and interpretations are a substantial resource for research efforts. Interpretations have been vital to the development of improved management practices that optimize productivity. Interpretations are also used to identify soils with desired characteristics for specific experiments (e.g., soils of varying acidity) and to evaluate site suitability and limitations for agricultural research. This use of interpretations was first seen in 1911 when the state of Alabama requested a detailed survey and interpretation of its agricultural experiment stations. During World War II, interpretations helped to identify areas of high potential for producing goods in short supply. Interpretations identified areas suitable for the production of guayule as a substitute for rubber; oil-producing alternatives such as castor bean; and fiber crops such as American hemp.

Interpretations have proven useful in historic and archeological research. Soil maps and interpretations provide a resource to identify features associated with early settlements (e.g., access to rivers or tributaries, productive soils) as well as physiographic changes over time. Comparison of older surveys with current aerial photos can identify shifts that help to target potential sites. Some uses have included verifying property boundaries, which were commonly associated with stream channels. Early survey maps also included farmstead boundaries, rural cemeteries, and other settlement features (e.g., churches, towns, city buildings, etc.) – now of historic interest.

The array of analytical uses of soils data continues to expand. Detailed soil survey data are available through the Soil Survey Geographic (SSURGO) database to support GIS uses (mapping scales from 1:12 000 to 1:63 360). Field-mapping methods using national standards are used to construct SSURGO soil maps and SSURGO digitizing duplicates the original soil-survey maps. This level of mapping is designed for use by landowners, townships, and county natural-resource planning and management. State Soil Geographic (STATSGO) database maps present smaller-scale generalized soil-survey data designed for broad planning and management uses covering state, regional, and multistate areas (mapping scales of 1:250 000, with the exception of Alaska, which is 1:1 000 000).

Soils data are an essential component of natural-resource modeling. For example, a soils data layer is a fundamental source of information for modelers simulating nonpoint-source pollution potentials from agricultural areas. Some productivity models, such as the Environmental Policy Integrated Climate model (EPIC), integrate soil, climatic, economic, management, and other variables to simulate impacts of cropping systems on the environment and productivity. EPIC uses up to 11 variables to describe the soil and up to 20 variables to describe physical and chemical characteristics of each identifiable soil layer in the profile.

Today, soil survey data are being used to evaluate potential for carbon sequestration and other soil conditions that relate to global change. The role that soils play in mediating the effects of agriculture and forestry on the global atmospheric composition of greenhouse gases is a major component of the USDA Global Change research and development program.

【Soil monitoring network passes milestone】Most grain-growing areas now covered by devices that can detect heavy metals.

2017-06-22 10:51 China Daily, Editor: Feng Shuang

China has reached the halfway point in setting up a national soil monitoring network, with about 20,000 quality control devices that now cover 99 percent of all counties, according to a senior environment official.

The goal is to have 40,000 devices nationwide by 2020, "but already 88 percent of the main grain-growing areas are covered by the initial network", Qiu Qiwen, head of soil quality management at the Ministry of Environmental Protection, said on Wednesday.

The devices run regular tests using 12 key indicators - mainly heavy metals - and relay the data back to a central database. Eventually, the information will be available online to the public, as laid out in a five-year environmental protection plan released by the State Council in November.

The network is seen as a major tool to aid China's efforts to prevent and control soil pollution, as the country looks to protect its arable land and shore up its food security.

【Beijing to build soil monitoring stations for regular testing】

2015-06-23 15:13 Ecns.cn, Editor: Mo Hong'e

The capital is set to build a batch of soil monitoring stations as the Beijing Municipal Environmental Protection Bureau selects suitable sites, Beijing News has reported.

The site selection and samples testing results will be reported to the Ministry of Environmental Protection, which aims to better understand the soil situation in China as part of its efforts to curb contamination.

Details like how many stations Beijing will build, how often the bureau would collect soil samples for testing, and whether it will share the information with the public, have not been finalized yet, the newspaper states.

In April 2014, the Ministry of Environmental Protection and the Ministry of Land Resources released a report based on a national soil survey, which found that 16.1 percent of China's soil, and 19.4 percent of its farmland, was polluted, mostly as a result of industrial and agricultural activities. The most common pollutants were cadmium, nickel and arsenic.

【China to open soil pollution treatment sector to private investment】

2015-05-15 11:42 Ecns.cn, Editor: Mo Hong'e

China will step up soil pollution prevention and treatment, and gradually open the sector estimated to be worth more than 5.7 trillion yuan ($918.7 billion) to private capital, according to Economic Information, a newspaper run by the Xinhua News Agency, on Friday.

The Ministry of Environmental Protection has filed an action plan for soil protection and pollution treatment to the State Council for approval, aiming to stop China's soil deterioration by 2020, an insider told the newspaper. The plan is likely to be released within the year or early next year, the source says.

The country is considering a series of preferential policies, related to finance, taxes and loans, to encourage and regulate cooperation between the government and private capital regarding soil pollution prevention and treatment, and will gradually open the sector to private investment fully, the source told the paper.

Analysts expect the action plan to attract investment in excess of 5.7 trillion yuan, the paper said.

Nearly one-fifth of China's farmland is polluted, with some areas suffering severe pollution, according to a national census on soil pollution conducted from April 2005 to December 2013, the paper reported.

China's farmland accounts for less than 10 percent of the world's total, but the country consumes nearly 40 percent of the world's fertilizers. Meanwhile, its per unit usage of pesticides is 2.5 times the world's average level, according to the newspaper.

In recent years, incidents of grains tainted by heavy metals have frequently made headlines. In 2013, the Central Committee of the Jiu San Society disclosed that more than 16 percent of China's farmland was contaminated by heavy metals, and that the situation was even worse in big cities and in locations near industrial and mining areas, the paper reported.

However, compared with air and water pollution, soil pollution treatment is more arduous and expensive, experts say.

Zhuang Guotai, an official with the Ministry of Environmental Protection, has said that China has hardly begun soil pollution treatment, and at least trillions of yuan is needed to tackle the problem.

Gu Qingbao, a professor with the Chinese Research Academy of Environmental Sciences, is calling on China to press ahead with legislation on soil pollution treatment, the paper reported.

思考题

1. 简述土壤污染调查的依据以及样品的采集。
2. 土壤修复的市场管理及修复现状如何？
3. 土壤修复管理基本流程有哪些？

参考文献

[1] 徐根红．关于加强污染地块环境管理的思考[J]．污染防治技术，2017，30(6)：84-85.

[2] 李挚萍．土壤修复制度的立法探讨[J]．环境保护，2015(15)：24-27.
[3] 王国庆，林玉锁．土壤环境标准值及制订研究：服务于管理需求的土壤环境标准值框架体系[J]．生态与农村环境学报，2014，30(5)：552-562.
[4] 王磊．分析污染场地土壤修复与管理方案[J]．资源节约与环保，2018，12：97.
[5] 谢剑，李发生．中国污染场地修复与再开发[J]．环境保护，2012,(1)：15-24.
[6] 霍立彬，聂晶磊，张梦莎，等．从化学物质角度介绍美国固体废物和土壤修复管理[J]．现代化工，2015，35(1)：1-5.
[7] 黄吉欣．一个持续有效的土壤修复商业模式[J]．高科技与产业化，2015,(9)：48-51.
[8] 刘丛．污染场地土壤环境管理与修复对策研究[J]．环境与发展，2015，27(2)：17-20.
[9] 刘艳芳．浅论土壤修复工程资料管理[J]．中国标准化，2018，22：122-123.
[10] 孙红松．重金属污染土壤修复与管理研究[J]．节能与环保，2020，3：68-70.
[11] 张红振，叶渊，魏国，等．污染场地修复工程关键环节分析[J]．环境保护，2019，47(1)：54-56.
[12] 李敏，李琴，赵丽娜，等．我国土壤环境保护标准体系优化研究与建议[J]．环境科学研究，2016，29(12)：1799-1810.
[13] 杨洋．污染土壤修复后合理化利用现状与对策[J]．现代农业装备，2020，41(3)：65-71.
[14] 杨浩，冉宇，雍正．规范农田土壤修复项目管理提升农田土壤修复内涵[J]．环境与发展，2020，32(1)：234-236.
[15] 谌伟艳，沈柱华，赵洁丽．污染场地土壤修复与管理研究[J]．资源节约与环保，2015，5：152-156.
[16] 马跃峰，武晓燕，薛向明．汞污染土壤修复技术的发展现状与筛选流程研究[J]．环境科学与管理，2015，40(12)：107-111.
[17] 国家环境保护总局．土壤环境监测技术规范．HJ/T 166-2004[S]．北京：中国环境出版社，2004，9-10.
[18] 环境保护部．污染场地土壤修复技术导则．HJ 25.4-2014[S]．北京：中国环境出版社，2014，4-5.

第七章

土壤污染修复

第一节　土壤污染和土壤修复类型

一、土壤污染

（一）土壤污染概念

土壤污染指的是土壤之中涉及的各类污染物质高于相关标准，同时影响土壤的正常功能，促使土壤的营养降低，对植物的健康生长造成一定的阻碍。土壤中含有诸多的污染物质，此类物质慢慢借助水源和植物等进入人体，影响人体功能。土壤拥有一定的净化能力，但此种能力有限，无法解决较为严重的污染情况，超出净化能力之后，进而使得污染物质长期滞留土壤内，威胁周边环境以及人类健康。当前我国的土壤污染情况十分令人担忧，必须引起重视。调查数据表明，现阶段我国 48% 的土壤存在着严重污染的状况，认定成无法进行运用的土壤为 23%，影响了我国经济的发展。在非重度污染土壤之中，有 34% 涉及轻微污染的情况，土地板结属于农业区在土地污染方面的主要标志，工业区则会排放不可降解的或辐射物质。同时，在土壤结构方面，表现为重金属污染的约占 1/6。此类土壤涉及辐散性以及不确定性，每当下雨时，土壤中包含的各类重金属物质会进入河流之中，进而再一次污染其他环境。

（二）土壤污染类型

土壤污染物有下列 4 类：

1. 化学污染物

化学污染物包括无机污染物和有机污染物。

（1）无机污染物。

① 工业污水。用未经处理或未达到排放标准的工业污水灌溉农田是污染物进入土壤的主要途径，其后果是在灌溉渠系两侧形成污染带。属封闭式局限性污染。

② 酸雨。工业排放的 SO_2、NO 等有害气体在大气中发生反应而形成酸雨，以自然降水形式进入土壤，引起土壤酸化。冶金工业烟囱排放的金属氧化物粉尘，则在重力作用下以降尘形式进入土壤，形成以排污工厂为中心、半径为 2 至 3 km 范围的点状污染。

③ 尾气排放。汽油中添加的防爆剂四乙基铅随废气排出污染土壤，行车频率高的公路两侧常形成明显的铅污染带。

④ 堆积物。堆积场所土壤直接受到污染，自然条件下的二次扩散会形成更大范围的污染。

⑤ 农业污染。属农业区开放性的。

（2）有机污染物。如各种化学农药、石油及其裂解产物，以及其他各类有机合成产物等。

2. 物理污染物

指来自工厂、矿山的固体废弃物如尾矿、废石、粉煤灰和工业垃圾等。

3. 生物污染物

指带有各种病菌的城市垃圾和由卫生设施（包括医院）排出的废水、废物以及厩肥等。

4. 放射性污染物

主要存在于核原料开采和大气层核爆炸地区，以锶和铯等在土壤中生存期长的放射性元素为主。

二、土壤修复

受污染的土壤可以通过修复降低其风险或危害，恢复其功能，但一般需要大量的资金和较长的时间。土壤修复是指通过物理、化学和生物的方法转移、吸收、降解和转化土壤中的污染物，使其浓度降低到可接受水平，或将有毒有害的污染物转化为无害的物质。一般包括生物修复、物理修复和化学修复 3 类方法。由于土壤污染的复杂性，有时需要采用多种技术。

1. 生物修复

生物修复技术是 20 世纪 80 年代发展起来的，其基本原理是利用生物特有的分解有毒有害物质的能力，达到去除土壤中污染物的目的，主要包括植物修复技术、微生物修复技术和生物联合修复技术。优点是不破坏土壤有机质，不对土壤结构做大的扰动，成本低；缺点是修复周期长，通常不适宜对高浓度污染土壤的修复。

2. 物理修复

物理修复是指通过各种物理过程将污染物从土壤中去除或分离的技术。目前常用的技术包括客土法、热脱附、土壤气相抽提、机械通风等。优点是修复效率高、速度快；缺点是往往成本偏高等。

3. 化学修复

化学修复是指向土壤中加入化学物质，通过对重金属和有机物的氧化还原、螯合或沉淀等化学反应，去除土壤中的污染物或降低土壤中污染物的生物有效性或毒性的技术。主要包括土壤固化稳定化、淋洗、氧化还原等。优点是修复效率较高、速度相对较快；缺点是容易破坏土壤结构、因添加化学药剂易产生二次污染等。

第二节　土壤污染的物理修复技术

物理修复技术是最常用的土壤修复方法，广泛应用于各种污染土壤。遇到土壤污染时，应首先考虑物理修复法。可根据不同土壤质地、通透性和污染物类型，以及具体的修复后土壤可再利用价值，选择不同的土壤物理修复方法，在成本一定的情况下，达到良好的土壤修复效果。多用于小型污染地块的修复。

一、物理分离修复技术

物理分离修复是一项借助物理手段将污染物从环境介质上分离开来的技术。通常情况下，物理分离技术被作为初步的分选技术，以减少待处理被污染物的体积，优化后序处理工作。一般来说，物理分离技术不能充分达到环境修复的要求。通常，都是在流动的单元内原位开展修复工程，它的修复能力是每天能处理 9～450 m^3 的土壤。

技术原理：物理分离技术来源于化学、采矿和选矿工业中。在原理上，大多数污染土壤的物理分离修复基本上与化学、采矿和选矿工业中的物理分离技术一样，主要是根据土壤介质及污染物的物理特征而采用不同的操作方法。

（一）粒径分离

根据颗粒直径分离固体称为筛分或过滤，它是将固体通过特定网格大小的线编织筛的过程。粒径大于筛子网格的颗粒留在筛子上，粒径小的部分通过筛子。但是，这个分离过程不是绝对的，大的不对称形状颗粒也可能通过筛子；小的颗粒也可能由于筛子的部分堵塞或粘在大颗粒表面而无法通过。如果让大颗粒在筛子上堆积，有可能将筛孔堵住。因此，筛子通常要有一定的倾斜角度，使大颗粒滑下。筛子或者是静止的，或者采取某种运动方式以便将堵塞筛孔的大颗粒除去。根据颗粒直径分离固体的不同又分为干筛分和湿筛分，干筛分粒径范围＞3000 μm，湿筛分的粒径范围是＞150 μm。

一般来说，采用湿筛分技术要遵循以下原则：

（1）当大量重金属以颗粒状存在时，特别推荐采用湿筛分方式。此时，湿筛分手段能够使土壤无害化，而不需要进一步的处理；同时，应用少量的化学试剂就将废液中重金属颗粒的体积减少到一定预期水平。

（2）如果接下来的化学处理需要水，如采用土壤清洗或淋洗技术，那么也推荐用湿筛分技术。

（3）如果处理得到的重金属可以循环再利用或废液不需要很多的化学处理试剂，也适合采用湿筛分方法。

（二）水动力学分离

水动力学分离，或称粒度分级，是基于颗粒在流体中的移动速度将其分成两部分或多部分的分离技术。颗粒在流体中的移动速度取决于颗粒大小、密度和形状。可以通过强化流体在与颗粒运动方向相反的方向上的运动，提高分离效率。如果落下的颗粒低于有效筛分的粒径要求（通常是 200μm），此时可采用水动力学分离。如筛分一样，水动力学分离也依赖于颗粒大小。但是，与筛分方式不同的是，水动力学分离还与颗粒密度有关。

湿粒度分级机（水力分级机）比空气分级机更常用一些。分级机适用于较宽范围内颗粒的分离。过去用大的淘选机从废物堆积场中分离直径几毫米的汽车蓄电池铅，其他分级机如螺旋分级机和沉淀筒也被用来从泥浆中分离细小颗粒。

水力旋风分离器也能够分离极小的颗粒，但最常用于 5 ~ 150 μm 粒级的分离。水力旋风分离器是体积较小、价格便宜的设备。为了提高处理能力，通常要并联使用多个水力旋风分离器（图 7–1）。

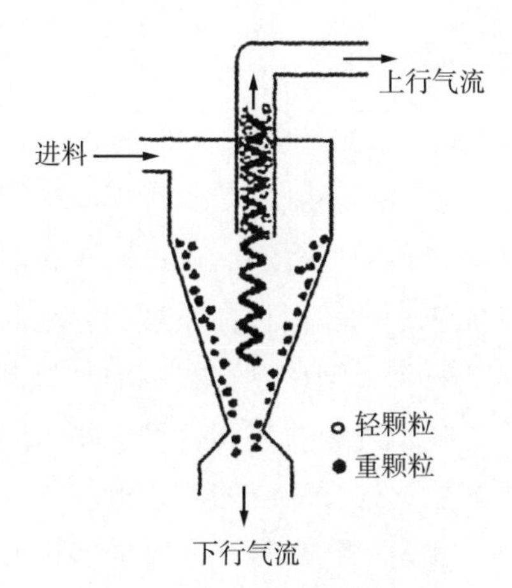

图 7–1　水力旋风分离器示意

（宋凤敏，2012）

（三）重力（或密度）分离

基于物质密度，可采用重力富集方式分离颗粒。在重力和其他一种或多种与重力方向相反的作用力的同时作用下，不同密度的颗粒产生的运动行为也有所不同。尽管密度不同是重力分离的主要标准，但是颗粒大小和形状也影响分离。一般情况下，重力分离对粗颗粒比较有效。

重力分离技术对于粒径在 10 ~ 50 μm 范围的颗粒仍然有效，用相对较小的设备可能达到更高的处理能力。在重力富集器中，振动筛能够分离出 150 μm 至 5 cm 的粗糙颗粒，这个范围也可以放宽到 75 μm 至 5 cm。对于颗粒密度差异较大的未分级（粒径范围较宽）的土壤，或者颗粒密度差异不大但事先经过分级（粒径范围较窄）的土壤，设备处理性能都会相应提高。重力分离设备包括振动筛、螺旋富集器、摇床和比目床等。

（四）脱水分离

物理分离技术大多要用到水，以利于固体颗粒的运输和分离。脱水是为了满足水的循环再利用的需要，另外，水中还含有一定量的可溶或残留态重金属，因而脱水步骤是很有必要的。通常采用的脱水方法有过滤、压滤、离心和沉淀等。

（五）泡沫浮选分离

泡沫浮选分离最初发明于20世纪初，目的在于对选矿业中处理起来不够经济、准备废弃的低等矿进行再利用。基于不同矿物有不同表面特性的原理，泡沫浮选分离被用来进行粒度分级。通过向含有矿物的泥浆中添加合适的化学试剂，人为地强化矿物的表面特性而达到分离的目的。气体由底部喷射进入含有泥浆的池体，特定类型矿物选择性地黏附在气泡上并随着气泡上升到顶部，形成泡沫，这样就可以收集到这种矿物。成功的浮选要选择表面多少具有一些憎水性的矿物，这样矿物才能趋近空气气泡。同时，如果在容器顶部气泡仍然能够继续黏附矿物颗粒，所形成泡沫就相当稳定。加入浮选剂就可以满足这些要求。

浮选的基本原理：固体废物根据表面性质可分为极性与非极性。

（1）极性颗粒表面吸附的水分子量大而密集，水化膜厚而难破裂。亲水性—难与气泡结合。

（2）非极性颗粒表面吸附的水分子少而稀疏，水化膜薄而易破裂。疏水性—易与气泡结合。

捕收剂：使预浮的废物颗粒表面疏水，增加可浮性，使其易于向气泡附着。

（六）磁分离

磁分离是基于各种矿物磁性上的区别，尤其是将铁从非铁材料中分离出来的技术。磁分离设备通常是将传送带或转筒运送过来的移动颗粒流连续不断地通过强磁场，最终达到分离目的。

（七）物理分离修复技术影响因素及其局限性

物理分离技术主要应用在污染土壤中无机污染物的修复技术上，它最适合用来处理小范围射击场污染的土壤，从土壤、沉积物、废渣中分离重金属、清洁土壤、恢复土壤正常功能。大多数物理分离修复技术都有设备简单、费用低廉、可持续高产出等优点，但是在具体分离过程中，其技术的可行性，要考虑各种因素的影响。例如：物理分离技术要求污染物具有较高的浓度并且存在于具有不同物理特征的相介质中；筛分干污染物时会产生粉尘；固体基质中的细粒径部分和废液中的污染物需要进行再处理。物理分离技术在应用过程中还有许多局限性，例如，用粒径分离时易塞住或损坏筛子；用水动力学分离和重力分离时，当土壤中有较大比例的黏粒、粉粒和腐殖质存在时很难操作；用磁分离时处理费用比较高等。这些局限性决定了物理分离修复技术只能在小范围内应用，不能广泛推广。

二、直接换土法

直接换土法，顾名思义就是用未受到污染的土壤替换掉已经受到污染的土壤。这种方法方便、直接、高效，效果立竿见影，但因换土工程量大、造价高，只能适用于修复后利用价值很高的土壤，例如景区花园、科研场所土壤等等。换土法（图 7–2）主要的工艺有直接全部换土、地下土置换表层土、部分换土法、覆盖新土降低土壤污染物浓度法。通过实地考察，根据实际情况单一选择一种换土法或者多种换土法综合使用等，一般可以很快达到土壤修复的目的。

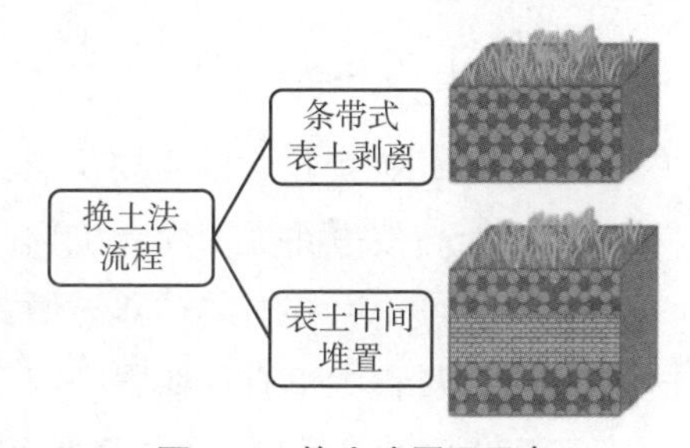

图 7–2　换土法原理示意

三、热化法修复

热化法修复是通过直接加热、水蒸气加热、红外线加热、微波辐射加热等方式将土壤加热到一定的温度，土壤中可挥发性的污染物会迅速气化，再将这些可挥发性污染物收集，就可以降低土壤中污染物的浓度。热化法能耗高，要求土壤渗透性高，只是用于可挥发性好的土壤污染物。一般也只用于快速修复土壤，例如医院、池塘、花园、科研单位等地方的土壤。热处理技术适用于受有机污染的土壤修复，已在苯系物、多环芳烃、多氯联苯和二噁英等污染土壤的修复中得到应用。

四、土壤气相抽提技术

（一）原理

土壤气相抽提技术也被称作土壤真空抽提、土壤通风或蒸汽抽提，是指通过降低土壤空隙蒸汽压，把土壤中的污染物转化为蒸汽形式而加以去除的技术，是利用物理方法去除不饱和土壤中挥发性有机组分污染的一种修复技术（图 7-3）。该技术是利用真空泵产生负压驱使空气流过污染的土壤孔隙而解吸并夹带有机组分流向抽取井，最终于地上进行处理。为增加压力梯度和空气流速，很多情况下在污染土壤中也安装若干空气注射井。该技术适用处理污染物为高挥发性化学成分，如汽油、苯和四氯乙烯等环境污染。

（二）类型

土壤气相抽提技术种类：原位土壤气相抽提技术，异位土壤气相抽提技术，多相抽提技术（两相抽提、两重抽提），生物通风技术。

（三）优缺点

土壤气相抽提技术的主要优点：能够原位操作且较简单，对周围环境干扰较小；能高效去除挥发性有机物；经济性好，在有限的成本范围内能处理更多污染土壤；系统安装转移方便；可以方便地与其他技术组合使用。此项技术在应用过程中也有一些限制因素，例如在原位土壤蒸汽浸提技术的应用中，下层土壤的异质性、低渗透性的土壤、地下水位高等都成为其限制因素。

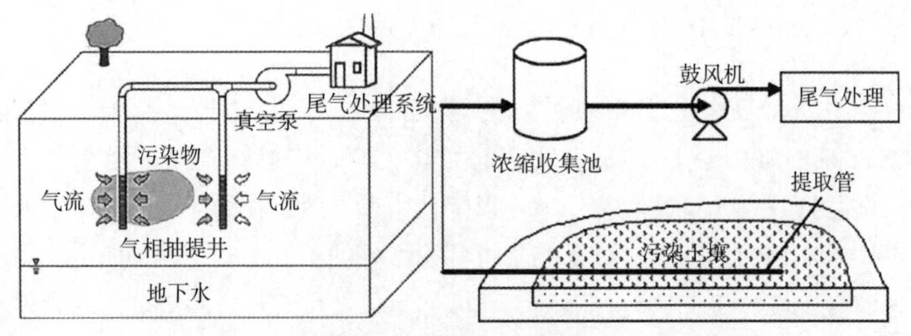

图 7-3　土壤气相抽提示意（左图原位，右图异位）

（朱杰，2013）

五、固化 / 稳定化技术

（一）概念和分类

固化 / 稳定化技术包含了两个概念。其中，固化是指利用水泥一类的物质与土壤相混合将污染物包被起来，使之呈颗粒状或大块状存在，进而使污染物处于相对稳定的状态。封装可以是对污染土壤进行压缩，也可以是由容器来进行封装。固化不涉及固化物或固化的污染物之间的化学反应。稳定化是利用磷酸盐、硫化物和碳酸盐等作为污染物稳定化处理的反应剂，将有害化学物质转化成毒性较低或迁移性较低的物质。

防止、降低污染土壤释放有害物质或降低其中污染物转移性的修复技术，包括原位固化 / 稳定化和异位固化 / 稳定化。稳定化不一定改变污染物及其污染土壤的物理化学性质。

（二）常用材料

固化 / 稳定化常用的材料主要有：无机黏结剂，水泥、石灰、碱激发胶凝材料等；有机黏结剂，沥青等热塑性材料等；热硬化有机聚合物，尿素、酚醛塑料和环氧化物等；化学稳定药剂，无机药剂（如硫化物、氢氧化钠等）、有机药剂（如 EDTA 等）；土聚物是一种新型的无机聚合物，其分子链由 Si、O、Al 等以共价键相连而成，是具有网络结构的类沸石。

（三）优缺点

固化 / 稳定化技术适用于多种土壤污染类型。固化 / 稳定化处理技术对污染土壤进行修复具有以下几个方面的优点：可以处理多种复杂金属废物；费用低廉；加工设备容易转移；所形成的固体毒性降低，稳定性增强；凝结在固体中的微生物很难生长，不致破坏结块结构。

该技术在应用过程中的影响因素也较多，例如，土壤中水分及有机污染物的含量、亲水有机物的存在、土壤的性质等都会影响到技术的有效性，并且该技术只是暂时降低了土壤的毒性，并没有从根本上去除其污染物，当外界条件改变时，这些污染物质还有可能释放出来污染环境。另外，在固化 / 稳定化过程中，可能导致封装后污染物的泄漏、处理过程中所用的过量处理剂的泄漏与污染，以及应用固化剂 / 稳定剂导致其中可能产生的挥发性有机污染物等的释放等问题。

（四）一般过程

在对污染土壤进行修复工程前首先要在恒定湿度和湿度环境条件下进行实验室内的可行性研究，确定固化特定污染土壤的最佳固化剂，现场小型试验之后再应用于污染土壤修复工程的实施。通常包括以下阶段：修复材料准备，土壤样品采集，土壤物理化学性质分析，固化/稳定化修复工艺的确定，固化/稳定化效果评价（物理性质、浸出毒性、形态分析与微观检测），盆栽试验、现场小型试验，污染土壤修复实施。

六、玻璃化技术

（一）基本原理

玻璃化技术通过高强度能量输入，使污染土壤熔化，将含有挥发性污染物的蒸气回收处理，同时污染土壤冷却后呈玻璃状团块固定。

（二）类型

玻璃化技术包括原位玻璃化技术和异位玻璃化技术两个方面。其原理是对土壤固体组分（或土壤及其污染物）进行1600～2000℃的高温处理，使有机物和一部分无机化合物如硝酸盐、磷酸盐和碳酸盐等得以挥发或热解从而从土壤中去除的过程。

1. 原位玻璃化技术

原位玻璃化技术适用于含水量低、污染物深度不超过6 m的土壤。它对污染土壤的修复时间较长，一般为6～24个月。许多因素对这一技术的应用效果产生影响，这些因素有：埋设的导体通路（管状、堆状）；质量分数超过20%的砾石；土壤加热引起的污染物向清洁土壤的迁移；易燃易爆物质的积累；土壤或污泥中可燃有机物的质量分数；固化的物质对今后现场的土地利用与开发；低于地下水位的污染修复需要采取措施防止地下水反灌；湿度太高会影响成本等。

2. 异位玻璃化技术

异位玻璃化技术可以破坏、去除污染土壤、污泥等泥土类物质中的有机污染物和大部分无机污染物，对于降低土壤的介质中污染物的活动性非常有效，玻璃化物质的防泄漏能力也很强。其应用受到以下因素的影响：需要控制尾气中的有机污染物以及一些挥发的重金属蒸汽；需要处理玻璃化后的残渣；湿度太高会影响成本等。这种方法需要高温高压，需要消耗较大的能源，成本较高，不适合大规模土壤修复工程项目。但是该方法效率最高，修复土壤中污染物广泛度也高。

七、电动力学修复技术

（一）基本原理

电动力学修复技术的基本原理类似电池，利用插入土壤的两个电极在污染土壤两端加上低压直流电场，在低强度直流电的作用下，水溶的或者吸附在土壤颗粒表层的污染物根据各自所带电荷的不同而向不同的电极方向运动：阳极附近的酸开始向土壤毛隙孔移动，打破污染物与土壤的结合键，此时，大量的水以电渗透方式在土壤中流动，土壤毛隙孔中的液体被带到阳极附近，这样就将溶解到土壤溶液中的污染物吸收至土壤表层得以去除。污染物去除过程主要涉及电迁移、电渗析、电泳和酸性迁移带 4 种电动力学现象。

（二）类型

电动力学修复技术通常有几种应用方法：

1. 原位修复

在污染土壤中加入适当的物质，如吸附剂、催化剂、微生物、缓冲剂，将其变成处理区，然后采用电动力学法使污染物从土壤迁移至处理区，在吸附、固定等作用下得到去除。该工艺适用于低渗透性土壤或包含低渗透性区域的非均相土壤（Lasagna 工艺）。Lasagna 方法水平结构适用于超固结黏土，在垂直方向上，污染土壤的上面和下面插入石墨电极形成垂向电场；Lasagna 方法垂直结构适用于浅层土壤污染（$< 15\,m$）及非超固结土壤，电极垂直插入，形成水平方向上的直流电场。

2. 序批修复

污染土壤被输送至修复设备分批处理。

3. 电动栅修复

受污染土壤中依次排列一系列电极用于去除地下水中的离子态污染物。

（三）优缺点

1. 优点

电动力学修复技术在土壤中金属修复方面有很大优势，其优点可以归纳为：与挖掘、土壤冲洗等异位技术相比，电动力学技术对现有景观、建筑和结构等的影响最小；与酸浸提技术不同，电动力学技术改变土壤中原有成分的 pH 使金属离子活化，这样土壤本身的结构不会遭到破坏，而且该过程不受土壤低渗透性的影响；与化学稳定化不同，电动力学技术中金属离子从根本上完全被驱除而不是通过向土壤中引入新的物质与金属离子结合产生沉淀物实行的；对于不能原位修复的现场，可以采用异位修复的方法；可能对饱和层和不饱和层都有效；水力传导性较低特别是黏土含量高的土壤适用性较强；对有机和无机污染物都有效。

2. 限制因素

电动力学技术在应用上也存在一些限制因素：污染物的溶解性和污染物从土壤胶体表面的脱附性能对技术的成功应用有重要影响；需要电导性的孔隙流体来活化污染物；埋藏的地基、碎石、大块金属氧化物、大石块等会降低处理效率；金属电极电解过程中发生溶解，产生腐蚀性物质，因此电极需采用惰性物质如碳、石墨、铂等；污染物的溶解性和脱附能力限制技术的有效应用；土壤含水量低于 10% 的场合，处理效果大大降低；非饱和层水的引入会将污染物冲洗出电场影响区域，埋藏的金属或绝缘物质会引起土壤中电流的变化；当目标污染物的浓度相对于背景值（非污染物浓度）较低时，处理效率降低。

八、热解吸法

（一）基本原理

热解吸法是利用直接或间接热交换，通过控制热解吸系统的床温和物料停留时间有选择地使污染物得以挥发去除的技术。可分为两步：加热污染介质使污染物挥发和处理废气防止污染物扩散到大气。主要用于修复有机物，它是通过加热升温土壤，收集挥发性污染物进行集中处理。

（二）分类

热解吸技术主要包括土壤加热系统、气体收集系统、尾气处理系统、控制系统等；加热方式有蒸汽注入、射频加热、电阻加热、电传导加热。

（三）优缺点

热解吸法需要消耗大量的能力并且容易破坏土壤中的有机质和结构水，同时还会向空气会发有害蒸汽而造成二次污染。

第三节　土壤污染的化学修复技术

一、土壤污染化学修复的概念和基本原理

1. 概念

土壤污染化学修复技术是指向土壤中加入化学物质，通过对重金属和有机物的吸附、氧化还原、颉颃或沉淀等作用，以降低土壤中污染物的生物有效性或毒性。主要包括土壤固化、稳定化、淋洗、氧化还原、光催化降解和电动力学修复等技术。

2. 基本原理

向土壤中加入化学试剂和化学材料（如石灰、粉煤灰），使其与土壤中的污染物产生吸附、络合、沉淀、离子交换和氧化还原等一系列反应，降低污染物在土壤中的活性和可迁移性，从而减少农作物对污染物的吸收。

这种技术具有投入较低、速度快、操作简单的特点，对大面积中、低度污染的农田土壤修复具有较好的效果。

二、土壤污染化学修复的方法

（一）土壤有机污染的化学修复

化学修复方法包括各种中和或去除有毒物质的技术，涉及土壤淋洗修复、溶剂浸提修复、化学氧化修复、化学还原修复、化学脱氯修复、电化学

修复、真空浸提修复、沉淀修复和活性炭吸附修复等。

1. 化学淋洗技术

化学淋洗技术是将清洗液注入被污染土壤土层，使土壤污染物发生溶解或迁移，再将带有污染物的溶液从土壤中抽取出来进行分离处理。该项技术的关键是要选择合适的清洗液，既不会破坏土壤结构，也不会对土壤产生二次污染。常用的清洗液包括水、无机酸、无机盐化合物。此外，螯合剂可与土壤污染物如重金属离子结合形成较为稳定的螯合物，例如，乙二胺四乙酸等能有效降低土壤重金属的生物有效性，柠檬酸、苹果酸、草酸、胡敏酸等天然螯合物具有较强的应用潜力。既可以在原位进行修复，也可进行异位修复。在原位修复时，该技术主要用于处理地下水位线以上、饱和区的吸附态污染物，其化学机制在于淋洗液或“化学助剂”与介质中的污染物结合，并通过淋洗液的解吸、螯合、溶解或固定等化学作用，达到修复污染土壤的目的。影响原位化学淋洗工程是否有效、是否可实施，以及处理费用的因素很多，其中起决定作用的是土壤、沉积物或污泥等介质的渗透性。异位化学淋洗技术始于 1980 年，由美国国家环保局和其他国家的环保机构开始研究。与原位化学淋洗技术不同的是，异位化学淋洗技术要把污染土壤挖掘出来，用水或溶于水的化学试剂来清洗、去除污染物，再处理含有污染物的废水或废液，洁净的土壤然后可以回填或运到其他地点。

（1）原位化学淋洗。指通过注射井等向土壤施加淋洗剂，使其向下渗透，穿过污染带与污染物结合，通过解吸、溶解或络合等作用，最终形成可迁移态化合物。含有污染物的溶液可以用提取井等方式收集、存储，再进一步处理，以再次用于处理被污染的土壤。该技术需要在原地搭建修复设施，包括清洗液投加系统、土壤下层淋出液收集系统和淋出液处理系统。同时，有必要把污染区域封闭起来，通常采用物理屏障或分割技术。

该技术对于多孔隙、均质、易渗透的土壤中的重金属、具有低辛烷 / 水分配系数的有机化合物、羟基类化合物、低分子量醇类和羟基酸类等污染物具有较高的分离与去除效率。优点包括：无须对污染土壤进行挖掘、运输，适用于包气带和饱水带多种污染物去除，适用于组合工艺中。缺点有：可能会污染地下水，无法对去除效果与持续修复时间进行预测，去除效果受制于场地地质情况等。

（2）异位化学淋洗。指把污染土壤挖掘出来，通过筛分去除超大的组分并把土壤分为粗料和细料，然后用淋洗剂来清洗、去除污染物，再处理含有污染物的淋出液，并将洁净的土壤回填或运到其他地点。该技术操作的核心是通过水力学方式机械地悬浮或搅动土壤颗粒，土壤颗粒尺寸的最低下限是9.5 mm，大于这个尺寸的石砾和颗粒才会较易由该方式将污染物从土壤中洗去。通常将异位土壤淋洗技术用于降低受污染土壤量的预处理，主要与其他修复技术联合使用。当污染土壤中砂粒与砾石含量超过50%时，异位土壤淋洗技术就会十分有效；而对于黏粒、粉粒含量超过30%，或者腐殖质含量较高的污染土壤，异位土壤淋洗技术分离去除效果较差。

一般的异位土壤淋洗修复技术流程为：一是挖掘土壤。二是土壤颗粒筛分，剔除杂物如垃圾、有机残体、玻璃碎片等，并将粒径过大的砾石移除。三是淋洗处理，在一定的土液比下将污染土壤与淋洗液混合搅拌，待淋洗液将土壤污染物萃取后，静置，进行固液分离。四是淋洗废液处理，含有悬浮颗粒的淋洗废液经处理后，可再次用于淋洗。五是挥发性气体处理达标后排放。六是淋洗后的土壤符合控制标准，进行回填或安全利用，淋洗废液处理中产生的污泥经脱水后可再进行淋洗或送至最终处置场处理。

2. 化学氧化/还原修复技术

化学氧化/还原修复技术是通过向污染区域的土壤注入氧化剂或还原剂，通过氧化或还原作用，使土层中的污染物转化为无毒或毒性相对较小的物质，达到修复的目的。化学氧化/还原修复技术在国内外污染场地修复中应用非常广泛，通过向污染土壤/地下水中添加氧化剂/还原剂，氧化/还原污染物，使土壤/地下水中的污染物转化为无毒或毒性相对较小的物质。常见的氧化剂包括高锰酸盐、过氧化氢、芬顿试剂、过硫酸盐和臭氧等；常见的还原剂有硫化氢、连二亚硫酸钠、亚硫酸氢钠、硫酸亚铁、多硫化钙、二价铁、零价铁等。技术特点：可处理石油烃、苯系物BTEX、酚类、含氯有机溶剂、多环芳烃、农药等大部分有机物；对不同性质土壤均有效；原位、异位修复均可；污染物被转化为无毒或相对毒性较小的物质；修复价格适中；治理时间短。

修复工程中，如果土壤存在腐殖酸、还原性金属等物质，将会消耗较多的氧化剂；而渗透性较差的土层（如黏土）会使药剂传输速率减慢；另外还可能会存在产热、产气等不利影响，同时，土壤的pH也会对反应产生较大影响。

化学氧化/还原修复技术的一般流程：

（1）前期准备。施工前需要经过充分的试验研究确定药剂处理效果和投药量，并通过中试试验进一步确定和优化设计参数，确定注入点的水平和垂向有效影响半径、土壤结构分布、污染去除率、反应产物等；作统设计时，还需重点考虑注入井布设的间距和深度、药剂注入量、监测井布设的间距和深度等；注入井的数量和深度根据污染区的大小和污染程度进行设计。还可以通过建立场地概念模型、反应传质模型等方式指导系统设计和运行。另外，要注意对操作人员的培训、化学药剂的安全操作以及修复产生废物的管理。

（2）主要实施过程。处理系统建设，依据和现场中试试验确定的注入井位置和数量等参数，按照事先设计的方案建立起处理系统。药剂注入过程，依据前期实验确定的药剂对污染物的降解效果，选择适用的药剂。再结合中试试验，确定注入浓度、注入量和注入速率，通过药剂搅拌系统对药剂进行充分混合，然后注入药剂，药剂注入过程中做好对温度和压力变化的实时监视。开展修复中及修复后的监测。主要包括对污染物浓度、pH、氧化还原电位等参数的监测，如果污染物浓度出现反弹，则需要进行补充注入。

（3）维护和监测。化学氧化 / 还原修复技术的运行维护相对简单，只需对药剂注入系统以及注入井和监测井进行相应的运行维护即可。监测包括修复过程监测和修复效果监测。修复过程监测通常在药剂注射前、注射中和注射后很短时间内进行，监测参数包括药剂浓度、温度和压力等。若修复过程中产生大量气体或场地正在使用，则还需要对挥发性有机污染物、爆炸下限（LEL）等参数进行监控。效果监测的主要目的是依据修复前的背景条件，确认污染物的去除、释放和迁移情况，监测参数为污染物浓度、副产物浓度、金属浓度、pH、氧化还原电位和溶解氧。若监测结果显示污染物浓度上升，则说明场地中存在未处理的污染物，需要进行补充注入。

（4）关键技术参数或指标。包括药剂投加量、污染物类型和质量、土壤均一性、土壤渗透性、地下水位、pH 和缓冲容量、地下基础设施等。

① 药剂投加量。药剂的用量由污染物药剂消耗量、土壤药剂消耗量、还原性金属的药剂消耗量等因素决定。由于实施工程中可能会在地下产生热量，导致土壤和地下水中的污染物挥发到地表，因此需要控制药剂注入的速率，避免发生过热现象。

② 污染物类型和质量。不同药剂适用的污染物类型不同。如果存在非水相液体（NAPL），由于溶液中的氧化剂只能和溶解相中的污染物反应，因此反应会限制在氧化剂溶液 / 非水相液体（NAPL）界面处。如果 LNAPL（轻质非水相液体）层过厚，建议利用其他技术进行清除。

③ 土壤均一性。非均质土壤中易形成快速通道，使注入的药剂难以接

触到全部处理区域，因此均质土壤更有利于药剂的均匀分布。

④ 土壤渗透性。高渗透性土壤有利于药剂的均匀分布，更适合使用原位化学氧化/还原技术。由于药剂难以穿透低渗透性土壤，在处理完成后可能会释放污染物，导致污染物浓度反弹，因此可采用长效药剂（如高锰酸盐、过硫酸盐）来减轻这种反弹。

⑤ 地下水水位。该技术通常需要一定的压力以进行药剂注入，若地下水位过低，则系统很难达到所需的压力。但当地面有封盖时，即使地下水位较低也可以进行药剂投加。

⑥ pH 和缓冲容量。pH 和缓冲容量会影响药剂的活性，药剂在适宜的 pH 条件下才能发挥最佳的化学反应效果。有时需投加酸以改变 pH 条件，但可能会导致土壤中原有的重金属溶出。

⑦ 地下基础设施。若存在地下基础设施（如电缆、管道等），则需谨慎使用该技术。

（5）修复周期及参考成本。修复周期与污染物特性，污染土壤及地下水的埋深和分布范围密切相关。使用该技术清理污染源区的速度相对较快，通常需要 3～24 个月的时间。修复地下水污染羽流区域通常需要更长的时间。可以通过设置抽水井，促进地下水循环以增强混合，有助于快速处理污染范围较大的区域。处理成本与特征污染物、渗透系数、药剂注入影响半径、修复目标和工程规模等因素相关，主要包括注入井/监测井的建造费用、药剂费用、样品检测费用以及其他配套费用。

化学氧化修复在多数情况下是指原位化学氧化修复，它主要通过掺进土壤等污染介质中的化学氧化剂与污染物所产生的氧化反应，达到使污染物降解或转化为低毒、低移动性产物的目标。化学还原修复是指采用化学还原剂对污染土壤实施修复治理的过程。化学脱氯方法主要应用于挥发性含卤烃类、PCBs、二噁英和有机氯农药污染介质的修复，它主要是应用合成的化学反应物或还原剂把有害的含氯分子中氯原子的去除，并使之成为低毒或无毒的化合物，其反应是一个脱氯的亲核取代过程，包括中间配位机理和苯机理。

3. 改进技术

在污染土壤修复的 4 大类方法中，由于化学修复技术往往需要昂贵的经济投入，而在具体应用时受到了一定的局限。为克服这一问题，近年来，采用各种强化方法以促进化学修复技术的有效性，已成为污染土壤修复研究的发展方向。例如，采用 Fenton 强化修复法开展了有机污染物污染土壤的修复。

化学淋洗法修复严重污染土壤时，采用腐殖酸作为天然表面活性剂进行强化。胶态气泡悬浮液清洗技术（CGAs）就是以表面活性剂为原料而发展起来的强化淋洗技术。美国学者在一些地区对此技术进行了实地研究和应用。通过比较发现处理如六氯代苯、六氯丁二烯、1,1,2,2-四氯乙烷、1,1,1-三氯乙烷和四氯代烷等的效果远优于传统表面活性剂清洗效果。由于CGAs的气泡放径尺寸很小，所以具有很高的比表面积，这样能大大降低有机污染物与水之间的表面张力，使憎水有机物颗粒更易于黏附在气泡表面上并向其内部的黏滞水中扩散；同时CGAs提供了有利于进行大面积土壤吹扫的黏滞力，使其清洗效果更佳。

最近，一种具有开发前景的化学修复新技术——机械化学修复受到关注。所谓机械化学修复技术是指还原脱卤和球磨机中机械脱卤相结合，以彻底去除DDT、TCE、PCE、HCH、PCBs和二噁英等有毒有害污染物的方法，其中的球磨机有振动磨机和振荡磨机。从化学原理来说，这一方法通过对污染土壤的球磨研磨，并且在金属（如Mg、Al、Fe和Na等）存在下或土壤介质中存在氢来源的条件下，卤化污染物被还原脱卤的过程，在这一过程中，污染物可被彻底清除。这一技术的最大优点是能耗低，且不产生次生有害物质，有毒物质可以转化为有用的产品。例如，采用机械化学法修复不同数量氯取代的PCBs污染的土壤，并通过 $\delta-MnO_2$ 进行催化强化。氯取代数目越多，其去除率越低。当培养时间为10 d时，2,2′-DCB的去除率就达到100%；而当培养时间达到90 d，TCB和TeCB的去除率分别达到30%和20%。

（二）土壤重金属的化学修复

土壤中重金属污染的化学修复方法就是研究对被污染的土壤采取化学技术措施，使存在于土壤中的污染物浓度减少或毒性降低或完全无害化，使得土壤能够部分或全部恢复到原始状态。随着修复技术的发展，土壤修复的理论研究不断深入，形成目前工程、物理、化学、生物多种修复方法共存的局面，并有由物理化学方法向生物方法发展的趋势，但是化学修复手段作为土壤修复的传统、有效的修复方式仍然有其不可替代的优势和特点。

目前重金属的化学修复方法主要包括土壤重金属化学淋洗方法、化学固定化/稳定化修复方法、化学还原修复方法、可渗透反应墙修复方法等。

1. 土壤重金属化学淋洗方法

（1）基本原理。指在土壤中注入或渗入冲洗液，使其流经需治理的土层，解析土壤中的污染物，再对含有污染物的冲洗液进行处理及回用的过程。土壤固持金属的机制可分为两大类：一是以离子态吸附在土壤组分的表面；二是形成金属化合物的沉淀。土壤重金属化学淋洗原理是运用试剂与土壤固相中的重金属作用，形成溶解性的重金属离子或金属络合物，然后用清水把污染物冲至根层外，再利用含有一定配位体的化合物冲淋土壤，使之与重金属离子形成更稳定的络合物。

（2）淋洗液。淋洗液的注入可改变土壤与污染物的吸附 - 脱附特性、氧化还原电位、界面张力、酸碱度及分配、溶解、沉淀状态等，从而增加污染物的溶解度，使其与溶液形成浮液或发生化学反应，促使土壤中污染物祛除。土壤质地、污染物类型及赋存状态对土壤淋洗的效果有重要影响。土壤淋洗技术可用于放射性物质、有机物、重金属或其他无机物污染土壤的处理或前处理，砂砾、沙、细沙以及类似土壤中的污染物更容易被淋洗出来，而黏土中的污染物则较难淋洗。土壤冲洗有多种实现形式，包括原位修复和异位修复。或用带有阴离子的溶液，如碳酸盐、磷酸盐冲洗土壤，使重金属形成化合物沉淀。该方法的技术关键是寻找一种既能提取各种形态的重金属又不破坏土壤结构的淋洗液。目前，用于淋洗土壤的淋洗液较多，包括有机或无机酸、碱、盐和螯合剂。主要的重金属淋洗液种类包括：清水；螯合剂，EDTA、DTPA 类人工螯合剂和柠檬酸、苹果酸、酒石酸盐等天然螯合剂；表面活性剂；无机溶剂，如酸、碱、盐等。

目前，化学淋洗修复方法对于重金属的重度污染效果较好，适合砂土和砂壤土等透水性好的土壤。弱有机酸盐（柠檬酸和酒石酸盐）和强螯合剂（EDTA 和 DTPA）对重金属铬（Cr）、汞（Hg）和铅（Pb）污染土壤修复有效性，EDTA 和 DTPA 能有效地去除 Hg 以外的重金属元素，也提取出大量的土壤营养元素；弱有机酸盐（柠檬酸和酒石酸盐）只淋滤少量的营养元素，同时能改善土壤结构。有研究表明，EDTA 加入土壤仅 7d，水溶态的镉增加数百倍，交换态的镉增加了数十倍。

（3）影响重金属污染土壤淋洗修复效果的重要技术指标。包括土壤细粒含量、污染物的性质和浓度、水土比、淋洗时间、淋洗次数、增效剂的选择、增效淋洗废水的处理及药剂回用等。

① 土壤细粒含量。土壤细粒的百分含量，是决定土壤淋洗修复效果和成本的关键因素。细粒一般是指粒径小于 63 μm 的粉 / 黏粒。通常异位土壤淋洗处理对于细粒含量达到 25% 以上的土壤不具有成本优势。

② 污染物的性质和浓度。污染物的水溶性和迁移性直接影响土壤淋洗特别是增效淋洗修复的效果。污染物浓度也是影响修复效果和成本的重要因素。

③ 水土比。采用旋流器分级时，一般控制给料的土壤浓度在10%左右；机械筛分根据土壤机械组成情况及筛分效率选择合适的水土比，一般为5∶1~10∶1。增效淋洗单元的水土比根据可行性实验和中试的结果来设置，一般水土比为3∶1~20∶1。

④ 淋洗时间。物理分离的物料停留时间根据分级效果及处理设备的容量来确定；一般时间为20 min至2 h，延长淋洗时间有利于污染物去除，但同时也增加了处理成本，因此应根据可行性实验、中试结果以及现场运行情况选择合适的淋洗时间。

⑤ 淋洗次数。当一次分级或增效淋洗不能达到既定土壤修复目标时，可采用多级连续淋洗或循环淋洗。

⑥ 增效剂的选择。一般有机污染选择的增效剂为表面活性剂，重金属增效剂可为无机酸、有机酸、络合剂等。增效剂的种类和剂量根据可行性实验和中试结果确定。对于有机物和重金属复合污染，一般可考虑两类增效剂的复配。

⑦ 增效淋洗废水的处理及增效剂的回用。对于土壤重金属淋洗废水，一般采用铁盐+碱沉淀的方法去除水中重金属，加酸回调后可回用增效剂；有机物污染土壤的表面活性剂淋洗废水可采用溶剂增效等方法去除污染物并实现增效剂回用。

2. 化学固定化/稳定化修复方法

指向被重金属污染的土壤中加入化学试剂或化学材料（如水泥和硅土），使得重金属钝化形成不溶性或移动性差、毒性小的物质而降低其在污染土壤中的生物有效性，减少其向其他环境系统的迁移或结合其他修复技术手段永久地消除污染（图7–4）。

目前，常用于处理重金属污染土壤的固化方法包括水泥及其他凝硬性材料固化法、热塑性微包胶处理、玻璃化及微波固化等方法。常用固化剂有水泥、硅酸盐、高炉渣、石灰、磷灰石、窑灰、飘尘、沥青、沸石、磷肥、海绿石、含铁氧化物材料、堆肥和钢渣等。含80%高炉矿渣的水泥固化铬污染土壤，对铬质量浓度超过0.1%的土壤固化后，固化后土壤中铬浓度低于0.0005%，并且随着矿渣比例的提高，铬质量浓度进一步降低。黏土矿物和氧化物与重金属生成络合、螯合物，性质稳定，能在原位固化重金属。旧轮胎橡胶可固化污染土壤中二价汞，并降低其活性，如用乙酸浸提经旧轮胎橡胶固化的土壤。

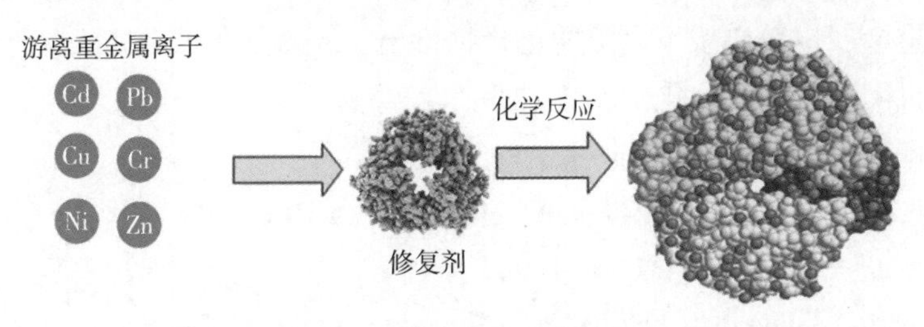

图 7–4　重金属的沉淀修复示意

3. 化学还原修复方法

化学还原修复方法是一种原位修复方法，是利用化学还原剂将污染环境中的污染物质还原，从而去除的方法。如，可利用铁屑、硫酸亚铁或其他一些容易得到的化学还原剂将六价铬还原为三价铬，形成难溶的化合物，从而降低铬在环境中的迁移性和生物可利用性，减轻铬污染的危害。还原剂可以直接加入到土壤中，或采用可渗透氧化还原反应墙的形式。根据采用的不同还原剂化学还原修复法，可以分为无机还原法和有机还原法。加入亚铁溶液将六价铬还原时，形成不溶沉淀—铬和铁的复合氢氧化物，可以用该法原位处理铬污染土壤。使用硫酸亚铁将被铬污染土壤中的六价铬转变为低毒性的三价铬。例如，美国新泽西州哈得逊县 1905—1976 年产出 200 万吨铬渣，由于底部填富含腐烂植物有机层，层中细菌和有机物将雨水带入的六价铬还原。俄罗斯发明的铬渣安全储坑内垫有一层富含腐殖土的泥煤，能将雨水从铬渣中淋溶流入的六价铬还原，并生成稳定的三价铬络合物而固定，致流出储坑的地下水不含铬。

4. 可渗透反应墙

可渗透反应墙（permeable reactivebarrier，PRB），又称渗透反应格栅技术，是一种被动原位处理技术。目前，在欧美许多发达国家新兴起来的用于原位去除地下水及土壤中污染组分的方法。美国环保署 1998 年发行的《污染物修复 PRB 的技术》手册中指出，PRB 是在地下安置活性材料墙体以便拦截污染羽状体，使得污染羽状体通过反应介质后，其污染物能转化为环境接受的另一种形式，实现使污染物浓度达到环境标准的目标。当重金属沿地下水水流方向进入 PRB 处理系统，在具有较低渗透性的化学活性物质的作用下，发生沉淀反应、吸附反应、催化还原反应或催化氧化反应，使得污染物转化为低活性的物质或降解为无毒的成分。目前我国还处于实验室研究阶段。

PRB 重金属离子的去除作用机理。金属铁与无机离子发生氧化还原反应，将重金属以单质或不可溶的化合物析出。同时金属铁也能去除地下水中部分无机阴离子。具体化学反应如下：

$$Fe^{0} + CrO_4^{2-} + 8H^{+} \longrightarrow Fe^{3+} + Cr^{3+} + 4H_2O$$

$$(1\text{-}x)Fe^{3+} + (x)Cr^{3+} + 2H_2O \longrightarrow Fe(1\text{-}x)Cr_{(x)}OOH_{(S)} + 3H^{+}$$

$$Fe^{0} + UO_2^{2+} \longrightarrow Fe^{2+} + UO_{2(S)}$$

$$3Fe^{0} + HSeO_4^{-} + 7H^{+} \longrightarrow 3F^{2+} + Se0_{(S)} + 4H_2O$$

$$4Fe^{0} + N0_3^{-} + 10H^{+} \longrightarrow 4Fe^{2+} + NH^{4+} + 3H_2O$$

由上述反应可知，铁以 $Fe(OH)_2$ 或 $Fe(OH)_3$ 形式沉淀，阻碍反应进一步进行。因此，在地下水进入反应单元之前，应采取一定的措施降低或消除水中的溶解氧。由于反应产生 OH^{-}，导致反应单元中水的 pH 升高，使一些污染物降解速率降低，并易形成碳酸钙、碳酸铁以及其他不溶解金属氢氧化物沉淀而将铁的表面包围起来，从而降低 PRB 的可渗透性，造成堵塞现象。在天然地下水中，溶解的碳酸及重碳酸盐起到缓冲体系的作用，限制了 pH 升高和沉淀生成。PRB 常采用铁粉和铁屑作为反应材料，加大其反应表面，使铁的活性可以保持 5 年以上。

现场修复实验表明，金属铁与无机离子的化学反应可以很快完成，可以被金属铁去除的重金属污染物有铬、铀、硒、钴、铜、汞、砷等，同时金属铁也可以通过生物降解反应去除硝酸根、硫酸根等无机阴离子。

5. 氧化修复技术

氧化修复技术是指在土壤污染区域添加化学氧化剂，氧化剂与污染物发生氧化反应，对污染物进行分解，进而实现降低污染物毒性的目标。由于土壤中的氧气较少，而很多元素自身就会发生氧化反应，添加氧化剂，能够加快污染物的氧化反应，提高土壤对污染物的分解能力。如果土壤污染物无法分解，人们可以在土壤中添加适量的还原剂，使污染物能够充分进行氧化还原。此技术还处于发展阶段，需要有关部门强化技术研究，科学应用污染物的氧化还原反应，完成土壤环境污染的修复作业，减少生成物对环境所造成的污染。

氧化还原技术在重金属土壤污染修复中具有很强的应用性。重金属污染土壤包含大量污染物，而添加氧化剂、还原剂后，其能够与金属元素发生氧化还原反应，产生新的物质。

具体原理：在土壤污染区域投入化学改良剂等物质，经过改良剂的吸收作用，使原有土壤中的重金属发生还原反应并产生沉淀，有效减少土壤中的金属元素含量，降低金属物质对土壤的危害。石灰等物质在还原土壤中可以发挥重要的作用，通过提高土壤酸碱度，将土壤中的金属污染物氧化还原，使其形成新的碳酸类沉淀物，能够起到良好的修复效果。此外，将生物技术与氧化还原技术融合是现阶段研究的主要内容，人们需要加大研究力度，使其发挥更大的修复作用。

第四节　土壤污染的生物修复技术

一、土壤污染生物修复技术简介

生物修复技术研究开始于20世纪80年代中期，到90年代有了成功应用的实例。广义的污染土壤生物修复技术是指利用土壤中的各种生物（包括植物、动物和微生物）吸收、降解和转化土壤中的污染物，使污染物含量降低到可接受的水平或将有毒有害的污染物转化为无害物质的过程。根据污染土壤生物修复主体的不同，分为微生物修复、植物修复和动物修复3种，其中以微生物修复与植物修复应用最为广泛。狭义的污染土壤生物修复是指微生物修复，即利用土壤微生物将有机污染物作为碳源和能源，将土壤中有害的有机污染物降解为无害的无机物（CO_2和H_2O）或其他无害物质的过程。生物修复技术近几年发展非常迅速，不仅较物理、化学方法经济，同时也不易产生二次污染，适于大面积污染土壤的修复。同时由于其具有低耗、高效、环境安全、纯生态过程的显著优点，已成为土壤环境保护技术的最活跃的领域。

二、土壤污染生物修复技术

（一）植物修复技术

1. 植物修复技术定义和分类

植物修复技术是指利用植物忍耐和超量积累某种或某些化学元素的功能，或利用植物及其根际微生物体系将污染物降解转化为无毒物质的特性，通过植物在生长过程中对环境中的金属元素、有机污染物以及放射性物质等的吸收、降解、过滤和固定等功能来净化环境污染的技术（图 7–5）。植物修复技术包括利用植物超积累或积累性功能的植物吸取修复、利用植物根系控制污染扩散和恢复生态功能的植物稳定修复、利用植物代谢功能的植物降解修复、利用植物转化功能的植物挥发修复、利用植物根系吸附的植物过滤修复等技术。可被植物修复的污染物有重金属、农药、石油和持久性有机污染物、炸药、放射性核素等。其中，重金属污染土壤的植物吸取修复技术在国内外都得到了广泛研究，已经应用于砷、镉、铜、锌、镍、铅等重金属以及与多环芳烃复合污染土壤的修复，并发展出包括络合诱导强化修复、不同植物套作联合修复、修复后植物处理处置的成套集成技术。这种技术的应用关键在于筛选具有高产和高去污能力的植物，摸清植物对土壤条件和生态环境的适应性。

（1）植物转化修复。植物转化也称植物降解，指通过植物体内的新陈代谢作用将吸收的污染物进行分解，或者通过植物分泌出的化合物（比如酶）的作用对植物外部的污染物进行分解。植物转化技术使用于疏水性适中的污染物，如 BTEX、TCE、TNT 等军用排废。对于疏水性非常强的污染物，由于其会紧密结合在根系表面和土壤中，从而无法发生运移，对于这类污染物，更适合采用之后提到的植物固定和植物辅助生物修复技术来治理。

（2）根滤作用。借助植物羽状根系所具有的强烈吸持作用，从污水中吸收、浓集、沉淀金属或有机污染物，植物根系可以吸附大量的铅、铬等金属。另外也可以用于放射性污染物、疏水性有机污染物（如三硝基甲苯 TNT）的治理。进行根滤作用所需要的媒介以水为主，因此根滤是水体、浅水湖和湿地系统进行植物修复的重要方式，所选用的植物也以水生植物为主。

（3）植物挥发。通过植物的吸收促进某些重金属转移为可挥发态，挥发出土壤和植物表面，达到治理土壤重金属污染的目的。有些元素如硒（Se）、砷（As）和汞（Hg）通过甲基化挥发，大大减轻土壤的重金属污染。如芥菜（*Brassica Juncea*）能使土壤中的 Se 以甲基硒的形式挥发去除。还有的研究表明烟草能使毒性大的二价汞转化为气态的零价汞。细菌的汞还原酶基因转入拟南芥（*Arabidopsis thaliana*）中，发现该植物对 $HgCl_2$ 的抗性和将 Hg^{2+} 还原为 Hg 的能力明显增强。这一方法只适用于挥发性污染物，植物挥发要求被转化后的物质毒性要小于转化前的污染物质，以减轻环境危害。由于这一方法只适用于挥发性污染物，应用范围很小，并且将污染物转移到大气和（或）异地土壤中对人类和生物有一定的风险，因此，它的应用将受到限制。

（4）植物吸取。指种植一些特殊植物，利用其根系吸收污染土壤中的有毒有害物质并运移至植物地上部，通过收割地上部物质带走土壤中污染物的一种方法。植物吸取作用是目前研究最多、最有发展前景的方法。该技术利用的是一些对重金属具有较强忍耐和富集能力的特殊植物。要求所用植物具有生物量大、生长快和抗病虫害能力强的特点，并具备对多种重金属较强的富集能力。此方法的关键在于寻找合适的超富集植物和诱导出超级富集体。

（5）植物固定。指利用植物根际的一些特殊物质使土壤中的污染物转化为相对无害物质的一种方法。植物在植物固定中主要有两种功能：保护污染土壤不受侵蚀，减少土壤渗漏来防止金属污染物的淋移；通过重金属根部的积累和沉淀或根表吸持来加强土壤中污染物的固定。应用植物固定原理修复污染土壤应尽量防止植物吸收有害元素，以防止昆虫、草食动物在这些地方觅食后可能会对食物链带来的污染。然而植物固定作用并没有将环境中的重金属离子去除，只是暂时将其固定，使其对环境中的生物不产生毒害作用。

2. 植物修复技术应用

近年来，我国在重金属污染农田土壤的植物吸取修复技术应用方面在一定程度上开始引领国际前沿研究方向。但是，虽然开展了利用苜蓿、黑麦草等植物修复多环芳烃、多氯联苯和石油烃的研究工作，但是有机污染土壤的植物修复技术的田间研究还很少，对炸药、放射性核素污染土壤的植物修复研究则更少。

植物修复技术不仅应用于农田土壤中污染物的去除，而且同时应用于人工湿地建设、填埋场表层覆盖与生态恢复、生物栖身地重建等。近年来，植物稳定修复技术被认为是一种更易接受、大范围应用、并利于矿区边际土壤生态恢复的植物技术，也被视为一种植物固碳技术和生物质能源生产技术；为寻找多污染物复合或混合污染土壤的净化方案，分子生物学和基因工程技术应用于发展植物杂交修复技术；利用植物的根圈阻隔作用和作物低积累作用，发展能降低农田土壤污染的食物链风险的植物修复技术正在研究中（图7-5）。

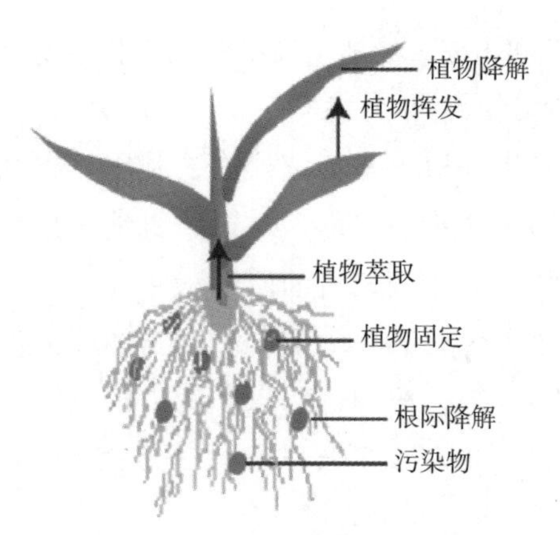

图 7–5　植物修复技术示意

3. 植物修复促进技术

在植物修复促进技术方面，目前主要侧重在如下两个方面的研究应用。①综合促进技术的采用：采用土壤改良剂及其他农业措施有利于更好地利用植物修复环境污染。如通过降低 pH、添加螯合剂、使用合适的化肥、改变土壤离子的组成来增加生物有效性、促进植物吸收。②基因工程技术的应用：通过育种和基因工程改良植物性状，使之更适用于进行植物修复。如改进植物根结构的特性，增加植物降解酶数量，提高超积累植物的生长速度和生物量等。

基因工程 – 植物修复利用基因重组技术是将具有金属累积特性的基因导入到生物量大且易收获的植物中，并利用该植物特定的受体细胞与载体一起得到复制和表达，使受体细胞获得新的遗传特性，最后将转基因植物进行田间试验，以确定是否达到目的。向烟草中转小麦 PC 基因 *Tapcs1* 的研究。在重金属污染土壤生长的植物中选择了一种野生型烟草作为转基因受体，转基因烟草比野生型对重金属如镉、铅的耐受性大大增强，在高浓度铅矿土壤中，转基因烟草比野生型积累了 2 倍多的铅。从原核生物 Nostoc sp.PCC7120 中得到了 *alr0795* 基因，该基因编码 PC 合酶，序列分析表明 *alr0975* 编码的蛋白含有 243 个氨基酸残基，该序列与真核生物的 PC 合酶的 N– 末端保守序列同源。对来源于拟南芥（*A. thaliana*）的 PC 合酶基因的序列分析表明 C– 末端区域对该酶的活性起重要作用，并将 PC 合酶基因转入大肠杆菌和酿酒酵母中进行表达，大肠杆菌生长率和对镉的耐受性都有所提高，酿酒酵母对镉的耐受性比对照也增加。从而表明来自拟南芥的 PC 合酶基因能催化 PC

合成，并能增强其对镉的耐受性。

4. 植物修复技术优缺点

（1）植物修复优点。植物修复技术属于原位修复技术，其成本低、二次污染易于控制，植被形成后具有保护表土、减少侵蚀和水土流失的功效，可大面积应用于矿山的复垦、重金属污染场地的植被与景观修复。

（2）植物修复缺点。植物修复技术主要依赖于生物进程，与一些常用工程措施相比见效慢，修复耗时长。对于深层污染的修复有困难，由于气候及地质等因素使得植物的生长受到限制，存在污染物通过“植物—动物”的食物链进入自然界的可能。

（二）土壤微生物修复技术

微生物修复技术是指微生物能以有机污染物为唯一碳源和能源或者与其他有机物质进行共代谢而降解有机污染物。利用微生物降解作用发展的微生物修复技术是农田土壤污染修复中常见的一种修复技术。这种生物修复技术已在农药或石油污染土壤中得到应用。在我国，已构建了农药高效降解菌筛选技术、微生物修复剂制备技术和农药残留微生物降解田间应用技术；也筛选了大量的石油烃降解菌，复配了多种微生物修复菌剂，研制了生物修复预制床和生物泥浆反应器，提出了生物修复模式。

1. 有机物污染土壤的微生物修复

土壤微生物利用有机物（包括有机污染物）为碳源，满足自身生长需要，并同时将有机污染物转化为低毒或者无毒的小分子化合物，如二氧化碳、水、简单的醇或酸等，达到净化土壤的目的。对具有降解能力的土著微生物特性的研究，始终是环境生物修复领域的研究重点。常见的降解有机污染物的微生物有细菌（假单胞菌、芽孢杆菌、黄杆菌、产碱菌、不动杆菌、红球菌和棒状杆菌等）、真菌（曲霉菌、青霉菌、根霉菌、木霉菌、白腐真菌和毛霉菌等）和放线菌（诺卡氏菌、链霉菌等），其中以假单胞菌属最为活跃，对多种有机污染物，如农药及芳烃化合物等具有分解作用。有些情况下，受污染环境中溶解氧或其他电子受体不足的限制，土著微生物自然净化速度缓慢，需要采用各种方法来强化，包括提供氧气或其他电子受体例如 NO_3^-，添加氮、磷营养盐，接种经驯化培养的高效微生物等，以便能够提高生物修复的效率和速率。

有机污染物质的降解是由微生物酶催化进行的氧化、还原、水解、基团转移、异构化、酯化、缩合、氨化、乙酰化、双键断裂及卤原子移动等过程。

该过程主要有两种作用方式：①通过微生物分泌的胞外酶降解；②污染物被微生物吸收至其细胞内后，由胞内酶降解。微生物从胞外环境中吸收摄取物质的方式主要有主动运输、被动扩散、促进扩散、基团转位及胞饮作用等。

一些有机污染物不能作为碳源和能源被微生物直接利用，但是在添加其他的碳源和能源后也能被降解转化，这就是共代谢。研究表明，微生物的共代谢作用对于难降解污染物的彻底分解起着重要作用。例如甲烷氧化菌产生的单加氧酶是一种非特异性酶，可以氧化多种有机污染物，包括对人体健康有严重威胁的三氯乙烯和多氯联苯等。

微生物对氯代芳香族污染物的降解主要依靠两种途径：好养降解和厌氧降解。脱氯是氯代芳烃化合物降解的关键步骤，好氧微生物可以通过双加氧酶和单加氧酶使苯环羟基化，然后开环脱氯；也可以先脱氯后开环。其厌氧降解途径主要依靠微生物的还原脱氯作用，逐步形成低氯的中间产物。一般情况下微生物对多环芳烃的降解都是需要氧气的参与，在加氧酶的作用下使芳环分解。真菌主要是以单加氧酶催化起始反应，把一个氧原子加到多环芳烃上，形成环氧化合物，然后水解为反式二醇化合物和酚类化合物。而细菌主要以双加氧酶起始加氧反应，把两个氧原子加到苯环上，形成二氢二醇化合物，进一步代谢。除此之外，微生物还可以通过共代谢降解大分子量的多环芳烃。此过程中微生物分泌胞外酶降解共代谢底物维持自身生长的物质，同时也降解了某些非微生物生长必需的物质。

近年来，开展了有机砷和持久性有机污染物如多氯联苯和多环芳烃污染土壤的微生物修复技术工作。分离到能将 PAHs 作为唯一碳源的微生物如假单胞菌属、黄杆菌属等，以及可以通过共代谢方式对 4 环以上 PAHs 加以降解的如白腐菌等。建立了菌根真菌强化紫花苜蓿根际修复多环芳烃的技术和污染农田土壤的固氮植物 – 根瘤菌 – 菌根真菌联合生物修复技术。

总体上，微生物修复研究工作主要体现在筛选和驯化特异性高效降解微生物菌株，提高功能微生物在土壤中的活性、寿命和安全性，修复过程参数的优化和养分、温度、湿度等关键因子的调控等方面。微生物固定化技术因能保障功能微生物在农田土壤条件下种群与数量的稳定性和显著提高修复效率而受到青睐。通过添加菌剂和优化作用条件发展起来的场地污染土壤原位、异位微生物修复技术有生物堆沤技术、生物预制床技术、生物通风技术和生物耕作技术等。运用连续式或非连续式生物反应器、添加生物表面活性剂和优化环境条件等可提高微生物修复过程的可控性和高效性。目前，正在发展微生物修复与其他现场修复工程的嫁接和移植技术，以及针对性强、高效快捷、成本低廉的微生物修复设备，以实现微生物修复技术的工程化应用。

2. 无机物污染土壤的微生物修复

微生物不仅能降解环境中的有机污染物，而且能将土壤中的重金属、放射性元素等无机污染物钝化、降低毒性或清除。重金属污染环境的微生物修复近几年来受到重视，微生物可以对土壤中重金属进行固定、移动或转化，改变它们在土壤中的环境化学行为，从而达到生物修复的目的。因此，重金属污染土壤的微生物修复原理主要包括生物富集（如生物积累、生物吸附）和生物转化等作用方式。微生物可以将有毒金属被吸收后储存在细胞的不同部位或结合到胞外基质上，将这些离子沉淀或螯合在生物多聚物上，或者通过金属结合蛋白（多肽）等重金属特异性结合大分子的作用，富集重金属原子，从而达到消除土壤中重金属的目的。同时，微生物还可以通过细胞表面所带有的负电荷通过静电吸附或者络合作用固定重金属离子。生物转化包括氧化还原、甲基化与去甲基化以及重金属的溶解和有机络合配位降解等作用方式。在微生物的作用下，汞、砷、镉、铅等金属离子能够发生甲基化反应。其中，假单胞菌在金属离子的甲基化作用中起到重要作用，它们能够使多种金属离子发生甲基化反应，而使金属离子的活性或者毒性降低；其次一些自养细菌如硫杆菌类能够氧化 As^{3+}、Cu^{2+}、Mo^{4+}、Fe^{2+} 等重金属。生物转化中具有代表性的是汞的生物转化，Hg^{2+} 可以被酶催化产生甲基汞，甲基汞和其他有机汞化合物裂解并还原成 Hg，进一步挥发，使得污染消除。

3. 原位修复和异位修复

（1）土壤微生物的原位修复技术。土壤微生物原位修复技术是在不破坏土壤基本结构，而在原位污染地进行的生物修复的过程，主要依赖于被污染地的土壤自身微生物的自然降解能力和人为创造的合适降解条件处理的情况下的微生物修复技术。有投菌法、生物培养法和生物通气法等，主要用于被有机污染物污染的土壤修复，各种形式均有其成功应用的实例。应用生物通气工艺修复受石油烃污染土壤，并投加高效降解菌，石油烃浓度可降解至检出水平以下。

（2）土壤微生物的异位修复。土壤微生物的异位修复技术是指将受污染土壤、沉积物移离原地，或在原地翻动土壤使之与降解菌接种物、营养物及支撑材料混合，集中起来进行生物降解。异位修复处理污染土壤时，需要对污染的土壤进行大范围的扰动，主要技术包括土地耕作法（预制床技术）、生物反应器技术和常规的堆肥法。

① 土地耕作法是在非透性垫层和砂层上，将受污染土壤以 10 ~ 30 cm 厚度平铺其上，以防止污染物转移，并淋洒营养物、水或降解菌菌株接种物，必要时加入表面活性剂，定期翻动充氧，以满足微生物生长的需要；处理过程中流出的渗滤液可回淋于土壤，以彻底清除污染物。

② 生物反应器是指将受污染的土壤转移到合适的生物反应器中，加入 3 ~ 5 倍的水，混合成泥浆，调节适宜的环境（温度、pH 等），同时加入一定量的营养物质和接种物，底部鼓入空气并进行搅拌，使微生物与污染物充分接触，加速污染物的降解，降解完成后，过滤脱水。由于反应器容量的限制，这种方法仅限于小范围污染土壤的治理。

③ 常规堆肥法是传统堆肥和生物治理技术的结合，其设备在结构上与常规的生物处理单元相似。向土壤中掺入枯枝落叶或粪肥，加入石灰调节 pH，人工充氧，依靠其自然存在的微生物使有机物向稳定的腐殖质转化，是一种有机物高温降解的固相过程。

研究污染物的生物可降解性、微生物降解污染物的作用机理、降解菌的选育与生物工程菌的应用等是提高污染土壤生物修复效果的关键。由于几乎每一种有机污染物或重金属都能找到多种有益的降解微生物，因此，寻找高效污染物降解菌是生物修复技术研究的热点。总之，污染土壤的微生物修复过程是一项涉及污染物特性、微生物生态结构和环境条件的复杂系统工程。

从目前来看，微生物修复是最具发展潜力和应用前景的技术，但微生物个体微小，富集有重金属的微生物细胞难以从土壤中分离，还存在与修复现场土著菌株竞争等不利因素。近年来工作着重于筛选和驯化高效降解微生物菌株，提高功能微生物在土壤中的活性、寿命和安全性，并通过修复过程参数的优化和养分、温度、湿度等关键因子的调控等方面，最终实现针对性强、高效快捷、成本低廉的微生物修复技术的工程化应用。

（三）土壤动物修复技术

土壤动物在土壤生态系统中占有重要的生态位，维持着土壤生态结构的稳定，在土壤物质循环和能量流动起着直接或间接的作用。土壤生物区系、土壤生物多样性和全球气候变化对土壤生物的影响已成为土壤生态学研究的前沿领域。这些动物主要有土壤原生动物群落和土壤后生动物群落组成。据从数量上估计，每平方米土壤中，无脊椎动物，如蚯蚓、蜈蚣及各种土壤昆虫有几十到几百种。小的无脊椎动物可达几万至几十万种，它们对土壤肥力保持和生产力的提高具有很重要的作用。目前对土壤动物修复方面的研究相对较少，主要从蚯蚓等动物对污染土壤的修复着手，还没有人对动物修复的具体机理和应用做系统的研究。

土壤动物修复作用的表现：

土壤动物对一般有机污染物可进行破碎、消化和吸收转化，把污染物转化为颗粒均匀、结构良好的粪肥。而且这种粪肥中还有大量有益微生物和其他活性物质，其中原粪便中的有害微生物大部分被土壤动物吞噬或杀灭。其次，土壤动物肠道微生物转移到土壤后，填补了土著微生物的不足，加速了微生物处理剩余有机污染物的处理能力。通过测定重金属污染土壤中不同铅浓度梯度下蚯蚓在培养期内对铅富集量，结果发现，蚯蚓对铅有较强的富集作用，且随铅浓度的增加，蚯蚓体内的富集量也增加；单位质量蚯蚓培养期内吸收铅量与铅浓度梯度表现出极显著性差异。对污染区土壤中蚯蚓和蜘蛛体内的重金属含量进行了分析，发现蚯蚓对重金属元素有很强的富集能力，其体内镉（Cd）、铅（Pb）、砷（As）、锌（Zn）与土壤中相应元素含量呈明显的正相关，对蜘蛛体内重金属含量的分析结果也表现出同样的趋势。

土壤动物不仅直接富集重金属，还和微生物、植物协同富集重金属，改变重金属的形态，使重金属钝化而失去毒性。特别是蚯蚓等动物的活动促进了微生物的转移，使得微生物在土壤修复的作用更加明显；同时土壤动物把土壤有机物分解转化为有机酸等，使重金属钝化而失去毒性。植物修复技术、微生物修复技术的过热，导致土壤动物研究滞后，土壤动物与前两种研究技术的结合不够紧密。而土壤动物在土壤生态中的作用也是不可忽视的，因此，土壤动物及土壤动物修复技术也应该得到重视。

第五节　土壤污染的联合修复技术

一、土壤污染联合修复技术简介

污染土壤联合修复技术协同两种或以上修复方法，形成联合修复技术，不仅可以提高单一污染土壤的修复速率与效率，而且可以克服单项修复技术的局限性，实现对多种污染物的复合混合污染土壤的修复，已成为土壤修复技术中的重要研究内容。

二、土壤污染联合修复技术类型

1. 微生物 / 动物 – 植物联合修复技术

微生物 / 动物 – 植物联合修复技术中微生物（细菌、真菌）– 植物（图 7–6）、动物（蚯蚓）– 植物联合修复是土壤生物修复技术研究的新内容。筛选有较强降解能力的菌根真菌和适宜的共生植物是菌根生物修复的关键。种植紫花苜蓿可以大幅度降低土壤中多氯联苯浓度。根瘤菌和菌根真菌双接种能强化紫花苜蓿对多氯联苯的修复作用。利用能促进植物生长的根际细菌或真菌，发展植物 – 降解菌群协同修复、动物 – 微生物协同修复及其根际强化技术，促进有机污染物的吸收、代谢和降解将是生物修复技术新的研究方向。

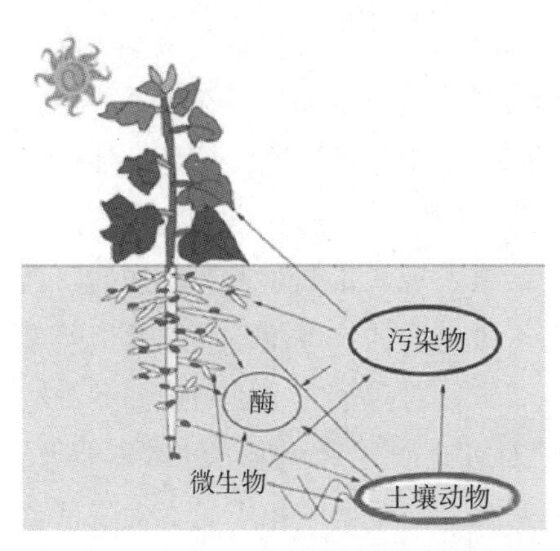

图 7–6　微生物 – 植物联合修复技术示意

植物与微生物联合修复。生物技术应用到土壤修复中，大大地提高了修复过程的安全性，降低了成本。目前，用于修复的生物主要是植物和微生物，另外还有少量的原生动物。植物作用于污染物主要有吸收、降解、转化以及挥发等几种方法。据报道，已经发现了超过 400 种的超富集植物，主要集中在对 Cu、Pb、Zn 等金属的治理上。微生物修复的机理包括细胞代谢、表面生物大分子吸收转运、生物吸附（利用活细胞、无生命的生物量、多肽或生物多聚体作为生物吸附剂）、空泡吞饮、沉淀和氧化还原反应等。土壤微生物是土壤中的活性胶体，它们比表面大、带电荷、代谢活动旺盛。受污染的土壤中，往往富集多种具有高耐受性的真菌和细菌，这些微生物可通过多种作用方式影响土壤污染物的毒性。然而，植物和微生物修复也都存在不足，例如，植物修复缓慢、对高浓度污染的耐受性低，微生物的修复易受到土著微生物的干扰等。而植物与微生物的联合修复，特别是植物根系与根际微生物的联合作用，已经在实验室和小规模的修复中取得了良好的效果。

根际是受植物根系影响的根 – 土界面的一个微区，一方面，植物根部的表皮细胞脱落、酶和营养物质的释放，为微生物提供了更好的生长环境，增加了微生物的活动和生物量。另一方面，根际微生物群落能够增强植物对营养物质的吸收，提高植物对病原的抵抗能力，合成生长因子以及降解腐败物质等，这些对维持土壤肥力和植物的生长都是必不可少的。

微生物与植物共生去除土壤中的污染物。某些根际微生物在土壤中独立生长的速度很慢，但是与植物共生后则快速生长。并且一个单个微生物个体侵染植物后，可以迅速形成一个可以固定氮的结节，每个结节大约含有 108 个细菌。在重金属胁迫下，不同生物体都会产生金属硫蛋白——这是一类富含半胱氨酸、低分子量的蛋白质，并可结合 Cd、Zn、Hg、Cu 和 Ag 等重金属。将金属硫蛋白四聚体基因导入细菌基因中，并与植物共生后，使植物对土壤中 Cd 的吸收量增加 1.7 ~ 2.0 倍。

改变污染物的性质。通过释放螯合剂、酸类物质和氧化还原作用，根际微生物不仅会影响土壤中重金属的流动性，还可以增加植物的利用度。从被 Ni 污染的土壤中分离到 9 株根际微生物，有些微生物可以增强植物在低浓度和高浓度污染的土壤中的 Ni 的吸收。微生物的氧化作用能使重金属元素的活性降低，进而增加植物对重金属的吸收作用。一种荧光假单细胞菌能在含有高达 270 mg/L 三价铬的介质中生长，原因是它能还原六价铬，在降低六价铬毒性的同时，也增加了植物对重金属的吸收能力。

微生物促进植物生长，维持土壤肥力。土壤微生物几乎参与土壤中一切生物及生物化学反应，在土壤功能及土壤过程中直接或间接起重要作用，包括对动物、植物残体的分解、养分的储存转化及污染物的降解等。因此，土壤微生物尤其是根际微生物的结构和功能，对维持超积累植物的生长、保持其吸附活力是必需的。微生物通过固氮和对元素的矿化，既增加了土壤的肥力，也促进了植物的生长。如硅酸盐细菌可以将土壤中云母、长石、磷灰石等含钾、磷的矿物转化为有效钾，提高土壤中有效元素的水平。根际促生细菌和共生菌产生的植物激素类物质具有促进植物生长的作用，如某些根际促生细菌能产生吲哚 -3- 乙酸（IAA），而 IAA 通过与植物质膜上的质子泵结合使之活化，改变细胞内环境，导致细胞壁糖溶解和可塑性增加来增大细胞体积和促进 RNA、蛋白质合成、增加细胞体积和质量以达到促生作用。此外，许多细菌都可以产生细胞分裂素、乙烯、维生素类等物质，对植物的生长具有不同程度的促进作用。因此平衡植物根际微生物的微生态系统是保证土壤生物修复正常进行的重要环节。

2. 化学 / 物化 – 生物联合修复技术

化学 / 物化 – 生物联合修复技术发挥化学或物理化学修复的快速优势，

结合非破坏性的生物修复特点，发展基于化学－生物修复技术是最具应用潜力的污染土壤修复方法之一。化学淋洗－生物联合修复是基于化学淋溶剂作用，通过增加污染物的生物可利用性而提高生物修复效率。利用有机络合剂的配位溶出，增加土壤溶液中重金属浓度，提高植物有效性，从而实现强化诱导植物吸取修复。化学预氧化－生物降解和臭氧氧化－生物降解等联合技术已经应用于污染土壤中多环芳烃的修复。电动力学－微生物修复技术可以克服单独的电动技术或生物修复技术的缺点，在不破坏土壤质量的前提下，加快土壤修复进程。电动力学－芬顿联合技术已用来去除污染黏土矿物中的菲，硫氧化细菌与电动综合修复技术用于强化污染土壤中铜的去除。应用光降解－生物联合修复技术可以提高石油中 PAHs 污染物的去除效率。例如，石油中含有多种有机物质，如何治理石油污染也是一个世界性的难题，可用化学氧化剂和微生物共同降解土壤中石油污染。用化学氧化剂预处理过的土壤再用微生物降解，其降解效率明显比单独使用其中任何一种高。在联合修复过程中，控制氧化剂在合适的范围之内，才能保证较高的降解效率；另外，土壤的结构及其他理化性质对于降解的效果也有影响。生物脂类表面活性剂，促进菲由晶体状态向溶解状态转化。荧光光谱检测发现，整个修复过程的限速步骤是菲的溶解过程而不是微生物对溶液中菲的吸收。因此，表面活性剂能够加速微生物的生物修复。

不同的物理、化学修复手段对土壤中土著微生物的影响。外部环境的变化会引起土壤中微生物的群落结构、代谢等一系列的变化，掌握了它的变化规律，一方面可以针对不同的土壤特征选择行之有效的修复手段，另一方面也为将来在更复杂的情况下进行多种手段的联合修复打下基础。电动技术是通过插入土壤的两个电极之间加入低压直流电场，使带有不同电荷的污染物向不同电极方向移动，进而将溶解于土壤溶液的污染物吸附去除的方法，此方法具有低能耗、易于控制等优点。经研究证明，此方法对铬、镉、铜、锌、汞等金属以及 PCB、TCE、苯酚、甲苯等有机物有比较好的去除效果。然而，电动修复对土壤微生物的影响却知之甚少。电动修复对微生物的呼吸、对碳源的利用、可培养细菌和真菌和数量以及土壤的理化性质上都有显著影响，但所有的变化都是在电场和污染物共同作用的情况下产生的，还无法辨别出电动修复对微生物的影响。

化学－植物修复技术在土壤中加入土壤改良剂（包括磷酸盐、石灰、硅酸盐等）调节土壤营养及其物理化学条件。在低石灰条件下，土壤中有机质的主要官能团羟基和羧基与氢氧根反应促使其带负电，土壤可变电荷增加，土壤有机结合态的重金属比较多。在重度重金属混合污染土壤上施用不同配比的石灰和泥炭，种植红蛋植物研究其对污染土壤铅、镉量去除效果的影响，发现施用了土壤改良剂后土壤中交换态铅、镉含量较对照显著降低，红蛋地上部和地下部铅、镉含量较对照有不同程度降低。

化学螯合剂–植物修复“螯合诱导修复技术”，即通过人工外加螯合剂（EDTA、DTPA 等）使被土壤固相键结合的重金属重新释放并进入土壤溶液，成为溶解态或易溶态，从而有效提高植物对重金属的吸收或富集效率。螯合剂与土壤溶液中的重金属离子结合，降低土壤液相中的金属离子浓度，为维持液、固相之间的离子平衡，重金属从土壤颗粒表面解析，由不溶态转化为可溶态，同时螯合剂本身又减少了土壤对重金属–螯合剂复合体的吸持强度，从而增加了土壤溶液中重金属的浓度，有力地提高了植物提取修复效率。水培试验研究表明，经铅和 EDTA 处理的印度芥菜，其地上部分能同时积累 EDTA 和铅，且以 Pb–EDTA 的形式向上运输，植物体内 EDTA 与铅的比例关系为 1∶0.67。随着 EDTA 浓度的增加，土壤中铜、锌、镉、镍、铅可溶态重金属的含量占总重金属含量的比例呈线性提高。加入 EDTA，水提取的镉浓度增加了 400 倍以上，当土壤中的镉浓度在 130 mg/kg 以上时，加入 EDTA 显著增加了地上部镉的浓度。EDTA 和柠檬酸对向日葵修复重金属污染土壤的影响，在一定浓度下可提高向日葵对重金属铬、镉的吸收。添加 EDDS 能在一定程度上提高海州香薷对铜、锌、铅的吸收量，且对于地下水的潜在淋滤风险较小。

3. 物理–化学联合修复技术

物理和化学联合修复是利用污染物的物理、化学特性，通过分离、固定以及改变存在状态等方式，将污染物从土壤中去除。土壤物理–化学联合修复技术是适用于污染土壤离位处理的修复技术。溶剂萃取–光降解联合修复技术是利用有机溶剂或表面活性剂提取有机污染物后进行光解的一项新的物理–化学联合修复技术。这种方法具有周期短、操作简单、适用范围广等优点。但传统的物理、化学修复也存在着修复费用高昂、易产生二次污染、破坏土壤及微生物结构等缺点，制约了此方法从实验室向大规模应用的转化。近年来，研究者通过对一些物理和化学修复方法的组合，有效地克服了某些修复方法存在的问题，在提高修复的效率、降低修复成本方面，取得了一定的进展，也为今后物理和化学修复的发展提供了新的思路。例如，用亚临界的热水作为介质，将 PAHs 从土壤中提取出来，然后用氧气、过氧化氢来处理含有污染物的水。通常状况下，由于极性较强，水对很多有机物的溶解度不高，但随着温度的升高，其极性降低，在亚临界状态已经成为PAHs的良好溶剂。用这种方法，土壤中99.1%~99.9%的PAHs都被提取到水中，而经过氧化在水中残留的不超过10%。此方法用水作为溶剂，具有成本低、对环境友好等优点。使用Fenton型催化剂和过氧化氢（H_2O_2），可以将有机物完全氧化成一氧化碳（CO）和二氧化碳（CO_2），整个反应过程在室温下进行，而且实施时间短。许多研究发现，氧化过程发生在有机物溶解在溶剂以后，而有机物的溶解是整个修复过程的限速步骤，使用超声波一方面可以显著加快这一过程，另一方面对氧化过程中的OH的形成起着重要的作用。也可以利用环己烷和乙醇将污染土壤中的多环芳烃提取出来后进行光催化降解。此外，催化–热脱附联合技术或微波热解–活性炭吸附技术修复多氯联苯污染土壤；也可以利用光调节的二氧化钛（TiO_2）催化修复农药污染土壤。

农学物理–化学淋洗修复。土壤淋洗技术也是去除土壤重金属的有效技术手段，利用淋洗剂溶解土壤中的重金属使其随淋洗液流出，然后对淋洗液进行后续处理，从而达到修复污染土壤的目的，其中原位土壤淋洗由于投资消耗相对较少且不扰动土壤而备受青睐。土壤淋洗过程中产生的洗液可以采用化学方法或人工湿地等方法处理。然而，高浓度的淋洗剂处理后的土壤将严重影响后续植物的生长。已有研究表明用混合有机络合剂（MC）淋洗单独种植东南景天的重金属污染土壤的效果比EDTA和味精废液好。

三、土壤污染修复技术的发展趋势

在污染土壤修复决策上，已从基于污染物总量控制的修复目标发展到基于污染风险评估的修复导向；在技术上，已从物理修复、化学修复和物理化学修复发展到生物修复、植物修复和基于监测的自然修复，从单一的修复技术发展到多技术联合的修复技术、综合集成的工程修复技术；在设备上，从基于固定式设备的离场修复发展到移动式设备的现场修复；在应用上，已从服务于重金属污染土壤、农药或石油污染土壤、持久性有机化合物污染土壤的修复技术发展到多种污染物复合或混合污染土壤的组合式修复技术；已从单一厂址场地走向特大城市复合场地，从单项修复技术发展到融大气、水体监测的多技术多设备协同的场地土壤–地下水综合集成修复；已从工业场地走向农田，从适用于工业企业场地污染土壤的离位肥力破坏性物化修复技术发展到适用于农田污染土壤的原位肥力维持性绿色修复技术。

（1）向绿色与环境友好的土壤生物修复技术发展。利用太阳能和自然植物资源的植物修复、土壤中高效专性微生物资源的微生物修复、土壤中不同营养层食物网的动物修复、基于监测的综合土壤生态功能的自然修复，将是21世纪土壤环境修复科学技术研发的主要方向。农田土壤污染的修复技术要求能原位地有效消除影响到粮食生产和农产品质量的微量有毒有害污染物，同时既不能破坏土壤肥力和生态环境功能，又不能导致二次污染的发生。发展绿色、安全、环境友好的土壤生物修复技术能满足这些需求，并能适用于大面积污染农地土壤的治理，具有技术和经济上的双重优势。从常规作物中筛选合适的修复品种，发展适用于不同土壤类型和条件的根际生态修复技术已成为一种趋势。应用生物工程技术如基因工程、酶工程、细胞工程等发展土壤生物修复技术，有利于提高治理速率与效率，具有应用前景。

（2）从单项向联合、杂交的土壤综合修复技术发展。土壤中污染物种类多，复合污染普遍，污染组合类型复杂，污染程度与厚度差异大。地球表层的土壤类型多，其组成、性质、条件的空间分异明显。一些场地不仅污染范围大、不同性质的污染物复合、土壤与地下水同时受污染，而且修复后土壤再利用方式的空间规划要求不同。这样，单项修复技术往往很难达到修复目标，而发展协同联合的土壤综合修复模式就成为场地和农田土壤污染修复的研究方向，例如：不同修复植物的组合修复，降解菌－超积累植物的组合修复，真菌－修复植物组合修复，土壤动物－植物－微生物组合修复，络合增溶强化植物修复，化学氧化－生物降解修复，电动修复－生物修复，生物强化蒸汽浸提修复，光催化纳米材料修复等。

（3）从异位向原位的土壤修复技术发展。将污染土壤挖掘、转运、堆放、净化、再利用是一种经常采用的离场异位修复过程。这种异位修复不仅处理成本高，而且很难治理深层土壤及地下水均受污染的场地，不能修复建筑物下面的污染土壤或紧靠重要建筑物的污染场地。因而，发展多种原位修复技术以满足不同污染场地修复的需求就成为近年来的一种趋势。例如，原位蒸汽浸提技术、原位固定－稳定化技术、原位生物修复技术、原位纳米零价铁还原技术等。另一趋势是发展基于监测的发挥土壤综合生态功能的原位自然修复。

（4）向基于环境功能修复材料的土壤修复技术发展。黏土矿物改性技术、催化剂催化技术、纳米材料与技术已经渗透到土壤环境和农业生产领域，并应用于污染土壤环境修复，例如，利用纳米铁粉、氧化钛等去除污染土壤和地下水中的有机氯污染物，目标土壤修复的环境功能材料的研制及其应用技术还刚刚起步，具有发展前景。但是，对这些物质在土壤中的分配、反应、行为、归趋及生态毒理等尚缺乏了解，对其环境安全性和生态健康风险还难以进行科学评估。基于环境功能修复材料的土壤修复技术的应用条件、长期效果、生态影响和环境风险有待回答。

（5）向基于设备化的快速场地污染土壤修复技术发展。土壤修复技术的应用在很大程度上依赖于修复设备和监测设备的支撑，设备化的修复技术是土壤修复走向市场化和产业化的基础。植物修复后的植物资源化利用、微生物修复的菌剂制备、有机污染土壤的热脱附或蒸汽浸提、重金属污染土壤的淋洗或固化－稳定化、修复过程及修复后环境监测等都需要设备。尤其是对城市工业遗留的污染场地，因其特殊位置和土地再开发利用的要求，需要快速、高效的物化修复技术与设备。开发与应用基于设备化的场地污染土壤的快速修复技术是一种发展趋势。一些新的物理和化学方法与技术在土壤环境修复领域的渗透与应用将会加快修复设备化的发展，例如，冷等离子体氧化技术可能是一种有前景的有机污染土壤修复技术，将带动新的修复设备研制。

（6）向土壤修复决策支持系统及后评估技术发展。污染土壤修复决策支持系统是实施污染场地风险管理和修复技术快速筛选的工具。污染土壤修复技术筛选是一种多目标决策过程，需要综合考虑风险削减、环境效益与修复成本等要素。欧美许多土壤修复研究组织如 CLARINET、EUGRIS、NATOPCCMS 等针对污染场地管理和决策支持进行了系统研究和总结。一些辅助决策工具如文件导则、决策流程图、智能化软件系统等已陆续出台和开发，并在具体的场地修复过程中被采纳。基于风险的污染土壤修复后评估也是污染场地风险管理的重要环节，包括修复后污染物风险评估、修复基准及土壤环境质量评价等内容。土壤污染类型多种多样，污染场地错综复杂，需要发展场地针对性的污染土壤修复决策支持系统及后评估方法与技术。

（7）对我国污染土壤修复技术研发的思考。我国土壤污染防治与修复技术的研发需要针对国内土壤污染特征与发展趋势，既要满足土壤污染问题的解决，也要联系国家的经济社会发展现状和相关的技术研发基础与条件。我国土壤污染态势总体上是土壤环境污染形势严峻。在一些经济快速发展地区耕地土壤中持久性毒害物质已经大量积累，部分农田、菜地重金属（镉、汞、砷等）、农药（滴滴涕等）、多环芳烃、多氯联苯、二噁英等持久性有机污染物复合污染突出，影响粮食生产和农产品质量安全。在快速的城市化和实施“退二进三”的城市布局改造战略的进程中，污染企业搬迁引发的场地土壤环境污染事故已经影响到人居环境安全健康。在一些矿区、油田区及其周边土壤中重金属和有机污染也相当严重，对周边生态安全和人体健康构成威胁。一些湿地不仅是生物栖身地和生态敏感区，而且也是污水和废弃物的汇集地，污染严重，影响生物多样性和生态安全。在高强度的资源和能源利用与污染物排放过程中，我国土壤污染的范围在扩大，土壤污染物的种类在增多，出现了复合型、混合型的高风险污染土壤区，呈现出从污灌型向与大气沉降型并重转变、城郊向农村延伸、局部向区域蔓延的趋势；从有毒有害污染发展至有毒有害污染与养分过剩、土壤酸化的交叉，形成点源与面源污染共存，生活污染、种植养殖业污染和工矿企业排放叠加，各种新旧污染与次生污染相互复合混合的态势，危及粮食生产与质量安全、生态环境安全和人体健康，迫切需要治理和修复。

（8）我国污染土壤修复技术研发需求。我国的污染土壤修复技术研发应该为解决农田土壤（含污灌区）污染、工业场地土壤污染、矿区及周边土壤污染以及生态敏感的湿地土壤污染等问题提供技术支持。这就需要研发能适合原位或异位、现场或离场的土壤修复技术与设备，能适用于不同土壤类型与条件、不同土地利用方式和不同污染类型与程度的土壤修复技术，能快速、高效、廉价、安全、使土地再开发利用的修复技术体系。针对受重金属、农药、石油、多环芳烃、多氯联苯等中轻度污染的农业土壤或湿地土壤，需要着力发展能大面积应用、安全、低成本、环境友好的生物修复技术和物化稳定技术，实现边修复边生产，以保障农产品安全和生态安全。针对工矿企业废弃的化工、冶炼等各类重污染场地土壤，需要着力研究优先修复点位确定方法和修复技术决策支持系统，发展场地针对性、能满足安全与再开发利用目标、原位或异位的物理、化学及其联合修复工程技术，开发具有自主知识产权的成套修复技术与设备，形成系统的场地土壤修复标准和技术规范，以保障人居环境安全健康。针对各类矿区及尾矿污染土壤，现阶段需要着力研究能控制水土流失与污染物扩散的生物稳定化与生态工程修复技术，将矿区边际土壤开发利用为植物固碳和生物质能源生产的基地，以保障矿区及周边生态环境安全，并提高其生态服务价值。

拓展阅读

【Pathways of detoxification】Field observation and laboratory experimentation have confirmed the effectiveness of natural pathways in the soil for detoxifying chemicals. Volatilization, adsorption, precipitation, and other chemical transformations, as well as biological immobilization and degradation, are the first line of defense against invasive pollutants. These processes are particularly active in soil A horizons (usually 1 metre [about 39 inches]deep or less) where the humus is essential to the detoxification mechanisms by blocking the reactivity of toxic chemicals or by microbial degradation.

Soil microorganisms, particularly bacteria, have developed diverse means to use readily available substances as sources of carbon or energy. Microorganisms obtain their energy by transferring electrons biochemically from organic matter (or from certain inorganic compounds) to electron acceptors such as oxygen (O_2) and other inorganic compounds. Therefore, they provide a significant pathway for decomposing xenobiotic compounds in soil by using them as raw materials in place of naturally occurring organic matter or electron acceptors, such as O, NO_3^- (nitrate), Mn^{4+} (manganese) or Fe^{3+} (iron) ions, and sulfate (SO_4^{2-}).

For instance, one species of bacteria might use the pollutant toluene, a solvent obtained from petroleum, as a carbon source, and naturally occurring Fe^{3+} might serve as a normal electron acceptor. Another species might use natural organic acids as a carbon source and selenium-containing pollutants as electron acceptors. Often, however, the ultimate decomposition of a contaminating xenobiotic compound requires a series of many chemical steps and several different species of microorganism. This is especially true for organic compounds that contain chlorine (Cl), such as chlorinated pesticides, chlorinated solvents, and polychlorinated biphenyls (PCBs; once used as lubricants and plasticizers). For example, the chlorinated herbicide atrazine is gradually degraded by aerobic microorganisms through a variety of pathways involving intermediate products. The complexity of the decomposition processes and the inherent toxicity of the pollutant compounds to the microorganisms themselves can lead to long residence times in soil, ranging from years to decades for toxic metals and chlorinated organic compounds.

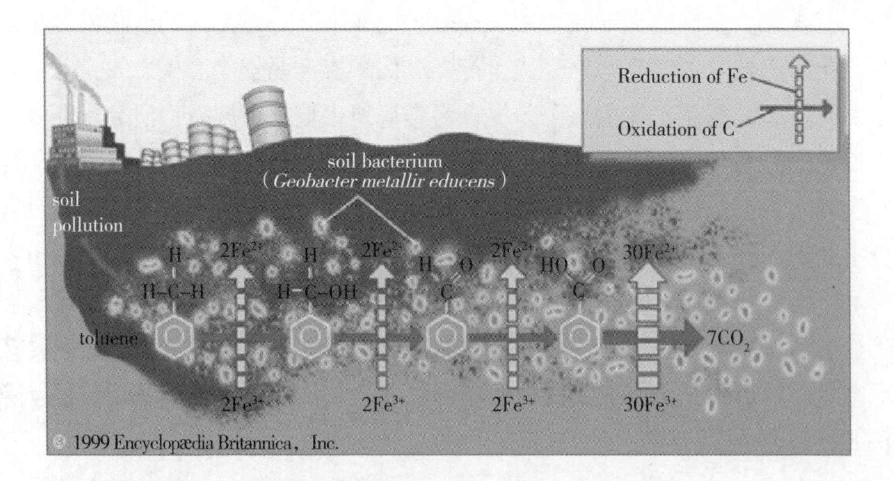

【Degradation of toluene in soil】Removal of the pollutant toluene from the soil requires a multiple-step degradation process mediated by the bacterium Geobacter metallireducens, which uses toluene as a carbon and energy source. At each step the iron ion Fe^{3+} is reduced to Fe^{2+}, and in the process toluene becomes more oxidized until it is completely converted to carbon dioxide (CO_2).

Most of the metals that are major soil pollutants (see table) can form strong complexes with soil humus that significantly decrease the solubility of the metal and its movement toward groundwater. Humus can serve as a detoxification pathway by assuming the role taken by biomolecules in the metal toxicity mechanisms discussed above. Just as strong complex formation leads to irreversible metal association with a biomolecule and to the disruption of biochemical functions, so, too, can it lead to effective immobilization of toxic metals by soil

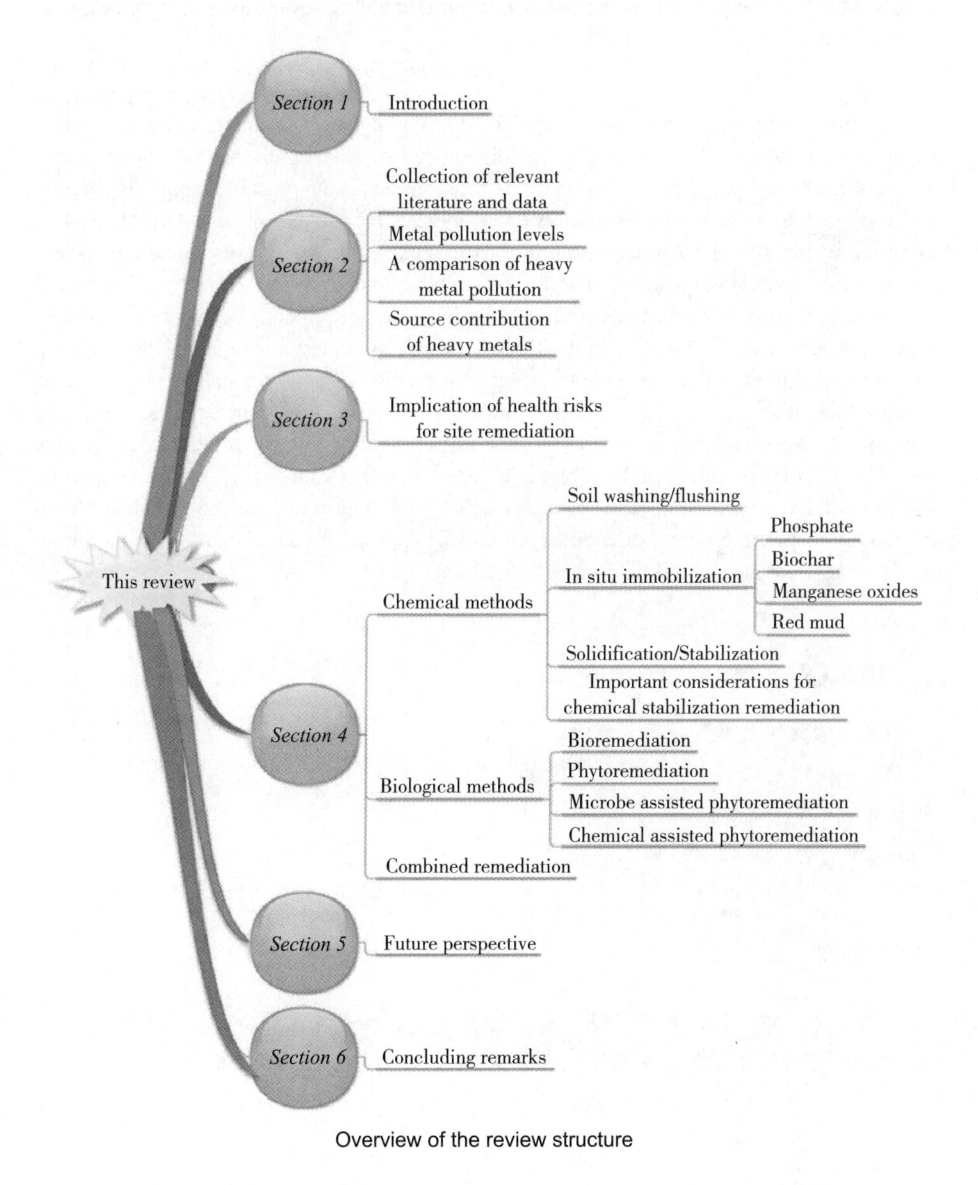

Overview of the review structure

humus—in particular, the humic substances. The very property of toxic metals that makes them so hazardous to organisms also makes them detoxifiable by humus in soil.

Pesticides exhibit a wide variety of molecular structures that permit an equally diverse array of mechanisms of binding to humus. The diversity of molecular structures and reactivities results in the production of a variety of aromatic compounds through partial decomposition of the pesticides by microbes. These intermediate compounds become incorporated into the molecular structure of humus by natural mechanisms, effectively reducing the threat of toxicity. The benefits of humus to soil fertility and detoxification have resulted in a growing interest in this remarkable substance and in the fragile A horizon it occupies.

【Current knowledge from heavy metal pollution in Chinese smelter contaminated soils, health risk implications and associated remediation progress in recent decades: A critical review】

Journal of Cleaner Production 286 (2021) 124989
https://doi.org/10.1016/j.jclepro.2020.124989

【Abstract】The increasing generation of toxic heavy metals from smelting activities poses significant threat to food safety, human health, and soil ecosystem, due to their unacceptable exposure risks and long term persistence. As a consequence, heavy metals in soils surrounding smelting areas are often known as causative contaminants for site remediation. According to an extensive review of the scientific literature (2010—2020), this study investigated the current pollution situation of heavy metals in soils near Chinese nonferrous metal smelters. Then, their main source approaches and health risk implications for soil remediation were discussed in detail. It should be noted that, inaccurate risk information would result in high remediation costs and unintended interventions. In addition, recent remediation progress for smelter contaminated sites were mainly introduced. By contrast, limited novel remediation approaches are currently available for stakeholders. Important considerations regarding site remediation technologies were further pointed out to highlight research gaps. Thus, more innovative studies need to be conducted for remediation enhancement of smelter sites. Lastly, this review concluded with an outlook of future research directions, which was expected be great helpful for the broad spectrum of researchers in this field.

思考题

1. 简述土壤污染的物理修复技术及其原理。
2. 简述土壤污染的化学修复剂及其修复原理。
3. 什么是生物修复?
4. 土壤污染联合修复技术的优缺点有哪些?

参考文献

[1] 刘五星，骆永明，滕应，等. 石油污染土壤的生态风险评价和生物修复Ⅲ. 石油污染土壤的植物－微生物联合修复[J]. 土壤学报，2008，5：994-999.

[2] 刘琨. 关于土壤环境污染化学与化学修复研究与分析[J]. 环境与发展，2020，

32(1): 165-167.
[3] 周际海，黄荣霞，樊后保，等. 污染土壤修复技术研究进展[J]. 水土保持研究，2016，23(3): 366-372.
[4] 庄绪亮. 土壤复合污染的联合修复技术研究进展[J]. 生态学报，2007，11: 4871-4876.
[5] 彭红云，杨肖娥. 矿产与粮食复合主产区土壤污染的生物修复与生态重建对策[J]. 科技导报，2006，3: 25-28.
[6] 李秀悌，顾圣啸，郑文杰，等. 重金属污染土壤修复技术研究进展[J]. 环境科学与技术，2013，36(2): 203-208.
[7] 李章良，孙珮石. 土壤污染的生物修复技术研究进展[J]. 生态科学，2003，2: 189-191.
[8] 梁照东. 污染土壤修复技术研究现状与趋势[J]. 环境与发展，2020，32(2). 79-80.
[9] 王昆. 土壤污染修复技术初探[J]. 地质灾害与环境保护，2017，28(4): 102-105.
[10] 骆永明. 污染土壤修复技术研究现状与趋势[J]. 化学进展，2009，21(1): 558-565.
[11] 黄惠，孙璐，姚一夫，等. 重金属污染土壤的联合修复研究现状[J]. 污染防治技术，2015，28(1): 30-33.
[12] 王欣若. 土壤污染修复方法研究进展[J]. 科技经济导刊，2020，28(16): 91-94.
[13] 宋凤敏. 袋式除尘器和旋风除尘器的性能及其应用的比较[J]. 环境科学与管理，2012，37(8): 90-92.
[14] 朱杰. 苯系物污染土壤气相抽提处理试验[J]. 环境化学，2013，32(9): 1646-1652.

附录

国务院关于印发土壤污染防治行动计划的通知

——国发【2016】31号

土壤是经济社会可持续发展的物质基础，关系人民群众身体健康，关系美丽中国建设，保护好土壤环境是推进生态文明建设和维护国家生态安全的重要内容。当前，我国土壤环境总体状况堪忧，部分地区污染较为严重，已成为全面建成小康社会的突出短板之一。为切实加强土壤污染防治，逐步改善土壤环境质量，制定本行动计划。

总体要求：全面贯彻党的十八大和十八届三中、四中、五中全会精神，按照“五位一体”总体布局和“四个全面”战略布局，牢固树立创新、协调、绿色、开放、共享的新发展理念，认真落实党中央、国务院决策部署，立足我国国情和发展阶段，着眼经济社会发展全局，以改善土壤环境质量为核心，以保障农产品质量和人居环境安全为出发点，坚持预防为主、保护优先、风险管控，突出重点区域、行业和污染物，实施分类别、分用途、分阶段治理，严控新增污染、逐步减少存量，形成政府主导、企业担责、公众参与、社会监督的土壤污染防治体系，促进土壤资源永续利用，为建设“蓝天常在、青山常在、绿水常在”的美丽中国而奋斗。

工作目标：到2020年，全国土壤污染加重趋势得到初步遏制，土壤环境质量总体保持稳定，农用地和建设用地土壤环境安全得到基本保障，土壤环境风险得到基本管控。到2030年，全国土壤环境质量稳中向好，农用地和建设用地土壤环境安全得到有效保障，土壤环境风险得到全面管控。到本世纪中叶，土壤环境质量全面改善，生态系统实现良性循环。

主要指标：到2020年，受污染耕地安全利用率达到90%左右，污染地块安全利用率达到90%以上。到2030年，受污染耕地安全利用率达到95%以上，污染地块安全利用率达到95%以上。

一、开展土壤污染调查，掌握土壤环境质量状况

（一）深入开展土壤环境质量调查。在现有相关调查基础上，以农用地和重点行业企业用地为重点，开展土壤污染状况详查，2018 年年底前查明农用地土壤污染的面积、分布及其对农产品质量的影响；2020 年年底前掌握重点行业企业用地中的污染地块分布及其环境风险情况。制定详查总体方案和技术规定，开展技术指导、监督检查和成果审核。建立土壤环境质量状况定期调查制度，每 10 年开展 1 次。（环境保护部牵头，财政部、国土资源部、农业部、国家卫生计生委等参与，地方各级人民政府负责落实。以下均需地方各级人民政府落实，不再列出）

（二）建设土壤环境质量监测网络。统一规划、整合优化土壤环境质量监测点位，2017 年年底前，完成土壤环境质量国控监测点位设置，建成国家土壤环境质量监测网络，充分发挥行业监测网作用，基本形成土壤环境监测能力。各省（区、市）每年至少开展 1 次土壤环境监测技术人员培训。各地可根据工作需要，补充设置监测点位，增加特征污染物监测项目，提高监测频次。2020年年底前，实现土壤环境质量监测点位所有县（市、区）全覆盖。（环境保护部牵头，国家发展改革委、工业和信息化部、国土资源部、农业部等参与）

（三）提升土壤环境信息化管理水平。利用环境保护、国土资源、农业等部门相关数据，建立土壤环境基础数据库，构建全国土壤环境信息化管理平台，力争 2018 年年底前完成。借助移动互联网、物联网等技术，拓宽数据获取渠道，实现数据动态更新。加强数据共享，编制资源共享目录，明确共享权限和方式，发挥土壤环境大数据在污染防治、城乡规划、土地利用、农业生产中的作用。（环境保护部牵头，国家发展改革委、教育部、科技部、工业和信息化部、国土资源部、住房与城乡建设部、农业部、国家卫生计生委、国家林业局等参与）

二、推进土壤污染防治立法，建立健全法规标准体系

（四）加快推进立法进程。配合完成土壤污染防治法起草工作。适时修订污染防治、城乡规划、土地管理、农产品质量安全相关法律法规，增加土壤污染防治有关内容。2016 年年底前，完成农药管理条例修订工作，

发布污染地块土壤环境管理办法、农用地土壤环境管理办法。2017 年年底前，出台农药包装废弃物回收处理、工矿用地土壤环境管理、废弃农膜回收利用等部门规章。到 2020 年，土壤污染防治法律法规体系基本建立。各地可结合实际，研究制定土壤污染防治地方性法规。（国务院法制办、环境保护部牵头，工业和信息化部、国土资源部、住房与城乡建设部、农业部、国家林业局等参与）

（五）系统构建标准体系。健全土壤污染防治相关标准和技术规范。2017 年年底前，发布农用地、建设用地土壤环境质量标准；完成土壤环境监测、调查评估、风险管控、治理与修复等技术规范以及环境影响评价技术导则制修订工作；修订肥料、饲料、灌溉用水中有毒有害物质限量和农用污泥中污染物控制等标准，进一步严格污染物控制要求；修订农膜标准，提高厚度要求，研究制定可降解农膜标准；修订农药包装标准，增加防止农药包装废弃物污染土壤的要求。适时修订污染物排放标准，进一步明确污染物特别排放限值要求。完善土壤中污染物分析测试方法，研制土壤环境标准样品。各地可制定严于国家标准的地方土壤环境质量标准。（环境保护部牵头，工业和信息化部、国土资源部、住房与城乡建设部、水利部、农业部、质检总局、国家林业局等参与）

（六）全面强化监管执法。明确监管重点。重点监测土壤中镉、汞、砷、铅、铬等重金属和多环芳烃、石油烃等有机污染物，重点监管有色金属矿采选、有色金属冶炼、石油开采、石油加工、化工、焦化、电镀、制革等行业，以及产粮（油）大县、地级以上城市建成区等区域。（环境保护部牵头，工业和信息化部、国土资源部、住房与城乡建设部、农业部等参与）

三、实施农用地分类管理，保障农业生产环境安全

（七）划定农用地土壤环境质量类别。按污染程度将农用地划为三个类别，未污染和轻微污染的划为优先保护类，轻度和中度污染的划为安全利用类，重度污染的划为严格管控类，以耕地为重点，分别采取相应管理措施，保障农产品质量安全。2017 年年底前，发布农用地土壤环境质量类别划分技术指南。以土壤污染状况详查结果为依据，开展耕地土壤和农产品协同监测与评价，在试点基础上有序推进耕地土壤环境质量类别划定，逐步建立分类清单，2020 年年底前完成。划定结果由各省级人民政府审定，数据上传全

国土壤环境信息化管理平台。根据土地利用变更和土壤环境质量变化情况，定期对各类别耕地面积、分布等信息进行更新。有条件的地区要逐步开展林地、草地、园地等其他农用地土壤环境质量类别划定等工作。（环境保护部、农业部牵头，国土资源部、国家林业局等参与）

（八）切实加大保护力度。各地要将符合条件的优先保护类耕地划为永久基本农田，实行严格保护，确保其面积不减少、土壤环境质量不下降，除法律规定的重点建设项目选址确实无法避让外，其他任何建设不得占用。产粮（油）大县要制定土壤环境保护方案。高标准农田建设项目向优先保护类耕地集中的地区倾斜。推行秸秆还田、增施有机肥、少耕免耕、粮豆轮作、农膜减量与回收利用等措施。继续开展黑土地保护利用试点。农村土地流转的受让方要履行土壤保护的责任，避免因过度施肥、滥用农药等掠夺式农业生产方式造成土壤环境质量下降。各省级人民政府要对本行政区域内优先保护类耕地面积减少或土壤环境质量下降的县（市、区），进行预警提醒并依法采取环评限批等限制性措施。（国土资源部、农业部牵头，国家发展改革委、环境保护部、水利部等参与）

防控企业污染。严格控制在优先保护类耕地集中区域新建有色金属冶炼、石油加工、化工、焦化、电镀、制革等行业企业，现有相关行业企业要采用新技术、新工艺，加快提标升级改造步伐。（环境保护部、国家发展改革委牵头，工业和信息化部参与）

（九）着力推进安全利用。根据土壤污染状况和农产品超标情况，安全利用类耕地集中的县（市、区）要结合当地主要作物品种和种植习惯，制定实施受污染耕地安全利用方案，采取农艺调控、替代种植等措施，降低农产品超标风险。强化农产品质量检测。加强对农民、农民合作社的技术指导和培训。2017 年年底前，出台受污染耕地安全利用技术指南。到 2020 年，轻度和中度污染耕地实现安全利用的面积达到 4000 万亩。（农业部牵头，国土资源部等参与）

（十）全面落实严格管控。加强对严格管控类耕地的用途管理，依法划定特定农产品禁止生产区域，严禁种植食用农产品；对威胁地下水、饮用水水源安全的，有关县（市、区）要制定环境风险管控方案，并落实有关措施。研究将严格管控类耕地纳入国家新一轮退耕还林还草实施范围，制定实施重度污染耕地种植结构调整或退耕还林还草计划。继续在湖南长株潭地区开展重金属污染耕地修复及农作物种植结构调整试点。实行耕地轮作休耕制度试点。到2020年，重度污染耕地种植结构调整或退耕还林还草面积力争达到2000万亩。（农业部牵头，国家发展改革委、财政部、国土资源部、环境保护部、水利部、国家林业局参与）

（十一）加强林地草地园地土壤环境管理。严格控制林地、草地、园地的农药使用量，禁止使用高毒、高残留农药。完善生物农药、引诱剂管理制度，加大使用推广力度。优先将重度污染的牧草地集中区域纳入禁牧休牧实施范围。加强对重度污染林地、园地产出食用农（林）产品质量检测，发现超标的，要采取种植结构调整等措施。（农业部、国家林业局负责）

四、实施建设用地准入管理，防范人居环境风险

（十二）明确管理要求。建立调查评估制度。2016年年底前，发布建设用地土壤环境调查评估技术规定。自2017年起，对拟收回土地使用权的有色金属冶炼、石油加工、化工、焦化、电镀、制革等行业企业用地，以及用途拟变更为居住和商业、学校、医疗、养老机构等公共设施的上述企业用地，由土地使用权人负责开展土壤环境状况调查评估；已经收回的，由所在地市、县级人民政府负责开展调查评估。自2018年起，重度污染农用地转为城镇建设用地的，由所在地市、县级人民政府负责组织开展调查评估。调查评估结果向所在地环境保护、城乡规划、国土资源部门备案。（环境保护部牵头，国土资源部、住房与城乡建设部参与）

分用途明确管理措施。自2017年起，各地要结合土壤污染状况详查情况，根据建设用地土壤环境调查评估结果，逐步建立污染地块名录及其开发利用的负面清单，合理确定土地用途。符合相应规划用地土壤环境质量要求的地块，可进入用地程序。暂不开发利用或现阶段不具备治理修复条件的污染地块，由所在地县级人民政府组织划定管控区域，设立标识，发布公告，开展土壤、地表水、地下水、空气环境监测；发现污染扩散的，有关责任主体要及时采取污染物隔离、阻断等环境风险管控措施。（国土资源部牵头，环境保护部、住房与城乡建设部、水利部等参与）

（十三）落实监管责任。地方各级城乡规划部门要结合土壤环境质量状况，加强城乡规划论证和审批管理。地方各级国土资源部门要依据土地利用总体规划、城乡规划和地块土壤环境质量状况，加强土地征收、收回、收购以及转让、改变用途等环节的监管。地方各级环境保护部门要加强对建设用

地土壤环境状况调查、风险评估和污染地块治理与修复活动的监管。建立城乡规划、国土资源、环境保护等部门间的信息沟通机制，实行联动监管。（国土资源部、环境保护部、住房与城乡建设部负责）

（十四）严格用地准入。将建设用地土壤环境管理要求纳入城市规划和供地管理，土地开发利用必须符合土壤环境质量要求。地方各级国土资源、城乡规划等部门在编制土地利用总体规划、城市总体规划、控制性详细规划等相关规划时，应充分考虑污染地块的环境风险，合理确定土地用途。（国土资源部、住房与城乡建设部牵头，环境保护部参与）

五、强化未污染土壤保护，严控新增土壤污染

（十五）加强未利用地环境管理。按照科学有序原则开发利用未利用地，防止造成土壤污染。拟开发为农用地的，有关县（市、区）人民政府要组织开展土壤环境质量状况评估；不符合相应标准的，不得种植食用农产品。各地要加强纳入耕地后备资源的未利用地保护，定期开展巡查。依法严查向沙漠、滩涂、盐碱地、沼泽地等非法排污、倾倒有毒有害物质的环境违法行为。加强对矿山、油田等矿产资源开采活动影响区域内未利用地的环境监管，发现土壤污染问题的，要及时督促有关企业采取防治措施。推动盐碱地土壤改良，自 2017 年起，在新疆生产建设兵团等地开展利用燃煤电厂脱硫石膏改良盐碱地试点。（环境保护部、国土资源部牵头，国家发展改革委、公安部、水利部、农业部、国家林业局等参与）

（十六）防范建设用地新增污染。排放重点污染物的建设项目，在开展环境影响评价时，要增加对土壤环境影响的评价内容，并提出防范土壤污染的具体措施；需要建设的土壤污染防治设施，要与主体工程同时设计、同时施工、同时投产使用；有关环境保护部门要做好有关措施落实情况的监督管理工作。自 2017 年起，有关地方人民政府要与重点行业企业签订土壤污染防治责任书，明确相关措施和责任，责任书向社会公开。（环境保护部负责）

（十七）强化空间布局管控。加强规划区划和建设项目布局论证，根据土壤等环境承载能力，合理确定区域功能定位、空间布局。鼓励工业企业集聚发展，提高土地节约集约利用水平，减少土壤污染。严格执行相关行业企业布局选址要求，禁止在居民区、学校、医疗和养老机构等周边新建有色金属冶炼、焦化等行业企业；结合推进新型城镇化、产业结构调整和化解过

剩产能等，有序搬迁或依法关闭对土壤造成严重污染的现有企业。结合区域功能定位和土壤污染防治需要，科学布局生活垃圾处理、危险废物处置、废旧资源再生利用等设施和场所，合理确定畜禽养殖布局和规模。（国家发展改革委牵头，工业和信息化部、国土资源部、环境保护部、住房与城乡建设部、水利部、农业部、国家林业局等参与）

六、加强污染源监管，做好土壤污染预防工作

（十八）严控工矿污染。加强日常环境监管。各地要根据工矿企业分布和污染排放情况，确定土壤环境重点监管企业名单，实行动态更新，并向社会公布。列入名单的企业每年要自行对其用地进行土壤环境监测，结果向社会公开。有关环境保护部门要定期对重点监管企业和工业园区周边开展监测，数据及时上传全国土壤环境信息化管理平台，结果作为环境执法和风险预警的重要依据。适时修订国家鼓励的有毒有害原料（产品）替代品目录。加强电器电子、汽车等工业产品中有害物质控制。有色金属冶炼、石油加工、化工、焦化、电镀、制革等行业企业拆除生产设施设备、构筑物和污染治理设施，要事先制定残留污染物清理和安全处置方案，并报所在地县级环境保护、工业和信息化部门备案；要严格按照有关规定实施安全处理处置，防范拆除活动污染土壤。2017 年年底前，发布企业拆除活动污染防治技术规定。（环境保护部、工业和信息化部负责）

严防矿产资源开发污染土壤。自 2017 年起，内蒙古、江西、河南、湖北、湖南、广东、广西、四川、贵州、云南、陕西、甘肃、新疆等省（区）矿产资源开发活动集中的区域，执行重点污染物特别排放限值。全面整治历史遗留尾矿库，完善覆膜、压土、排洪、堤坝加固等隐患治理和闭库措施。有重点监管尾矿库的企业要开展环境风险评估，完善污染治理设施，储备应急物资。加强对矿产资源开发利用活动的辐射安全监管，有关企业每年要对本矿区土壤进行辐射环境监测。（环境保护部、安全监管总局牵头，工业和信息化部、国土资源部参与）

加强涉重金属行业污染防控。严格执行重金属污染物排放标准并落实相关总量控制指标，加大监督检查力度，对整改后仍不达标的企业，依法责令其停业、关闭，并将企业名单向社会公开。继续淘汰涉重金属重点行业落后产能，完善重金属相关行业准入条件，禁止新建落后产能或产能严重过剩行

业的建设项目。按计划逐步淘汰普通照明白炽灯。提高铅酸蓄电池等行业落后产能淘汰标准，逐步退出落后产能。制定涉重金属重点工业行业清洁生产技术推行方案，鼓励企业采用先进适用生产工艺和技术。2020 年重点行业的重点重金属排放量要比 2013 年下降 10%。（环境保护部、工业和信息化部牵头，国家发展改革委参与）

加强工业废物处理处置。全面整治尾矿、煤矸石、工业副产石膏、粉煤灰、赤泥、冶炼渣、电石渣、铬渣、砷渣以及脱硫、脱硝、除尘产生固体废物的堆存场所，完善防扬散、防流失、防渗漏等设施，制定整治方案并有序实施。加强工业固体废物综合利用。对电子废物、废轮胎、废塑料等再生利用活动进行清理整顿，引导有关企业采用先进适用加工工艺、集聚发展，集中建设和运营污染治理设施，防止污染土壤和地下水。自 2017 年起，在京津冀、长三角、珠三角等地区的部分城市开展污水与污泥、废气与废渣协同治理试点。（环境保护部、国家发展改革委牵头，工业和信息化部、国土资源部参与）

（十九）控制农业污染。合理使用化肥农药。鼓励农民增施有机肥，减少化肥使用量。科学施用农药，推行农作物病虫害专业化统防统治和绿色防控，推广高效低毒低残留农药和现代植保机械。加强农药包装废弃物回收处理，自 2017 年起，在江苏、山东、河南、海南等省份选择部分产粮（油）大县和蔬菜产业重点县开展试点；到 2020 年，推广到全国 30% 的产粮（油）大县和所有蔬菜产业重点县。推行农业清洁生产，开展农业废弃物资源化利用试点，形成一批可复制、可推广的农业面源污染防治技术模式。严禁将城镇生活垃圾、污泥、工业废物直接用作肥料。到 2020 年，全国主要农作物化肥、农药使用量实现零增长，利用率提高到 40% 以上，测土配方施肥技术推广覆盖率提高到 90% 以上。（农业部牵头，国家发展改革委、环境保护部、住房与城乡建设部、供销合作总社等参与）

强化畜禽养殖污染防治。严格规范兽药、饲料添加剂的生产和使用，防止过量使用，促进源头减量。加强畜禽粪便综合利用，在部分生猪大县开展种养业有机结合、循环发展试点。鼓励支持畜禽粪便处理利用设施建设，到 2020 年，规模化养殖场、养殖小区配套建设废弃物处理设施比例达到 75% 以上。（农业部牵头，国家发展改革委、环境保护部参与）

加强灌溉水水质管理。开展灌溉水水质监测。灌溉用水应符合农田灌溉水水质标准。对因长期使用污水灌溉导致土壤污染严重、威胁农产品质量安

全的，要及时调整种植结构。（水利部牵头，农业部参与）

（二十）减少生活污染。建立政府、社区、企业和居民协调机制，通过分类投放收集、综合循环利用，促进垃圾减量化、资源化、无害化。建立村庄保洁制度，推进农村生活垃圾治理，实施农村生活污水治理工程。整治非正规垃圾填埋场。深入实施“以奖促治”政策，扩大农村环境连片整治范围。推进水泥窑协同处置生活垃圾试点。鼓励将处理达标后的污泥用于园林绿化。开展利用建筑垃圾生产建材产品等资源化利用示范。强化废氧化汞电池、镍镉电池、铅酸蓄电池和含汞荧光灯管、温度计等含重金属废物的安全处置。减少过度包装，鼓励使用环境标志产品。（住房与城乡建设部牵头，国家发展改革委、工业和信息化部、财政部、环境保护部参与）

七、开展污染治理与修复，改善区域土壤环境质量

（二十一）明确治理与修复主体。按照“谁污染，谁治理”原则，造成土壤污染的单位或个人要承担治理与修复的主体责任。责任主体发生变更的，由变更后继承其债权、债务的单位或个人承担相关责任；土地使用权依法转让的，由土地使用权受让人或双方约定的责任人承担相关责任。责任主体灭失或责任主体不明确的，由所在地县级人民政府依法承担相关责任。（环境保护部牵头，国土资源部、住房与城乡建设部参与）

（二十二）制定治理与修复规划。各省（区、市）要以影响农产品质量和人居环境安全的突出土壤污染问题为重点，制定土壤污染治理与修复规划，明确重点任务、责任单位和分年度实施计划，建立项目库，2017 年年底前完成。规划报环境保护部备案。京津冀、长三角、珠三角地区要率先完成。（环境保护部牵头，国土资源部、住房与城乡建设部、农业部等参与）

（二十三）有序开展治理与修复。确定治理与修复重点。各地要结合城市环境质量提升和发展布局调整，以拟开发建设居住、商业、学校、医疗和养老机构等项目的污染地块为重点，开展治理与修复。在江西、湖北、湖南、广东、广西、四川、贵州、云南等省份污染耕地集中区域优先组织开展治理与修复；其他省份要根据耕地土壤污染程度、环境风险及其影响范围，确定治理与修复的重点区域。到 2020 年，受污染耕地治理与修复面积达到 1000 万亩。（国土资源部、农业部、环境保护部牵头，住房与城乡建设部参与）

强化治理与修复工程监管。治理与修复工程原则上在原址进行，并采取必要措施防止污染土壤挖掘、堆存等造成二次污染；需要转运污染土壤的，有关责任单位要将运输时间、方式、线路和污染土壤数量、去向、最终处置措施等，提前向所在地和接收地环境保护部门报告。工程施工期间，责任单位要设立公告牌，公开工程基本情况、环境影响及其防范措施；所在地环境保护部门要对各项环境保护措施落实情况进行检查。工程完工后，责任单位要委托第三方机构对治理与修复效果进行评估，结果向社会公开。实行土壤污染治理与修复终身责任制，2017 年年底前，出台有关责任追究办法。（环境保护部牵头，国土资源部、住房与城乡建设部、农业部参与）

（二十四）监督目标任务落实。各省级环境保护部门要定期向环境保护部报告土壤污染治理与修复工作进展；环境保护部要会同有关部门进行督导检查。各省（区、市）要委托第三方机构对本行政区域各县（市、区）土壤污染治理与修复成效进行综合评估，结果向社会公开。2017 年年底前，出台土壤污染治理与修复成效评估办法。（环境保护部牵头，国土资源部、住房与城乡建设部、农业部参与）

八、加大科技研发力度，推动环境保护产业发展

（二十五）加强土壤污染防治研究。整合高等学校、研究机构、企业等科研资源，开展土壤环境基准、土壤环境容量与承载能力、污染物迁移转化规律、污染生态效应、重金属低积累作物和修复植物筛选，以及土壤污染与农产品质量、人体健康关系等方面基础研究。推进土壤污染诊断、风险管控、治理与修复等共性关键技术研究，研发先进适用装备和高效低成本功能材料（药剂），强化卫星遥感技术应用，建设一批土壤污染防治实验室、科研基地。优化整合科技计划（专项、基金等），支持土壤污染防治研究。（科技部牵头，国家发展改革委、教育部、工业和信息化部、国土资源部、环境保护部、住房与城乡建设部、农业部、国家卫生计生委、国家林业局、中科院等参与）

（二十六）加大适用技术推广力度。建立健全技术体系。综合土壤污染类型、程度和区域代表性，针对典型受污染农用地、污染地块，分批实施 200 个土壤污染治理与修复技术应用试点项目，2020 年年底前完成。根据试点情况，比选形成一批易推广、成本低、效果好的适用技术。（环境保护部、

财政部牵头，科技部、国土资源部、住房与城乡建设部、农业部等参与）

加快成果转化应用。完善土壤污染防治科技成果转化机制，建成以环保为主导产业的高新技术产业开发区等一批成果转化平台。2017年年底前，发布鼓励发展的土壤污染防治重大技术装备目录。开展国际合作研究与技术交流，引进消化土壤污染风险识别、土壤污染物快速检测、土壤及地下水污染阻隔等风险管控先进技术和管理经验。（科技部牵头，国家发展改革委、教育部、工业和信息化部、国土资源部、环境保护部、住房与城乡建设部、农业部、中科院等参与）

九、发挥政府主导作用，构建土壤环境治理体系

（二十七）强化政府主导。完善管理体制。按照“国家统筹、省负总责、市县落实”原则，完善土壤环境管理体制，全面落实土壤污染防治属地责任。探索建立跨行政区域土壤污染防治联动协作机制。（环境保护部牵头，国家发展改革委、科技部、工业和信息化部、财政部、国土资源部、住房与城乡建设部、农业部等参与）

加大财政投入。中央和地方各级财政加大对土壤污染防治工作的支持力度。中央财政整合重金属污染防治专项资金等，设立土壤污染防治专项资金，用于土壤环境调查与监测评估、监督管理、治理与修复等工作。各地应统筹相关财政资金，通过现有政策和资金渠道加大支持，将农业综合开发、高标准农田建设、农田水利建设、耕地保护与质量提升、测土配方施肥等涉农资金，更多用于优先保护类耕地集中的县（市、区）。有条件的省（区、市）可对优先保护类耕地面积增加的县（市、区）予以适当奖励。统筹安排专项建设基金，支持企业对涉重金属落后生产工艺和设备进行技术改造。（财政部牵头，国家发展改革委、工业和信息化部、国土资源部、环境保护部、水利部、农业部等参与）

完善激励政策。各地要采取有效措施，激励相关企业参与土壤污染治理与修复。研究制定扶持有机肥生产、废弃农膜综合利用、农药包装废弃物回收处理等企业的激励政策。在农药、化肥等行业，开展环保领跑者制度试点。（财政部牵头，国家发展改革委、工业和信息化部、国土资源部、环境保护部、住房与城乡建设部、农业部、税务总局、供销合作总社等参与）

建设综合防治先行区。2016年年底前，在浙江省台州市、湖北省黄石

市、湖南省常德市、广东省韶关市、广西壮族自治区河池市和贵州省铜仁市启动土壤污染综合防治先行区建设，重点在土壤污染源头预防、风险管控、治理与修复、监管能力建设等方面进行探索，力争到2020年先行区土壤环境质量得到明显改善。有关地方人民政府要编制先行区建设方案，按程序报环境保护部、财政部备案。京津冀、长三角、珠三角等地区可因地制宜开展先行区建设。（环境保护部、财政部牵头，国家发展改革委、国土资源部、住房与城乡建设部、农业部、国家林业局等参与）

（二十八）发挥市场作用。通过政府和社会资本合作（PPP）模式，发挥财政资金撬动功能，带动更多社会资本参与土壤污染防治。加大政府购买服务力度，推动受污染耕地和以政府为责任主体的污染地块治理与修复。积极发展绿色金融，发挥政策性和开发性金融机构引导作用，为重大土壤污染防治项目提供支持。鼓励符合条件的土壤污染治理与修复企业发行股票。探索通过发行债券推进土壤污染治理与修复，在土壤污染综合防治先行区开展试点。有序开展重点行业企业环境污染强制责任保险试点。（国家发展改革委、环境保护部牵头，财政部、人民银行、银监会、证监会、保监会等参与）

（二十九）加强社会监督。推进信息公开。根据土壤环境质量监测和调查结果，适时发布全国土壤环境状况。各省（区、市）人民政府定期公布本行政区域各地级市（州、盟）土壤环境状况。重点行业企业要依据有关规定，向社会公开其产生的污染物名称、排放方式、排放浓度、排放总量，以及污染防治设施建设和运行情况。（环境保护部牵头，国土资源部、住房与城乡建设部、农业部等参与）

引导公众参与。实行有奖举报，鼓励公众通过“12369”环保举报热线、信函、电子邮件、政府网站、微信平台等途径，对乱排废水、废气，乱倒废渣、污泥等污染土壤的环境违法行为进行监督。有条件的地方可根据需要聘请环境保护义务监督员，参与现场环境执法、土壤污染事件调查处理等。鼓励种粮大户、家庭农场、农民合作社以及民间环境保护机构参与土壤污染防治工作。（环境保护部牵头，国土资源部、住房与城乡建设部、农业部等参与）

推动公益诉讼。鼓励依法对污染土壤等环境违法行为提起公益诉讼。开展检察机关提起公益诉讼改革试点的地区，检察机关可以以公益诉讼人的身份，对污染土壤等损害社会公共利益的行为提起民事公益诉讼；也可以对负有土壤污染防治职责的行政机关，因违法行使职权或者不作为造成国家和社会公共利益受到侵害的行为提起行政公益诉讼。地方各级人民政府和有关部门应当积极配合司法机关的相关案件办理工作和检察机关的监督工作。（最高人民检察院、最高人民法院牵头，国土资源部、环境保护部、住房与城乡建设部、水利部、农业部、国家林业局等参与）

（三十）开展宣传教育。制定土壤环境保护宣传教育工作方案。制作挂图、视频，出版科普读物，利用互联网、数字化放映平台等手段，结合世界地球日、世界环境日、世界土壤日、世界粮食日、全国土地日等主题宣传活动，普及土壤污染防治相关知识，加强法律法规政策宣传解读，营造保护土壤环境的良好社会氛围，推动形成绿色发展方式和生活方式。把土壤环境保护宣传教育融入党政机关、学校、工厂、社区、农村等的环境宣传和培训工作。鼓励支持有条件的高等学校开设土壤环境专门课程。（环境保护部牵头，中央宣传部、教育部、国土资源部、住房与城乡建设部、农业部、国家新闻出版广电总局、国家网信办、国家粮食局、中国科协等参与）

十、加强目标考核，严格责任追究

（三十一）明确地方政府主体责任。地方各级人民政府是实施本行动计划的主体，要于2016年年底前分别制定并公布土壤污染防治工作方案，确定重点任务和工作目标。要加强组织领导，完善政策措施，加大资金投入，创新投融资模式，强化监督管理，抓好工作落实。各省（区、市）工作方案报国务院备案。（环境保护部牵头，国家发展改革委、财政部、国土资源部、住房与城乡建设部、农业部等参与）

（三十二）落实企业责任。有关企业要加强内部管理，将土壤污染防治纳入环境风险防控体系，严格依法依规建设和运营污染治理设施，确保重点污染物稳定达标排放。造成土壤污染的，应承担损害评估、治理与修复的法律责任。逐步建立土壤污染治理与修复企业行业自律机制。国有企业特别是中央企业要带头落实。（环境保护部牵头，工业和信息化部、国务院国资委等参与）

（三十三）严格评估考核。实行目标责任制。2016年年底前，国务院与各省（区、市）人民政府签订土壤污染防治目标责任书，分解落实目标任务。分年度对各省（区、市）重点工作进展情况进行评估，2020年对本行动计划实施情况进行考核，评估和考核结果作为对领导班子和领导干部综合考

核评价、自然资源资产离任审计的重要依据。（环境保护部牵头，中央组织部、审计署参与）

评估和考核结果作为土壤污染防治专项资金分配的重要参考依据。（财政部牵头，环境保护部参与）

对年度评估结果较差或未通过考核的省（区、市），要提出限期整改意见，整改完成前，对有关地区实施建设项目环评限批；整改不到位的，要约谈有关省级人民政府及其相关部门负责人。对土壤环境问题突出、区域土壤环境质量明显下降、防治工作不力、群众反映强烈的地区，要约谈有关地市级人民政府和省级人民政府相关部门主要负责人。对失职渎职、弄虚作假的，区分情节轻重，予以诫勉、责令公开道歉、组织处理或党纪政纪处分；对构成犯罪的，要依法追究刑事责任，已经调离、提拔或者退休的，也要终身追究责任。（环境保护部牵头，中央组织部、监察部参与）

我国正处于全面建成小康社会决胜阶段，提高环境质量是人民群众的热切期盼，土壤污染防治任务艰巨。各地区、各有关部门要认清形势，坚定信心，狠抓落实，切实加强污染治理和生态保护，如期实现全国土壤污染防治目标，确保生态环境质量得到改善、各类自然生态系统安全稳定，为建设美丽中国、实现“两个一百年”奋斗目标和中华民族伟大复兴的中国梦做出贡献。